KB154835

UNDERSTANDING FASHION AND TEXTILES 의류학의 이해

UNDERSTANDING FASHION AND TEXTILES

의류학의 이해

우주형 · 유화숙 · 이미영 · 전은경 지음

교문사

PREFACE

머리말

《의복의 이해》를 2005년에 출간했으니 벌써 13년이 되었다.

학문은 그 시대를 살아가는 사람들이 배우고 익히는 것이므로 시대에 따라 변한다. 특히 응용학문이면서 실용학문인 의류학의 경우 그 당시의 시대상을 반영하게 된다. 더욱이 전공은 취업과 관련되기 때문에 전공 관련 교재의 경우 그 시기의 산업, 문화, 기술, 경제 등 사회를 구성하고 있는 다양한 분야에 대해 의류학적 관점에서 어떻게 해석하고 받아들여야 하는지, 미래를 위한 대비는 어떻게 해야 하는지에 대한 담론이 포함되어야 한다. 이것이 13년 전에 책을 출간하게 된 동기이다. 그리고 이 동기가 또다시 저자들로 하여금 책을 집필하게 만들었다.

예전에 비해 우리 주변에 있는 모든 것들이 빨리 변하고 그 변화의 폭도 커 이러한 변화와 의류학의 관계를 새로 정립하는 것이 필요했고, 감사하게도 졸저임에도 불구하고 《의복의 이해》가 절판되었다는 소식을 들어 새로 원고를 쓰기로 결정했다. 그러나 여전히 책을 집필하는 것이 부담스럽고, 준비시간이 길어지면서 3년 전에 시작된 일이 이제야 마무리가 되었다.

책을 쓰려고 결심하고 나니 의류학을 어떻게 이해시키는 것이 적절할 것인가, 그리고 지금 이 사회가 의류학에 요구하는 것이 무엇인가에 대해 고민하게 되었고 오랜 숙의 끝에 다음과 같이 내용을 구성하기로 하였다. 제1부에서는 의류학에 대한 기초적인 이해가 필요할 것으로 생각되어 의복의 개념(1장, 울산대 전은경 지음), 의복과 인체(2장, 울산대 전은경 지음), 의복과 소재(3장, 울산대 유화숙 지음), 의복과 인간행동(4장, 인하대 이미영 지음), 의복과 디자인(5장, 인하대 우주형 지음) 등 의류학을 구성하고 있는 분야에 대한 기초지식을 포함하였다. 제2부에서는 의복 및 의류학의 발전뿐만 아니라 학생진로 등과 관련된 산업과의 관계를 살펴보는 것이 필요하다고 판단되어 섬유의류산업(6장, 울산대 유화숙 지음), 산업과 사회에서 중요성이 커지고 있는 윤리적 패션산업(7장, 인하대 이미영 지음), 패션 마케팅(8장, 인하대 이미영 지음)과 의류 설계 및 생산(9장, 울산대 전은경 지음)을 다루었다. 의류학은 의복을 통해 인간의 삶의 질 향상에 기여하고, 인간 삶에서 특히 의생활 부분을 담당하고 있다. 그러므로 의생활에 영향을 미치는 요인에 대한 고찰이 필요할 것으로 생각되었고 그중에서 문화와 기술이 의생활을 결정하는 주요 키워드라는 것에 의견이 모아졌다. 따라서 제3부에서는 현대의복에 큰 영향을 미치는 문화와 기술을 중심으로 살펴보기로 하고, 의복과 문화와의 관계를 알아보기 위해 20세기 복식사를 살펴본 현대패션의 흐름(10장, 인하대 우주형 지음), 룩과 스타일로 살펴본 패션 트렌드와 문화(11장, 인하대 우주형 지음)를 다루었고, 마지막으로 기술이 의복과의 융·복합에 의해 의복과 의생활에서의 새로운 패러다임을 가져올 것으로 보고 의복과 기술 융·복합에 따른 의복의 새 패러다임(12장, 울산대 유화숙 지음)을 포함시켰다.

책을 집필하면서 고쳐 쓰기를 여러 번 하였으나 여전히 부족한 부분이 눈에 띄고 아쉬움이 많이 남는다. 그럼에도 사회 곳곳에서 혁신적인 변화가 일어나고 있는 지금 의복과 의류학에 대한 새로운 관점이 필요하다고 생각되어 부족하지만 책을 출간하게 되었다. 이 책의 출판을 위해 지속적인 관심을 주신 교문사의 이진석 상무님과 빡빡한 일정에도 최선을 다해준 성혜진 과장님을 비롯한 편집부 직원들의 수고에 감사드린다. 마지막으로 의류학에 대한 전반적인 이해를 하고자 하는 사람들에게 이 책이 도움이 되길 바란다.

2018년 9월

저자 일동

CONTENTS

차례

PART 1 의복의 이해

CHAPTER 1

의복의 개념

INTRODUCTION TO CLOTHING

오른쪽 사진은 인파로 가득한 거리를 보여주고 있다.
사진 속의 사람들로부터 아래와 같은 질문에 대하여 이야기해 보자.

- 계절은?
- 성별은?
- 연령대는?

여러분은 무엇으로부터 이러한 정보를 판단하는가?
착용자의 의복을 포함한 외모는 많은 정보를 제공해 준다.
본 장에서는 의복의 광의와 협의의 개념, 여러 가지 의복 용어를 살펴보고 의류학의 지식과 기술이 학문영역과 직업군에서 어떤 역할을 하고 있는지 공부해 본다.

학습목표

- 의복의 크고 작은 의미를 이해한다.
- 의복의 다양한 역할 및 그 특성을 이해한다.
- 의류학 전공자가 진출할 수 있는 진로에 대해 살펴본다.

1
의복의 개념

옷(의복)clothing의 사전적 의미는 '몸을 보호하고, 가리고, 꾸미기 위해 입는 물건'(브리태니커 비주얼 사전)으로 정의되고 있다. 또 다른 사전에서는 '사람이 몸 위에 입는 천이나 가죽 등으로 된 물건'으로 정의하고 있다. 이를 바탕으로 의복의 개념을 이해해 보자.

첫째, 의복은 몸을 보호하고, 가리고, 꾸민다.

의복은 자연 또는 인공적 환경에서 몸을 안전하게 보호하고 사회규범에 따라 필요 부위를 가리며 여러 이유로 꾸미기 위한 역할을 담당한다. 기술의 발전과 함께 의복에서 더 많은 기능과 역할이 요구되고 있다.

둘째, 의복은 몸에 두르기에 적당한 천, 가죽, 그 외의 재료를 사용한다.

현대 사회에서 의복의 재료는 무궁무진하며 새로운 소재가 끊임없이 개발되고 있어 천, 가죽으로 한정하기에는 무리가 있다. 그러나 몸에 쇠사슬을 걸치거나 고무 튜브를 허리에 끼고 있을 경우, 옷을 입었다고 할 수 있을까? 옷의 용도에 적합한 소재로 만들어졌을 때 옷이라 정의할 수 있다.

셋째, 의복은 몸에 걸치는, 입는 물건이다.

가죽과 천 소재로 몸을 보호하고 가리고 꾸미고자 한다면 여러 방법과 기구가 있을 수 있다. 텐트, 소파, 이불 등도 천이나 가죽 소재를 사용하기도 하며 몸을 보호하고 가릴 수 있다. 이들이 옷이 되지 않는 이유는 '입는' 용도가 아니기 때문이다. 몸에 걸쳐 입었을wear 때 이를 옷이라 부른다.

옷은 내포하는 의미와 영역, 기능에 따라 다양한 용어로 불린다. 의복을 나타내는 용어는 두 가지 측면에서 정의할 수 있다. 하나는 인체를 덮는cover 범위에 따라 정의되는 물리적 정의와 그 안에 있는 인간의 정신적 측면까지 고려하여 정의하는 경우이다. 의복의 다양한 의미를 알아보자.

1.1 의복의 범위

사회 변화와 그에 따른 요구로 의복의 범위는 점점 더 확대되고 있다.

좁은 의미의 의복

우리가 상식적으로 알고 있는, 누구나 옷이라 이해하는 수준의 옷이 좁은 의미의 의복clothes이다. 속옷, 겉옷, 일상복, 외출복, 잠옷, 수영복, 운동복 등이 모두 옷이다.

넓은 의미의 의복

앞서 설명한 의복의 개념에 포함되는 모든 아이템을 넓은 의미의 의복clothing이라 할 수 있다. 신발, 모자, 장갑, 스카프 등은 천이나 가죽으로 만들어 몸에 걸치므로 당연히 의복이다. 즉, 봉제 가능한 소재로 봉제하고 인체의 형태나 동작을 고려하여 설계되어 몸에 걸치는 모든 제품들을 의미한다. 가방, 안경 역시 인체 형태와 동작을 고려하여 제작하기 때문에 큰 범주의 의복 종류로 포함된다(그림 1-1). 인체에 걸치는 아이템은 점점 늘어나고 있으며 이러한 아이템의 의복화는 우리의 몫이다.

그림 1-1 좁은 의미의 의복과 넓은 의미의 의복

1.2 사회현상, 문화의 개념을 포함한 의복

의류

의류apparel는 개개의 의복보다는 물류 제품에 해당되는 군집의 의미를 갖는다. 현대 사회에서 의복은 개개인을 위한 맞춤 의복인 경우보다는 대량생산 과정을 통해 불특정

다수에게 포괄적인 제품으로 판매되는데 의복보다 학술적이고 상업적인 의미를 갖는다. 의복제품보다는 의류제품이라는 표현이 더욱 친근한 이유이기도 하다.

의상

의상costume은 의복을 착용한 사람이나 착용목적이 포함된 용어이다. 민족, 지방, 시대, 계급, 목적 등에 따라 정해진 의복이다. 무대의상, 고전의상 등 표현은 의상의 예이다.

복장

복장attire은 의복보다는 의복을 착용한 상태를 일컬을 때 사용한다. 복장이 불량하다는 말은 불량제품의 옷을 입었다는 뜻이 아니라 신분, 상황에 부적절한 옷을 입었다는 의미이다. 이렇게 의복은 착용자의 위치, 상황 등에 깊이 연관되어 있다.

복식

복장이 개인의 착장(의복의 착용) 상태를 의미한다면 복식clothing & its ornament은 이보다 한 층 넓은 의미의 착장 상태로 한 시대의 사회, 경제, 정치, 도덕, 풍습에서 비롯된 의복과 장신구, 의복규범 등을 나타낸다.

2 의복의 역할

우리 주변의 물건이나 장비는 얼마나 자주, 얼마나 오래 쓰일까? 우리는 하루 세 번 식탁에 앉아 밥을 먹는다. 책상과 의자에는 공부할 때 앉는다. 집은 귀가 후 생활하는 공간이다. 하지만 태어나서 죽을 때까지 일생 동안 옷을 입지 않고 있는 기간은 그리 많지 않다. 그 어떤 물건보다도 많이, 또 오래 내 곁에 있는 것이 의복 아닐까? 벌거벗은 사람보다는 옷을 입은 사람이 익숙한 이유이기도 하다. 태어나자마자 강보에 싸인 후 수의를 입고 흙으로 돌아갈 때까지 인간의 생애 동안 '제2의 피부'가 되고 있는 의복은 어떠한 역할을 하는 것일까?

2.1 의복을 통해 자신의 특성을 표현한다

의복을 통해서 자신의 내면, 아름다움에 대한 의식, 감각적 성향 등을 표현할 수 있다. 같은 학교의 교복에서도 이러한 의복의 역할을 볼 수 있다. 꾸미지 않고 단정하게 입는 학생, 치마의 길이와 폭을 줄여 자신의 체형을 두드러지게 보이도록 하는 여학생, 바지의 폭과 품을 줄여 스키니한 느낌을 원하는 남학생, 유행하는 가방, 파카 등으로 패션을 추구하는 학생. 이처럼 학생들은 같은 디자인에서도 나름대로 자신의 개성을 표현하는 것을 알 수 있다.

사람들은 각자의 취향에 맞게 의복을 선택하고 착용한다. 개성을 중시하는 사람들은 다른 사람과 비슷한 옷을 입기보다는 특이하고 앞서가는 유행의 의복을 선택한다. 이에 반해 다른 사람과의 조화를 중요시하는 사람은 많은 사람들이 착용하는 무난한

그림 1-2 강보에 싸인 아기

그림 1-3 착용자의 개성을 표현하는 하나의 방법인 코스프레[1)]

1) 코스프레(costume play) : 만화나 게임의 주인공을 모방하는 취미 문화

옷을 선택하는 경우가 많다. 이와 같이 의복을 통해 개인의 성격을 알 수 있으며, 의복 선호 스타일이나 색상을 통해 개인의 미적 감각이 반영되기도 한다.

2.2 의복은 착용자의 역할이나 직업을 나타낸다

의복은 옷을 입은 사람의 직업이나 역할을 표현한다. 어떤 제복(유니폼)은 착용자의 신분뿐만 아니라 지위, 계급까지 표시하는데, 예를 들어 군복이나 경찰복의 경우, 어깨 또는 모자에 부착된 계급장을 통해 착용자의 소속, 계급을 알 수 있다. 교복은 착용자가 학생이라는 것을 나타내어 위험한 환경이나 상황으로부터 착용자를 보호해 주기도 한다. 병원에서 근무하는 사람들은 각기 다른 제복을 입음으로써 의사, 간호사, 사무 직원, 환자를 구분할 수 있다. 현대 사회에서 의복은 굳이 물어보지 않고도 착용자의 직업, 역할을 판단하게 하는 가장 큰 수단이 되며 때로는 업무나 의사소통을 용이하게 한다.

2.3 의복은 착용자를 돕는다

여러 환경, 상황에서 기능적인 의복은 착용자를 위해환경에서 보호하기도 하고 착용자가 의도하는 기능이나 활동을 더 효과적으로 촉진시키는 등 착용자를 돕는다. 방한복

그림 1-4 착용 의복으로 직업이나 역할을 판단할 수 있다.

그림 1-5 의복은 여러 상황에서 착용자를 보호하고 활동 능력을 증가시킨다.

은 낮은 기온에도 체온이 내려가지 않도록 하며 세찬 바람을 막아 착용자를 보호한다. 한여름, 기능성 의류는 직사광선, 높은 온도로부터 착용자가 화상을 입거나 더위에 지치지 않도록 보호한다. 환경미화복에는 반사띠가 있어 어두운 도로에서 환경미화원을 잘 드러나게 함으로써 교통사고를 예방한다. 방화복은 화염 속에서 타지 않는 소재로 제작되어 소방작업자를 보호한다. 특수 현장, 특수 상황에서 작업하는 경우, 의복의 보호 기능은 더욱 중요하다. 진화, 지뢰 제거, 벌목, 용접 등 일상복으로는 보호받을 수 없는 극한 작업에서 의복의 강화된 보호 기능은 착용자의 생명을 보호하기도 한다.

기능적인 스포츠웨어는 경기 능력을 향상시켜 스포츠 활동을 도울 뿐 아니라 스포츠로 인한 위험 상황에서 착용자를 보호한다. 몸에 밀착되고 매끄러운 전신 수영복은 물속에서 저항을 줄여 수영을 쉽게 할 수 있게 돕는다. 스킨스쿠버 장비는 착용자의 체온이 떨어지지 않게 하고 부력이 있어 쉽게 물위로 올라올 수 있게 하며, 물고기처럼 매끄러운 표면으로 순조로운 해양 활동을 도모한다. 다양한 의복들이 착용 목적에 따라 기능적으로 설계되어 옷을 착용하지 않은 상황보다 착용한 상황에서 착용자를 보호하기도 하고 요구되는 능력을 배가시키기도 한다(그림 1—5).

2.4 의복을 통해 타인에 대한 인상이 형성된다

의복이 착용자의 내면을 나타내고, 착용자의 역할이나 직업을 나타내므로 이러한 정보를 바탕으로 사람들은 타인에 대한 인상을 갖게 된다. 처음 만나는 사람의 의복을 포함한 외모로부터 성별, 연령대, 직업과 신분, 경제 수준을 짐작할 뿐 아니라 "고지식해 보여.", "고상한 것 같아." 등과 같은 인성적 평가까지도 할 때가 있다. 타인에 관해 알고 있는 정보를 종합해서 일관성 있는 특징을 찾아내는 것을 인상 형성이라고 하는데, 의복은 이러한 인상 형성에 중요한 정보를 제공한다.

3
의복과 학문

의복을 공부하는 학문은 의복과 관련된 기초 학문들을 기반으로 의복의 재료, 디자인, 설계 및 제조, 유통, 관리, 폐기에 요구되는 지식과 기술을 학문적으로 발전시킨 실용학문이다. 의류학은 의복을 대상으로 이를 착용하는 인간을 탐구하고 인간과 사회, 환경에 대해 물리적·사회적 기능을 연구한다.

3.1 의복 관련 학문 분야

우리나라의 4년제 대학 중 80여 개의 대학에는 의복 관련 학과 또는 전공이 있다. 실용학문이며 복합학문인 의류학은 다양한 영역을 포함하는데 이들 영역은 자연과학 및 공학 분야, 인문·사회과학 분야, 디자인 및 예술 분야를 포괄적으로 다루고 있다.

국내 대학에서의 의복 관련 전공학과는 의류학과라는 명칭이 가장 많으며 패션디자인학과, 의상디자인학과, 의상학과, 패션스타일리스트학과, 의류디자인학과, 패션산업학과, 패션비즈니스학과 등의 학과 명칭이 있다. 의류 관련 학과가 소속된 단과대학이나 학부는 생활과학대학대학(또는 생활과학부)이 가장 많으며 예술 또는 예술체육대학(예술학부), 디자인대학(디자인학부), 조형대학(조형학부) 등이 있다. 대학 내 전공이 속한 단과대학이나 학부에 따라 자연계나 인문계, 예술·디자인계열에 속하기도 하며, 가정, 생활과학의 복합분야로 소속되기도 한다. 의류학과가 속한 단과대학의 특성에 따라 계열 선택 또는 실기시험 등 입학 요건에 차이가 있다. 그러나 대부분의 의복 관련 학과는 의류학의 다양한 영역을 두루 교육하고 있다.

3.2 대학의 전공 영역

의복의 재료로부터 디자인 기획, 설계, 생산된 의복의 유통, 착용 및 관리, 폐기에 이르기까지 모든 과정에 요구되는 전문지식과 기술을 공부하는 의류학은 응용학문이며 실용학문이다. 의류학은 다양한 분야의 기초학문과 연계되어 복합학문, 종합학문의 특성을 이루는데 그 분야는 크게 다음과 같은 영역을 연구한다.

- 자연과학 및 공학 분야 : 옷과 그 재료의 개발 및 생산, 검사, 옷과 착의 기체인 인체의 분석 및 설계, 생산 관련 기술 등의 영역을 공부한다.
- 인문, 사회과학 분야 : 의복 및 의생활의 역사, 의복의 사회·심리학적 측면, 패션상품 기획 및 마케팅 전략에 대해 공부한다.
- 디자인, 예술 분야 : 개성 추구 및 미적 표현을 유행 경향과 함께 분석하고 창작한다.

모든 실용학문, 응용학문과 같이 의류학 역시 연계되는 기초 학문의 지식을 기반으로 한다. 의류학의 학문적 이해를 돕고 체계를 갖추기 위해 관련되는 주변 학문의 지식 역시 중요하다(표 1–1).

표 1-1 의류학의 세부 영역

분야	영역	교과목	연계학문
인문·사회	복식사	한국복식사, 동양 복식사, 서양복식사, 복식문화사	역사학, 미술사, 사회학, 문화인류학, 미학, 문학
	의상사회심리	의상사회심리학, 복식사회심리학	사회심리학, 심리학, 사회인지학
	패션 마케팅	패션마케팅, 패션소비자행동, 패션머천다이징, 패션유통론, 패션바잉, 패션광고 및 프로모션	마케팅, 경영학, 소비자행동, 광고학, 통계학
자연과학·공학	의복소재	의복재료학, 섬유가공과 신소재, 패션소재기획, 의복환경학, 섬유제품 품질 평가 및 분석, 직물의 염색, 직물조직과 설계, 의복관리학, 의복과 감성과학, 기능성 의복과 소재, 텍스타일 산업의 이해	섬유공학, 물리학, 유기화학, 첨단소재공학, 생리학
	의복설계·생산	패턴 제작, 의복제작 공정, 어패럴 CAD, 테크니컬 디자인, 생산관리 및 제품분석, 인체 측정 및 체형 분석, 피팅 프로세스	운동역학, 통계학, 인간공학, 정보통신학, 산업공학, 컴퓨터 프로그래밍
디자인·예술	패션 디자인	복식의장학, 복식미학, 패션아트, 패션디자인론, 디자인론, 패션드로잉, 패션일러스트레이션, 패션디자인, 액세서리 디자인, 패션트렌드와 문화	미학, 조형예술학, 장식미술학, 문화인류학
	텍스타일 디자인	직물 디자인, 색채학, 디자인사, 미술사, 니트디자인	

4
의복과 진로

복합학문인 의류학의 전공자들이 진출하는 분야는 학문 특성만큼 매우 다양한데 각 분야마다 전문화된 지식과 소양을 요구한다. 의류학 전공자들이 진출하고 있는 직종과 앞으로의 직업에 대해 살펴보자.

4.1 소재 관련 분야

우리나라의 경우 직물산업의 발달로 인해 대규모 섬유 생산 기업 및 중소 규모의 제직, 제편, 염색 가공 관련 기업들이 많다. 이러한 기업에서 생산되는 제품의 품질을 관리하고 제직, 염색 및 가공의 각 공정을 조정하고 지시하는 생산관리자가 필요하며, 이때 소재 분야의 지식이 요구된다. 또한, 직물산업의 경우 수출주도형 산업으로 내수보다 생산량이 많아 많은 양이 해외로 수출되어 의류소재 상품을 주 품목으로 하는 의류소재 세일즈맨이 필요하다. 섬유는 실 제조업자에게, 실은 직물제조업자에게, 직물이나 편성물은 의복제조업자에게 판매하게 된다. 시장에서의 공급과 수요를 파악하고 상품에 대한 지식이 필요하며 판매와 수출 관련 업무를 하게 되고 어떤 분야보다 경쟁적인 분야로 실적에 따라 보상이 주어지는 경우가 많으며 최고 경영자에게까지 이를 수 있는 분야이다.

패션디자이너가 의류를 디자인한다면, 의류의 소재가 되는 텍스타일, 즉 직물에 관한 창조적인 디자인을 하는 전문인을 텍스타일 디자이너textile designer라고 한다. 텍스타일 디자이너는 직물의 조직을 디자인하여 표현하고자 하는 형태나 색상을 변형해 짜거나, 짜여진 직물 위에 염색이나 다양한 프린팅 방법으로 표면장식을 위해 텍스타일을 다루는 전문가로 패션 컨버터fashion converter도 있다. 패션 컨버터는 가공되지 않은 상태의 원단을 염색이나 가공을 통해 부가가치를 첨가하여 완성시킨 후 판매하거나, 독자적으로 참신한 원단을 개발해서 업체에 납품하는 전문가를 말한다. 패션 컨버터는 패션 트렌드를 신속하게 파악하고, 의류 업체에 유행할 소재를 제시한 후 판매해야 하므로, 섬유에 대한 지식과 패션 트렌드 분석 능력, 상품기획 능력, 마케팅 능력이 필요하다.

4.2 디자인 관련 분야

의류학 전공자의 진출 분야로 가장 많이 떠올리는 것이 패션 디자이너fashion designer일 것이다. 패션 디자이너는 색채, 소재, 실루엣, 디테일 등을 이용하여 많은 사람들이 받아들이거나 따르는 스타일을 창조하는 전문가를 의미한다. 일반적으로 의류학 전공자들은 대량생산을 하는 기성복 업체로 진출하게 되는데, 디자인 대상 분야에 따라 여성복 디자이너, 남성복 디자이너, 유·아동복 디자이너, 스포츠웨어 디자이너, 니트 디자이너, 패션용품(모자, 가방, 구두, 액세서리) 디자이너, 이너웨어(속옷) 디자이너 등으로 구분된다. 패션 디자이너가 옷을 만들기 전에 자신의 디자인 아이디어를 설명하고자 할 때 그림을 통해 표현하게 되는데 이를 패션 일러스트레이션이라고 한다. 그러나 자신의 아이디어가 아니라도 패션 디자인을 회화적인 표현으로 시각적 전달을 전문적으로 하는 사람을 패션 일러스트레이터fashion illustrator라고 한다. 패션 일러스트레이터는 생략 또는 과장을 통해 패션 디자이너의 콘셉트와 의도를 예술적으로 표현하고 전달하는 전문가로 패션잡지나 신문, 광고 분야에서 일하는 경우가 많다.

패션 디자이너나 텍스타일 디자이너가 창조적인 디자인을 하는 전문가라면 텍스타일 디자이너나 패션 디자이너가 만들어낸 패션 제품을 가지고 새롭게 조화가 되도록 스타일을 만들어내는 사람을 스타일리스트stylist라고 한다. 넓은 의미에서 스타일리스트는 몇 개의 직종을 포함한다. 먼저, 섬유나 의류 업체에서 스스로 디자인을 하지 않지만, 오리지널 디자인을 자사의 정책방침을 기초로 하여 판매할 수 있는 물품으로 변형해 나가는 사람, 둘째, 잡지, 신문의 편집테마에 따라 그에 해당되는 의류나 소품 등을 코디네이트하여 지면제작을 돕는 사람을 말한다. 셋째, 사진이나 모델, 연예인의 의상을 담당하거나, 패션쇼 연출 스태프의 일원으로 모델이 입는 드레스를 관리하고 액세서리 등을 코디네이트하는 사람과 같이 의상을 비롯하여 헤어스타일과 메이크업은 물론 신발, 핸드백, 액세서리 등 토탈패션의 조화가 되도록 조정하는 연출자도 스타일리스트라고 하며, 특히 이와 같은 경우엔 패션 코디네이터fashion coordinator라는 호칭을 이용하기도 한다.

4.3 설계·생산 관련 분야

패션 디자이너가 시각적으로 표현한 디자인이 옷이 되려면, 패턴사pattern maker가 디자이너의 기획안이 제품이 될 수 있도록 설계도, 즉 패턴pattern을 제작해야 한다. 기획안을

그림 1-6 모델리스트의 패턴 수정 작업

제품으로 모델링한다 하여 패턴사를 모델리스트modelist라고도 한다(그림 1-6).

오늘날의 의류산업은 디자인·기획에서 생산에 이르기까지 같은 업체, 같은 공장에서 진행되는 경우가 매우 드물고, 심지어 같은 지역, 나라에서 진행되는 경우도 많지 않다. 이때 지역, 언어와 문화가 다른 작업환경에서 설계에서 생산까지의 과정을 올바르게 의사소통하고 정확한 제품을 기한 내에 생산하는 것이 매우 중요한 문제이다. 즉, 설계에서 생산까지의 전 과정과 절차, 규격 등을 작게는 업체 간에, 크게는 세계적 기구 간에 약속된 기호와 형식의 작업서식(테크니컬 리포트technical report)으로 소통하는데 이를 작성하는 디자이너를 테크니컬 디자이너(TDTechnical Designer)라 한다. 테크니컬 디자이너는 컴퓨터 사용 능력뿐 아니라 설계, 생산에 요구되는 지식을 필요로 한다.

현대 산업의 거의 모든 설계·생산 공정은 자동화 시스템을 갖추고 있어 CADComputer Aided Design/CAM Computer Aided Manufacturing 디자이너는 기획안이 생산에 이르기까지 각 공정에서 요구되는 컴퓨터 및 IT 프로세스 업무를 각각 담당한다. 디자인을 가상 환경에서 패턴을 제작, 봉제하고 아바타 착장에 의한 피팅fitting을 통해 실제 샘플 피팅에 준하는 작업을 담당하는 디자이너를 버추얼 의상 디자이너virtual fitting designer라 하며 패턴 설계, 의복의 봉제, 소재의 물성, 컴퓨터에 대한 지식과 기술이 요구된다. 어패럴 CAD 디자이너apparel CAD designer는 실물 패턴을 디지타이저digitizer로 입력하거나 컴퓨터에서 직접 패턴을 제작·수정하고 룰 테이블rule table을 작성하여 그레이딩grading하며, 각 사이즈별 패턴을 효율적으로 배치marking한다. 제품의 생산에 관련된 여러 CAM 장비를 다루거나 관리하는 어패럴 CAM 테크니션apparel CAM technician은 고가의 로봇에 가까운 장비들을 핸들링한다. 생산관리사는 의류제품의 생산 공정 작업이 정확하고 용이하도록, 직원들이 효율적으로 작업하고 모든 업무에서 안전하도록, 제품이 납기일에 정확히 완료될 수 있도록 모든 공정을 설계하고 관리하는 직업이다. 본사 또는 발주업체로부터 주문받은 생산지시서(테크니컬 리포트)에 따라 공정에 필요한 투입 인원 및 배치, 생산 라인을 기획·설계·감독한다.

4.4 기획 및 마케팅 관련 분야

디자이너와 함께 소비자들이 원하는 패션 상품을 기획 및 개발하고, 판매를 고려하여 색상·소재·스타일·사이즈 계획 및 생산·판매·촉진 계획을 세우고 수행하는 전문가를 패션 머천다이저fashion merchandiser라고 부른다. 패션 머천다이저는 디자이너가 만든 디자인을 생산할 것인지, 생산한다면 색상별·사이즈별로 얼마만큼 생산할 것인지를 결정하고, 생산 스케줄을 관리하며, 매장에서 판매되는 상품에 대한 판매반응을 살피고 이를 기획에 반영하며, 여러 촉진활동을 추진하는 등 디자인 이후의 모든 과정을 유기적으로 관리한다. 유능한 패션 머천다이저가 되려면, 시장 상황을 신속하게 읽어내야 하고, 각종 정보 수집 및 분석 능력, 마케팅 능력, 예산관리와 판매관리에 필요한 계수(계산) 능력, 리더십 등이 필요하다. 패션 머천다이저 중에서도 최근 많이 대두되는 할인점과 같은 소매업 분야에서 패션 상품의 매입buying을 책임지는 사람을 패션 바이어fashion buyer라고 한다. 이 경우엔 상품을 구입하는 사입처로부터 소매점포에 판매하기 적절한 상품을 구매하고, 구매한 상품의 판매 수익에 관련된 계수관리를 주로 담당한다.

백화점을 지나다가 백화점 윈도에 전시된 상품을 들여다보거나, 점포 앞에서 마네킹에 입혀진 옷을 보고 사고 싶다는 생각이 들어 점포 안으로 들어가게 되는 경우가 있다. 이런 백화점이나 점포의 윈도에 판매할 의류 상품이 보다 효과적으로 소비자에게 전달되도록 하는 전시하고 진열하는 일은 디스플레이어displayer의 몫이다. 디스플레이어가 상품을 효과적으로 전시하여 판매에 도움을 주는 시각적인 분야를 담당하기 때문에 비주얼 머천다이저visual merchandiser라고도 부른다. 디스플레이어는 점포의 쇼윈도나 내부의 상품을 효과적으로 진열하거나 전시회, 쇼룸과 같은 선전을 위하여 상품을 일정한 테마와 목적에 따라 효과적으로 진열하는 일을 하게 되므로 상품 지식이 풍부하고, 상상력과 표현력이 좋아야 한다.

4.5 연구·교육 분야

의류학은 실용학문으로 산업계의 여러 분야와 직·간접적으로 연관되어 있으므로 많은 의류학 전공자들이 대학 졸업 후 다양한 분야에서 활동하고 있다. 또 이러한 전문 지식과 기술은 분야에 따라 더 깊은 학문적 소양과 경험이 요구되기도 하므로 해당 업무에 필요한 기술과 지식을 습득하거나 대학원에 진학하여 소재, 디자인, 의복설계, 패션 마케팅, 복식사 등 각 분야에 심도 있는 연구를 진행한 후 고급 전문 인력으로서의 업무를 수행하기도 한다.

정부부처, 정부출연 연구기관 및 지방자치단체 출연기관, 정부 및 지역자치단체 지원 사업단 및 민간 연구소, 산업체 자체 설립 연구소 등 다양한 분야의 많은 연구기관에 섬유소재 및 의복의 설계, 개발, 시험, 관리 관련 전문 지식이 있는 의류학 석·박사들이 진출하여 그 능력을 발휘하고 있다. 특허청, 문화체육관광부, 한국표준과학연구원, 한국직업능력개발원, 한국생산기술연구원, 한국산업인력관리공단, 한국소비자보호원, 한국실크연구원, 한국패션산업연구원, 사이즈 코리아, 코오롱, 고합, 효성 등 섬유/의류에 특화된 연구소에 진출하여 관련 분야의 연구업무를 수행할 수 있다.

글쓰기를 좋아하고 정보 습득에 관심이 있다면 패션 전문기자fashion journalist의 진로도 생각해 볼 수 있다. 섬유신문 등 섬유나 패션 관련 일간지 기자는 주로 전반적인 산업 경향이나, 섬유 패션업계의 새로운 정보를 취재하여 기사를 작성한다. 이에 반해 패션 잡지의 경우, 패션 관련 내용을 중점적으로 다루면서 패션에 관심 있는 독자들에게 새로운 패션 트렌드나 패션 상품의 정보를 제공하는 내용도 다루어 간행물의 발간 취지에 따라 요구하는 능력과 업무에 차이가 있다.

'기술·가정' 교과 중 가정과 교사로의 진로가 있으며 특수 목적고에는 의상과가 따로 있어 의상과 교사로도 진출할 수 있다. 교사가 되기 위해서는 중등학교 정교사(2급) 자격증이 필요한데 대학에서 교직을 신청, 이수하여야 한다. 공립 중등학교 교사인 정교사(1급) 자격증을 취득하기 위해서는 교원임용시험을 통과하여야 하여 이에 대한 상세한 정보는 한국교육과정평가원 홈페이지에서 확인할 수 있다. 대학, 또는 의류·패션 관련 여러 교육기관에서 교수 또는 강사로 활동하고자 할 때는 교육 내용, 교육생의 수준에 따라 석사 또는 박사 학위 및 이에 준하는 경력이 요구된다.

생각할 문제

1 의류 전공 학과에서 개설한 교과목을 찾아보자. 각 교과목이 어떤 세부 분야에 속해 있는지 생각해 보자.

2 의복의 역할을 본인이 가진 의복과 연관지어 보자. 어떤 의복들이 어떤 역할을 하는지, 과연 그 의복들은 올바른 역할을 하는지 생각해 보자.

3 서로 다른 두 사극에서 출연자가 입은 의상의 차이를 살펴보자. 이러한 차이가 시대적인 차이인지, 기획 의도인지 토론해 보자.

4 다양한 의류 관련 직업에서 본인이 관심 있는 직업에 대해 탐구해 보자. 또 미래에는 어떤 새로운 직업이 등장할지 논의해 보자.

인체는 매우 복잡한 구조로 되어 있다. 의복을 인체 위에 착용하므로 의복설계 시 인체 외관만 필요할 것 같지만 인체 외형은 인체의 내부구조로부터 발달된 유기적인 구조로 인체의 여러 구조를 올바로 이해할 때 비로소 착용자가 만족하는 옷이 될 수 있다.

좋은 옷은 입어서 편안하고 보기에 좋으며 활동하는 데 불편함이 없어야 한다. 이러한 옷의 기능은 인체의 골격과 골격이 결합된 관절의 운동 방향과 운동 영역, 움직임에 따른 근육과 피부의 변화, 피부에 닿는 소재, 솔기 등에 따른 인체의 반응 등을 정확히 이해하고 이해된 정보를 옷의 여러 설계요소에 올바로 적용할 때 가능하다. 본 장에서는 의복의 입장에서 인체를 이해하고 의복에 어떤 정보를 어떻게 적용해야 할지 생각해 본다.

학습목표

- 의복 설계에 요구되는 인체의 정보를 이해한다.
- 체형 분류 방법과 체형 분류 방법에 따른 다양한 체형 특징, 의복설계의 주안점을 살펴본다.
- 인체 측정을 통해 인체의 치수들을 파악한다.

1
인체의 이해

관심 분야, 요구되는 목적에 따라 적용해야 하는 인체 정보는 매우 다르다. 착용자가 만족할 수 있는 의복을 설계하기 위해서는 어떤 인체 정보가 필요할까? 이러한 인체 정보는 어떻게 가공하여 적용해야 할지 생각해 보자.

1.1 의복과 인체부위

인체는 크게 체간부와 체지부로 구분한다. 체간부는 머리head와 몸통torso으로 생명 유지에 필요한 부위이며 체지부는 사지, 즉 두 팔과 두 다리, 손발을 포함하며 인체의 동작에 관여한다. 이러한 구분은 해부학, 생리학, 운동학 등에서 주로 사용하는 방법으로 의복을 제작하기 위한 인체 구분으로 적용할 때는 차이가 있다.

의복설계의 관점에서는 인체를 의복을 착용하는 대상(착의기체)으로 판단하고 그 관점에서 인체를 구분한다. 체간부는 평소 옷으로 커버하는 최소한의 부위, 즉 목 아래에서 어깨, 가슴과 등, 배, 허리, 엉덩이까지의 몸통torso을 이르며 머리는 포함되지 않는다. 체지부는 팔과 다리, 손발로서 해부학적 인체 구분과 공통되는 부위이지만 체지부가 시작되는 경계선에 차이가 있다. 또 해부학에서는 인체에서 두드러진 부분을 기준점, 기준선으로 정하지만 의복설계를 위해서는 의복의 구성과 관계되는 부위를 기준점, 기준선으로 정하기도 한다. 의복의 제작을 위해 인체를 구분하는 특징적인 경계선을 알아보자(그림 2–1).

- 목밑둘레선 : 목과 가슴을 나누며 의복의 윗부분이 시작되는 경계선이다. 목뒤점, 목옆점, 목앞점을 지난다.
- 진동둘레선 : 몸통과 팔을 구분하며 소매가 달리는 경계선이다. 어깨 끝점과 앞뒤 겨드랑점을 지난다.

그림 2-1 의복설계에서 몸통과 기준점, 기준선(경계선)

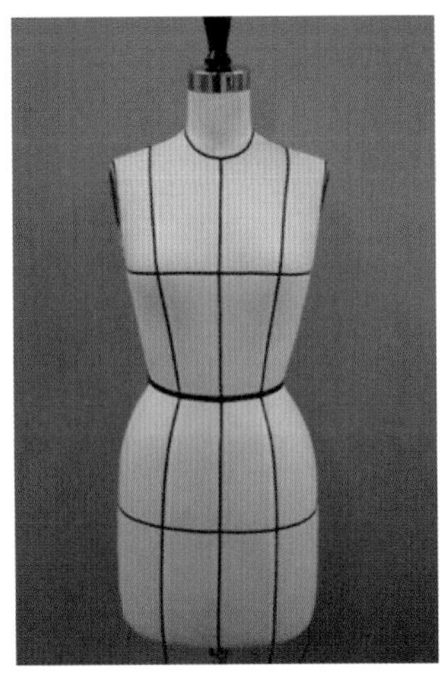
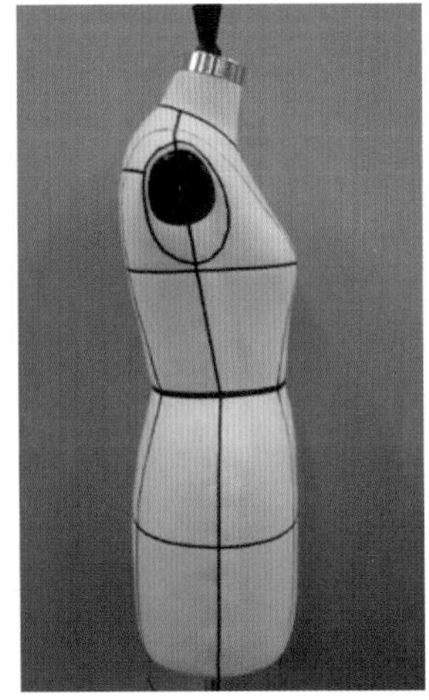
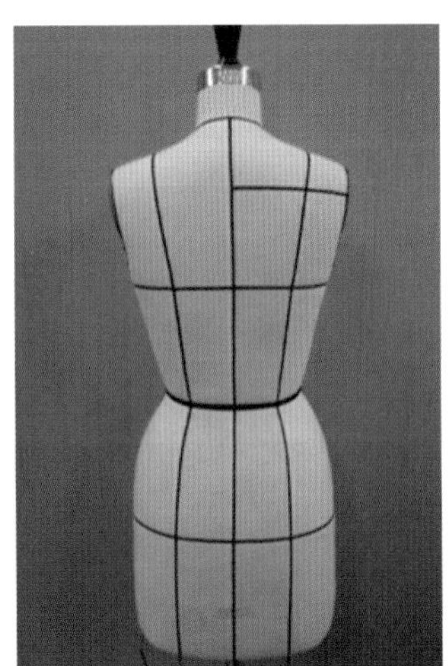

- 어깨선 : 어깨 부위에서 몸통의 앞뒤를 구분하는 경계선이다. 목옆점과 어깨끝점을 지난다.
- 옆선 : 몸통의 앞뒤를 구분하며, 옷의 앞뒤를 잇는 봉제선의 기준이 된다.

1.2 의복과 인체 구조

인체의 가장 안쪽에는 우리 몸의 생리를 담당하는 내장기관들이 있으며, 그 밖을 뼈와 관절, 근육, 신경과 피부가 에워싸면서 인체를 구성한다. 이러한 인체 구조는 사람의 형태를 만들고 생존하게 하며 활동 가능하게 한다. 의복설계에서는 장기보다는 형태를 결정짓는 인체 구조와 활동의 방향, 크기를 통제하는 인체 구조, 즉 뼈와 관절, 피부에 더욱 관심을 둔다.

뼈

뼈bone는 형태 유지, 운동, 보호의 세 가지 역할을 한다. 이 세 가지 기능과 의복설계 시 고려할 점을 알아보자.

그림 2-2 앞면으로 본 우리 몸 안의 뼈

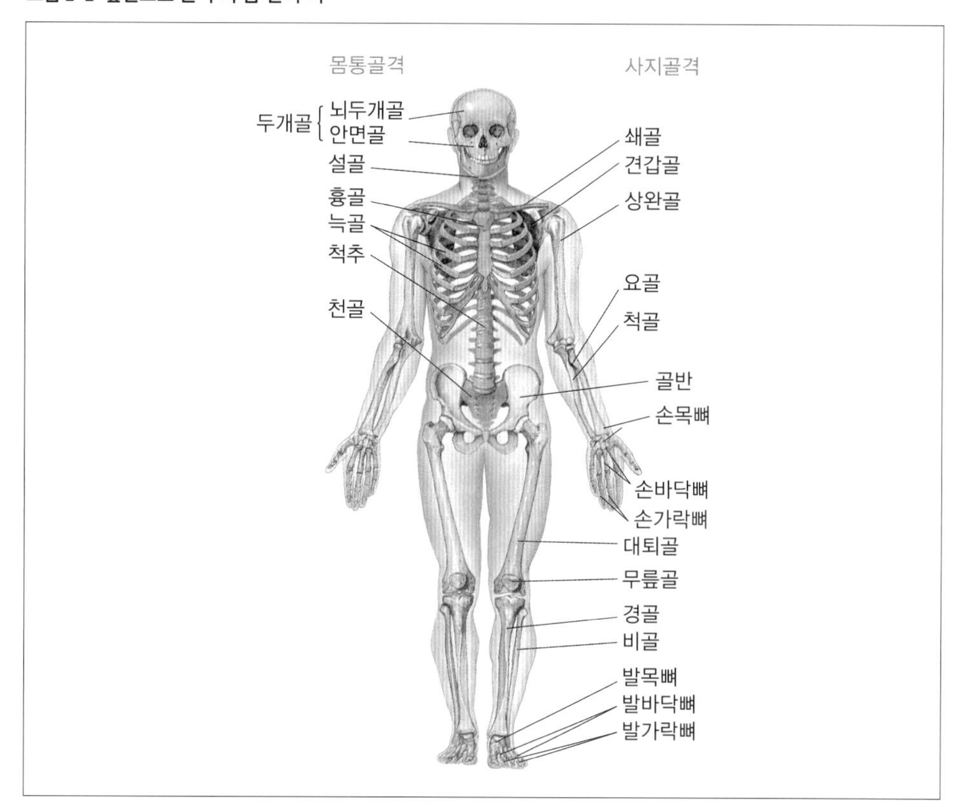

뼈는 일정한 형태를 갖고 있어 뼈만으로도 그 형태를 식별할 수 있다. 유적지에서 발굴된 뼈만으로 사람의 뼈인지, 동물의 뼈인지 판단 가능하며 사람의 뼈 또한 성별과 나이를 짐작할 수 있다. 이는 모든 동물과 사람의 형태를 구성하는 뼈의 모양과 크기가 다르며 성별에 따라, 혹은 성장, 노화하면서 그 형태가 변화하기 때문이다. 골격이 큰 사람은 큰 발, 큰 어깨, 큰 골반 등 큰 사이즈를 갖게 되며, 골격의 크기와 형태는 의복 설계에서 반영해야 할 부분이다.

우리 몸은 하나의 뼈로 형성되어 있는 것이 아니라 206개나 되는 많은 뼈가 서로 연결되어 인체운동(동작)을 가능하게 한다. 물론 운동은 뼈 혼자 하는 것이 아니라 관절과 근육이 모두 합심하여 적절한 운동 크기, 운동 방향을 이끌어 낸다. 의복은 이러한 운동 범위(가동역)와 같은 방향으로 움직임이 일어났을 때 운동이 가능하도록, 운동을 마치고 인체 부위가 제자리로 돌아왔을 때 의복 역시 제자리로 돌아올 수 있도록 설계되어야 한다.

이 밖에도 단단한 뼈는 뇌와 심장 같이 생존을 좌우하는 주요 기관들을 둘러싸는 보호 상자의 역할을 한다. 보호의 역할을 하는 뼈는 움직이지 않거나 최소한의 움직임만이 있다. 일상 의복에서는 이러한 뼈에 관심을 두지 않지만 보호복 등에서는 생명 유지를 위한 세심한 설계가 요구된다.

관절

두 개 이상의 뼈가 만나는 곳, 연골과 뼈가 만나는 곳을 관절joint이라 한다. 관절 중에는 전혀 움직이지 않는 관절과 약간 움직이는 관절, 대부분의 관절처럼 자유자재로 움직이는 관절이 있다.

관절은 뼈와 뼈를 연결하며 뼈 사이의 운동이 원활할 수 있도록 도와준다. 뼈와 관절의 연결된 모양, 인대의 팽팽한 정도, 인대를 에워싸고 있는 근육조직에 따라 운동의 방향과 범위가 결정되어, 구부리고 펼치고 돌리고 휘돌릴 수 있다. 손가락은 안쪽으로만 구

그림 2-3 관절의 모양

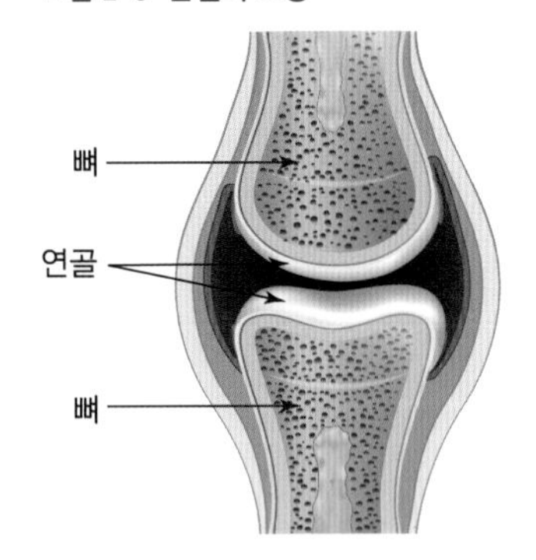

그림 2-4 관절 부위와 모양에 따른 관절의 운동 방향과 범위

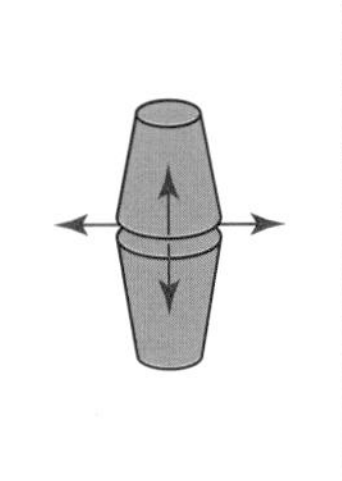
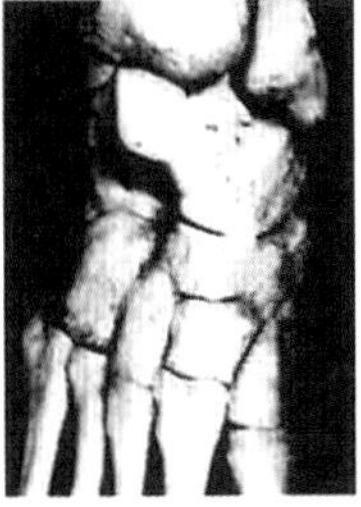
평면관절

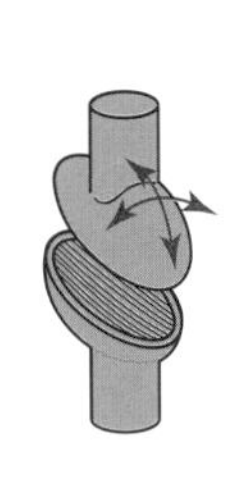
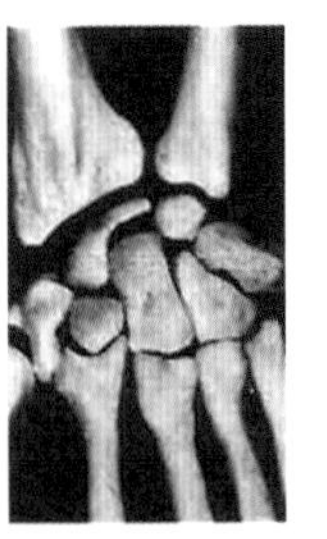
경첩관절

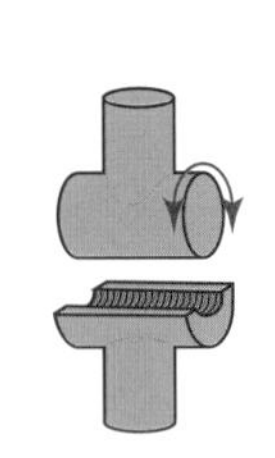
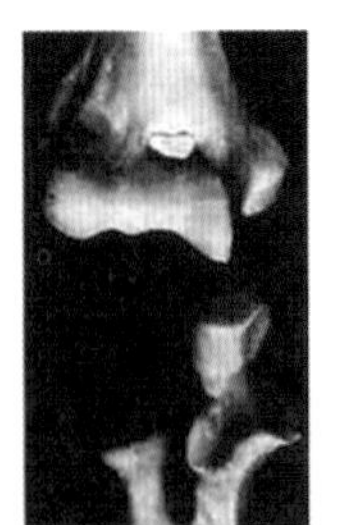
중쇠관절

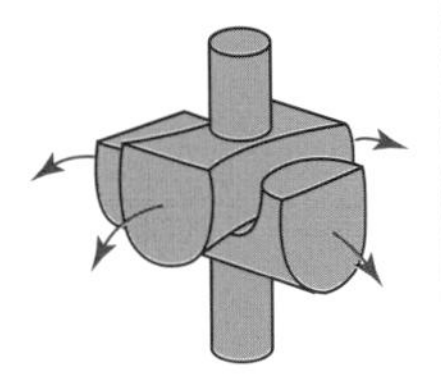
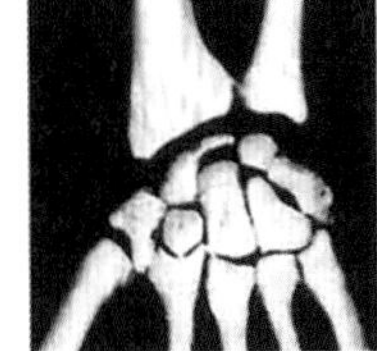
타원관절

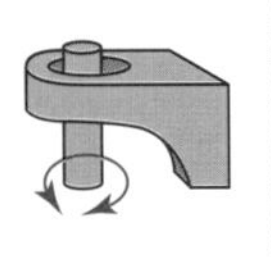
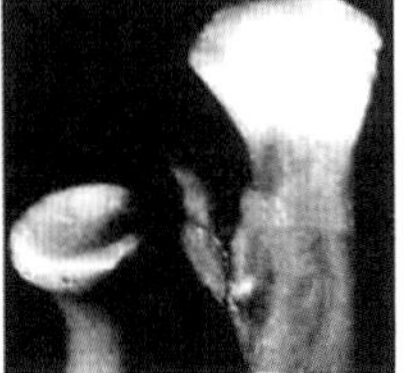
인장관절

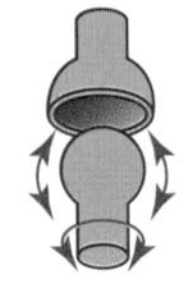
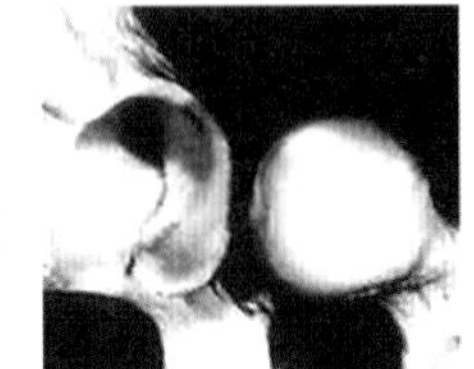
절구관절

부릴 수 있고 팔은 사방으로 돌릴 수 있는데 그 이유는 각 부위별 뼈의 생김새와 관절이 자리 잡은 모양이 다르기 때문이다. 실생활에 사용되는 도구·기구, 의자나 문에 사용되는 이음새 및 경첩은 이미 인체의 관절 모양에서 응용된 것이다. 의복에서 진동둘레에 소매를 따로 연결하는 것은 인체에서 가장 활동영역이 큰 팔의 운동을 원활하게 할 수 있도록 배려한 설계이다. 이처럼 관절의 운동 방향과 운동영역은 의복설계, 특히 기능성이 요구되는 의복설계에서 매우 중요하게 고려되는 요인이다(그림 2-4).

근육

인체의 약 40% 정도를 차지하는 근육muscle은 뼈를 움직여 신체를 동작하게 하고 골격의 형태를 유지시켜 인체의 윤곽을 형성하며 에너지원으로 저장되어 있다가 힘을 내게 한다. 근육은 우리 의지와 관계없이 활동하는 내장근육 등의 불수의근과 우리의 의지에 따라 움직이는 수의근으로 나눠지며, 우리가 평소 움직이는 근육은 모두 수의근으로 수축, 이완, 흥분 등을 하며 인체의 모양도 변화시키고 피부 면에도 영향을 미치지만 일상 의복보다는 특히 스포츠웨어의 설계 시 고려되는 인체 측면이다.

그림 2-5 남자와 여자의 근육 분포

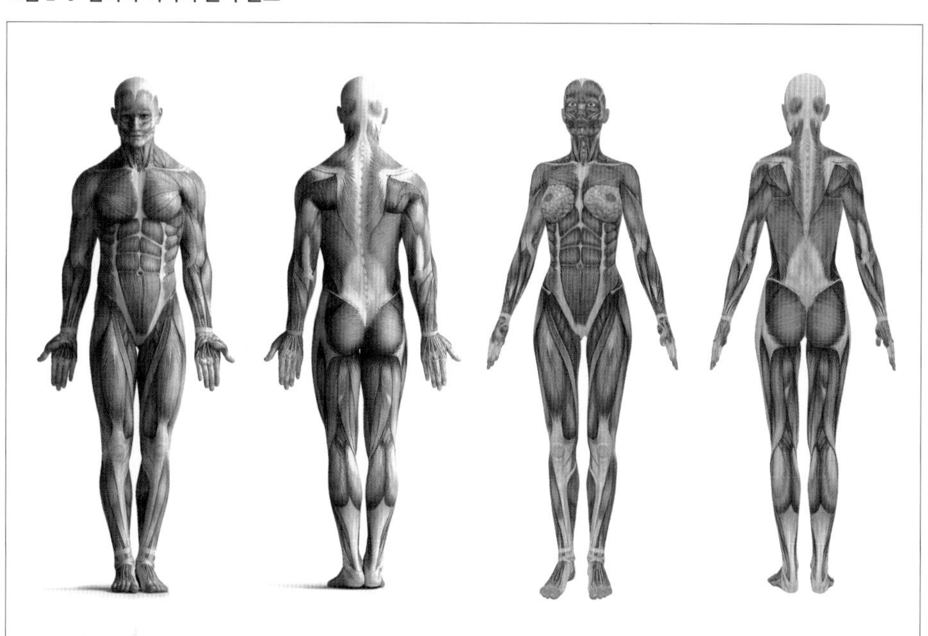

그림 2-6 피부의 구조

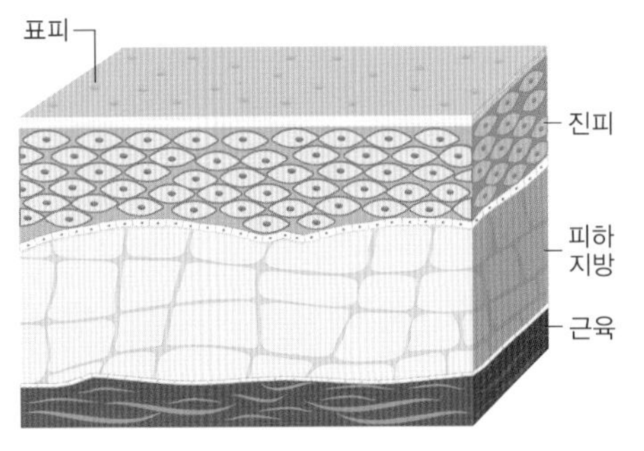

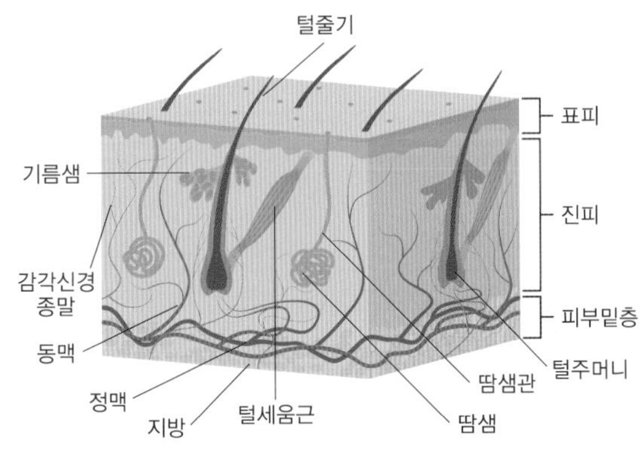

그림 2-7 피부의 노화

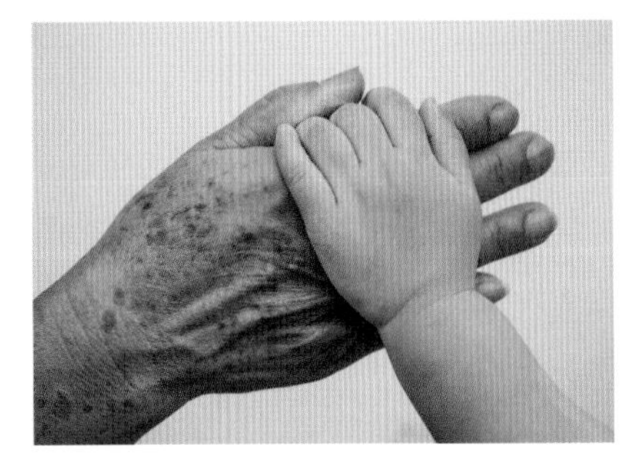

피부

피부skin는 인체의 가장 바깥쪽에 위치한 부위로 건강상태, 질병, 연령 등 많은 외관상의 정보를 얻을 수 있는 인체 최대기관이다. 체중의 약 16%를 차지하는 피부는 몸을 덮어 인체를 보호하고, 피부를 통해 호흡하며, 지방을 저장하였다 사용하고, 여러 가지 감각과 기온의 변화를 느끼고 대응한다. 또 땀과 피지를 분비하며 체온을 조절하는 등 다양한 생리활동을 한다.

피부는 표피, 진피, 피하조직의 세 개 층으로 구성되어 있다. 피하조직은 피부 아래에 잉여 지방을 저장하여 에너지를 비축한다. 이 에너지는 필요할 때 요긴하게 사용되며 생체를 단열하고 충격을 흡수한다. 불투과성 단백질로 자외선을 차단하는 피하조직은 좋은 지방층이다.

섬유성 결합조직인 진피는 혈관, 신경, 땀샘, 모낭, 피지샘 등이 있어 피부 대부분의 생리적 기능을 담당한다. 멜라닌 과립세포가 있어 피부 톤을 좌우하며, 특히 진피 내의 콜라겐과 엘라스틴은 피부에 영양을 공급하여 윤기와 탄력을 부여한다.

피부의 가장 바깥부분인 표피에는 각질, 털, 기름구멍, 땀구멍 등이 있다. 영양부족에 대응하고 감각기의 역할도 한다. 원활한 생리기능을 위해서는 피부를 늘 청결히 하고 피부에 직접 닿는 의복의 소재와 피복할 부위를 잘 선택하는 것이 중요하다.

피부는 외모를 결정짓는 중요한 요소이다. 피하지방의 분포와 정도에 따라 남녀의 체형이 다르기도 하고 외적 환경과 직접 접촉하므로 노화의 증거가 된다. 특히 노출되는 피부는 나이를 먹으며 점점 탄력을 잃고, 평소 노출되지 않는 피부도 70세를 지나면서 노화가 뚜렷해진다. 노화가 진행되면 피부의 탄력이 사라지고 이마, 눈 주위, 입술 주위, 뺨, 턱, 목, 손등 등에 주름이 생긴다. 인체 구조 중 체형과 가장 관계가 깊은 부위는 피부로 피하지방이 있는 부위와 정도에 따라 체형이 달라진다.

1.3 의복과 체형

체형은 바깥으로 드러나는 인체의 모양을 의미한다. 키가 크다, 뚱뚱하다, 어깨가 넓다 등 여러 가지 인체의 표현은 체형의 판단에서 비롯된다. 성별, 연령, 인종, 지역에 따라 체형이 각기 다르며 같은 인종이라도 개인차가 많고, 심지어 동일한 사람의 왼쪽과 오른쪽도 대칭이 되지 않는 경우가 많다.

인체 비율

인체 비율proportion은 키를 머리 크기, 즉 머리 위에서 턱 끝까지의 얼굴의 수직 길이로 나눈 값으로, 키를 머리로 나누었다는 의미에서 두신지수라고도 한다. 팔다리가 길고 얼굴이 작으면 인체 비율이 높다. 그래서 키가 작더라도 인체 비율이 크면 실제보다 크게 보이기도 한다.

대부분 꿈의 비율이라 하는 8등신을 선호하는데 이러한 비율은 완전히 성인이 되었을 때 가능하다. 갓 태어난 아기는 약 4등신으로 머리둘레와 가슴둘레가 거의 같다. 성장하면서 머리보다는 다른 신체가, 몸통보다는 팔, 다리가 더 발달하여 개인차가 있겠으나 18세 정도가 되면 성인과 같은 7~8등신의 신체 비율을 갖는다. 사이즈 코리아의 제7차 인체조사사업에 의한 20대 한국인의 평균 인체 비율은 남자의 경우 약 7.21, 여자는 약 7.17이다. 성장 기간 동안 모든 신체부위가 일정하게 자라는 것은 아니다. 갑자기 키가 쑥쑥 자라는 것처럼 길이의 성장이 두드러지는가 하면 체중이 증가하고

그림 2-8 성장에 따른 인체 비율

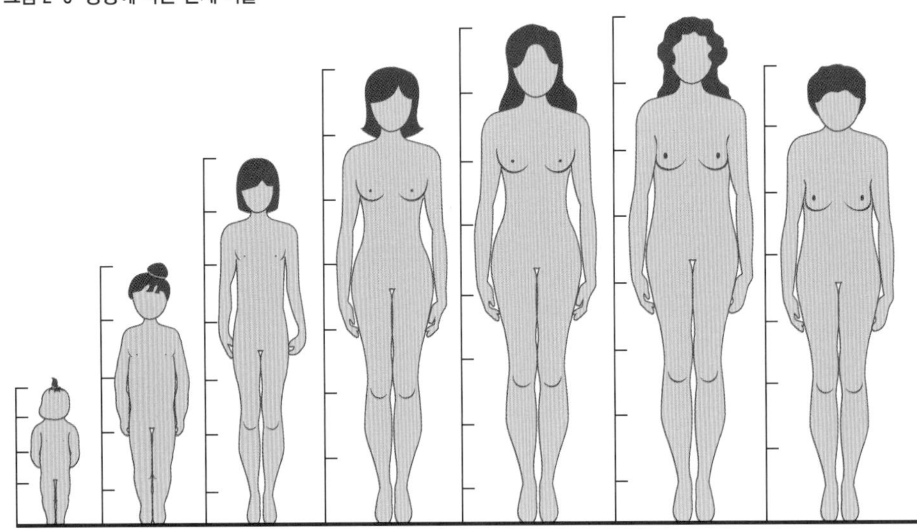

인체의 실루엣이 생기는 등 부피와 성적인 특징이 성장하기도 한다. 개인별로 차이가 있으나 인체는 대체로 두 번의 신장기(길이의 성장이 뚜렷한 시기)와 두 번의 충실기(부피의 성장이 뚜렷한 시기)를 거쳐 S자 형태의 성장곡선을 이룬다고 한다. 남자는 21세, 여자는 17세 전후로 성장이 멈추고 그 후 키가 조금씩 줄어들지만 거의 느끼지 못한다. 청년과 중년은 신체 비율이 같아도 지방과 근육의 분포가 달라 서로 다른 체형을 나타낸다.

태어날 때부터 성염색체의 조합에 의해 결정된 1차 성징으로 인체에서 성별의 차이는 존재하나 그 차이는 주로 생식기이며 체형의 차이는 미미하다. 어린 시절에는 유전적 요인, 영양 및 활동 상태 등에 따라 어린이의 체형이 형성된다. 그러다 청소년기에 들어서면 키, 몸무게, 가슴둘레 등의 변화가 급격해지는데 성장의 속도와 수준은 개인차가 있다.

뼈의 성장은 18세경까지 계속되지만 이 무렵에는 성장속도가 현저하게 둔화되고 체형은 거의 성인의 성숙 수준에 이른다. 각 신체부위마다 뼈의 성장 속도가 달라 특히 팔, 다리가 두드러지게 늘어난다. 그래서 개인에 따라 전신의 발달이 어색한 듯 보이는 시기가 있기도 한다. 내장의 여러 기관도 발달하여 어른의 성숙수준에 이른다.

남녀의 외형 차이는 성호르몬의 영향이 크다. 보통 남자는 11~13세, 여자는 9~11세

그림 2-9 남자와 여자의 골반

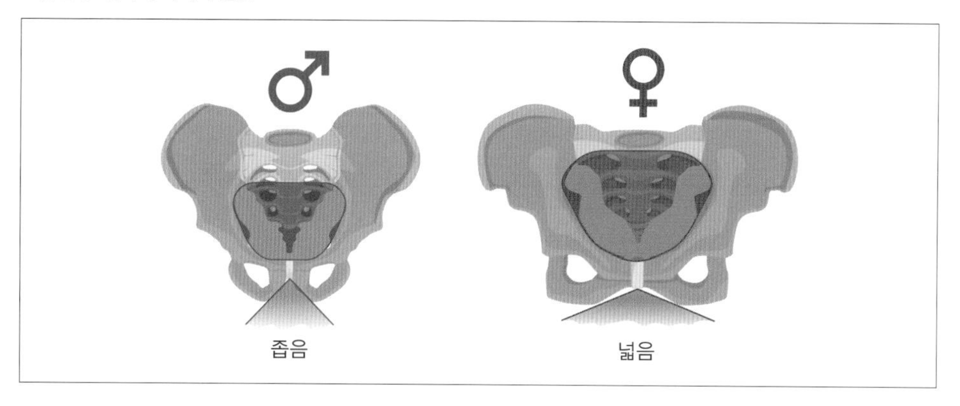

정도가 되면 성장 호르몬과 성호르몬이 많이 만들어지면서 급격히 키가 커지고 몸무게가 늘어나며, 여자와 남자의 몸이 서로 다르게 변화하는 2차 성징의 시기를 지난다. 이러한 변화는 약 13~16세까지 계속되다 성숙에 이르면서 변화의 속도는 현저히 감소한다.

성숙에 이르는 변화기간 동안 여자는 젖가슴이 발달하고, 임신했을 때 태아가 자랄 수 있는 공간을 확보하기 위해서 골반 뼈가 넓어지면서 엉덩이가 커진다. 피하지방이 발달하여 전신이 둥그스름해지는데 이러한 변화는 특히 여자에게 두드러져 가슴과 엉덩이가 돌출되고 이로 인해 허리가 가늘어 보이며 전체적으로 부드럽고 유연한 곡선적인 실루엣을 형성한다(그림 2-9). 남자는 키와 몸무게가 늘어나고 어깨와 가슴(흉곽)이 넓어지며 여자에 비해 각이 진 실루엣을 형성한다. 신체의 운동기능도 급속히 발달하는데, 특히 근력, 운동속도, 운동의 정확성 등의 발달이 두드러지며, 청년기가 끝날 무렵 운동 능력이 거의 최고조에 이른다. 여자의 경우, 일반적으로 월경 시작을 정점으로 하여 점차 정체하므로 근력이나 운동 능력의 남녀차가 더욱 벌어지며 근육의 비중, 골격의 크기에 따른 남녀의 체형 차이도 두드러지게 된다. 이는 매우 일반적인 정보로서 식습관, 직업의 종류 및 활동 등에서 남녀의 차이가 적어지면서 체형의 차이 역시 점차 그 의미가 퇴색되고 있다.

여러 가지 체형 분류 방법

체형을 판단하고자 하는 관점에 따라 여러 가지 체형 분류 방법이 있다. 앞서 설명한 인체 비율 역시 하나의 체형 분류 방법이다. 이 외에 다양한 체형 분류 방법을 알아보자.

그림 2-10 남자와 여자의 이상 체형

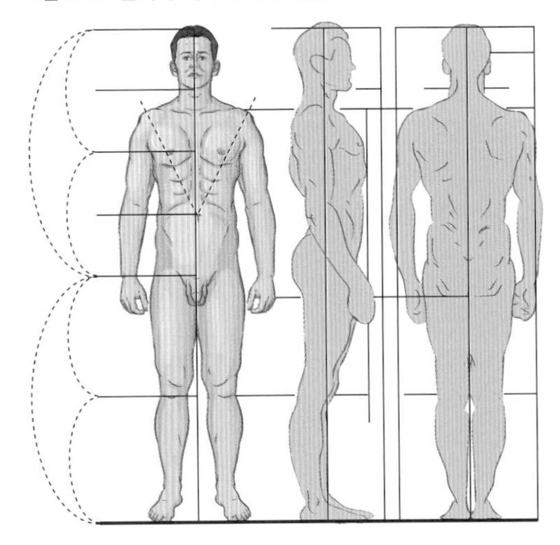
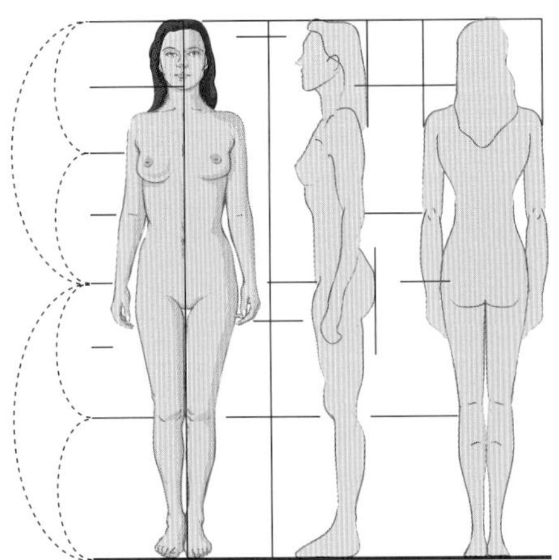

체형 분류 방법은 인체의 부위를 기준으로 전신을 판단하는 방법과 인체의 특징적인 부위를 분류하여 체형을 판단하는 방법이 있다. 또 체형을 판단하는 방법을 기준으로 육안으로 판단하는 방법과 수치를 이용하여 판단하는 방법으로 나눌 수 있다. 예를 들어 인체 비율은 전신 체형을 분류한 방법이며, 수치로 계산하여 판단한 방법이다.

수치로부터 체형을 판단하는 가장 대표적인 방법에는 비만 지수로 로러 지수Röhrer Index, 체질량 지수BMI, Body Mass Index 등이 이에 해당된다.

- 로러 지수 = {체중(kg)/신장(cm^3)} × 10^7
- BMI = 체중(kg)/신장(m^2)

로러 지수는 신장을 한 변으로 하는 정육면체에 체중이 차지하는 분량이라는 관점에서 개발된 인체충실도 지수로서 14세 미만의 성장기 어린이나 청소년의 비만 여부를 판단하는 지표로 널리 사용된다. 대체로 120~140을 정상 체형으로 간주하며 이보다 적을 경우 허약으로, 이보다 많을 경우 비만으로 간주한다. 체질량 지수는 비만도를 평가하는 가장 간단한 방법으로 서양에서는 25를 과체중으로 간주하나 한국인의 경우 23 이상이면 과체중, 25 이상이면 비만으로 간주한다. 수치로 체형을 판단하는 방법은 간편하고 쉽게 이해할 수 있으나 뼈나 근육 등 체중에 영향을 줄 수 있는 변인을 통제하지 못한다는 문제가 있다. 또 연령이나 성별, 시대에 따라 계산된 점수의 판단이

그림 2-11 발바닥 프린트(족적)에 따른 발의 형태(요족 → 평발)

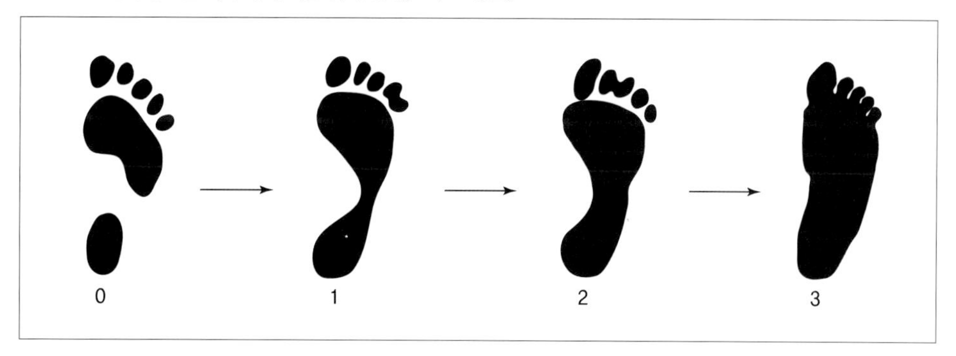

다르므로 점수를 과신하는 것은 금물이다.

외관상 드러나는 형태로 체형을 분류하는 방법에는 전신 체형보다는 부분 체형 분류법이 많다. 옆모습으로 판단할 수 있는 인체 자세는 척추의 굴곡이 균형이 잡혀 안정감 있는 바른 체형 외에 노인이나 쭈그리고 앉아 일하는 작업자에게 종종 나타나는 숙인 체형, 어린이나 비만 체형, 임부 등에서 볼 수 있는 젖힌 체형 등이 있다. 평균적인 어깨의 경사각은 21~23°이며 이를 평균 어깨, 이보다 각도가 큰 어깨를 처진 어깨, 이보다 각도가 작은 어깨를 솟은 어깨로 분류한다. 발바닥은 적당한 아치를 이루어 체중을 분산하고 인체의 하중을 견디며 동작을 가능케 한다. 아치가 적어 발바닥이 지면에 닿는 부분이 많을 때 평발이라 하며, 반대로 발바닥이 휘어 지면에 닿는 부분이 너무 부족한 발을 요족이라 한다. 평발도 요족도 오래 걷거나 뛰는 등 속도를 내는 데 어려움이 있다.

각 체형마다 그에 적합한 의복설계가 적용된다. 젖힌 체형인 임신부가 보통체형의 의복을 착용할 경우 배가 눌리는 등 불편함을 초래할 뿐 아니라 옷의 뒷길이가 길어 계단에서 옷을 밟아 넘어지는 사고의 위험성도 있다. 평발인 착용자를 위해서는 신발창의 아치를 달리 설계하여 착용감을 향상시키고 보행 시 도움을 줄 수 있다. 체형에서 오는 문제점을 해결하는 것도 의복설계의 중요한 요건이지만 체형을 보완하는 의복설계 역시 필수적인 요건이다. 의복은 인체에 잘 맞는 것도 중요하지만 때론 체형의 결점을 감추는 목적으로도 설계된다. 보기 좋은 외모는 의복이 추구하는 중요한 목표 중 하나이다.

2
인체 측정

목적하는 의복을 올바로 설계하기 위해서는 인체의 이해가 우선되어야 하는데 인체의 올바른 이해는 정확한 인체 치수를 확보하는 것으로부터 출발한다. 인체 치수를 얻기 위한 가장 직접적인 방법은 인체 측정이다. 인체 측정은 측정기를 이용하여 인체를 재는 것뿐 아니라 얻어진 치수를 가공하여 인체 데이터를 확보하는 과정까지를 포함한다.

2.1 인체 측정의 의미와 유래

우리는 오래전부터 인체로부터 치수를 구해 사용하여 왔다. 집의 천장은 일어섰을 때 머리가 닿지 않을 높이 이상이었을 것이다. 문의 크기 역시 사람의 키를 반영하는데 낮은 문은 수그리고 들어가야 하므로 불편하다. 버스, 지하철의 손잡이나 승강기의 층수를 선택하는 버튼은 키 작은 사람도 닿을 수 있는 위치를 고려하였다. 우리는 옷의 크기, 옷의 길이 등 옷의 여러 부위에서 인체의 치수를 이용한다. 의류 제품의 산업화에 따라 여러 의류생산업체들이 보다 많은 고객들의 보다 정확한 치수를 필요로 하게

그림 2-12 사이즈 코리아(한국인 인체치수조사사업)

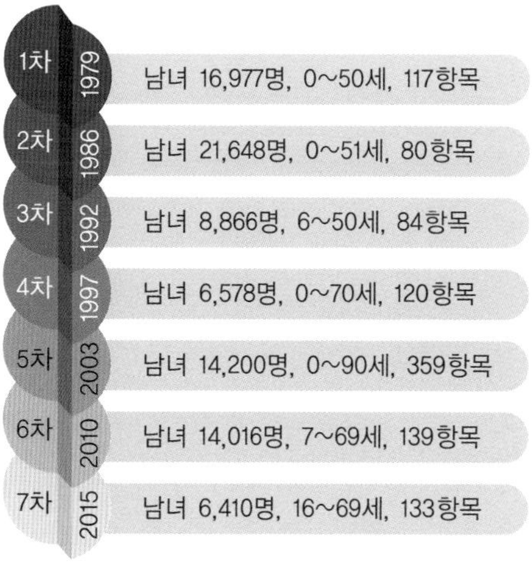

되었으나 업체가 자체적으로 고객의 치수를 확보하는 것은 매우 어려운 일이다.

우리나라에서는 건축, 의류, 산업제품 등 인체의 치수를 기초 정보로 사용하여 설계하는 모든 산업에서 우리 국민의 올바른 인체 치수 정보를 제공하고자 국가 차원에서의 대규모 인체치수조사사업을 시행하고 있다. 1979년 첫 대규모 인체 측정을 시작으로 그 이후 5~7년 간격으로 남녀 전 연령층을 대상으로 인체치수조사사업을 실시하여 한국인의 정확한 인체 데이터를 제공하고 있다. 가장 최근의 인체치수조사사업은 2015년 실시한 제7차 인체치수조사로 전국 5개 권역에 걸쳐 16~69세 남녀 6,413명의 인체 부위 133개 항목을 측정하였다. 이러한 측정치는 전문 분석을 통하여 가공된 데이터로 제공되는데, 인체 치수를 활용하는 KS 표준규격을 위한 기초자료로, 또 다양한 산업요구에 부응하는 인체 치수자료로, 체형의 변화를 고려한 인간공학적 제품설계를 위한 기초자료로 제공함을 목적으로 제시하고 있다. 이러한 '한국인 인체치수조사사업'은 'Size Korea'라는 국가사업의 상징적인 이름으로 등록되어 사용되며 이러한 사업은 여러 나라에서 시행되어 'Size USA', 'Size Japan', 'Size China' 등 국가 차원의 인체치수조사사업이 확대되고 있다.

그림 2-13 국가 차원의 한국인 인체치수조사 현황

1차 1979 남녀 16,977명, 0~50세, 117항목
2차 1986 남녀 21,648명, 0~51세, 80항목
3차 1992 남녀 8,866명, 6~50세, 84항목
4차 1997 남녀 6,578명, 0~70세, 120항목
5차 2003 남녀 14,200명, 0~90세, 359항목
6차 2010 남녀 14,016명, 7~69세, 139항목
7차 2015 남녀 6,410명, 16~69세, 133항목

2.2 인체 측정 방법

인체 측정항목

의복설계를 위한 인체 측정항목은 측정도구와 재는 방법에 따라 체표 길이와 직선 길이로 분류된다.

- 체표 길이 : 목둘레, 가슴둘레, 엉덩이길이, 어깨끝점 사이길이 등
- 직선 길이 : 어깨너비, 허리두께, 어깨높이 등

정해진 점과 점 사이의 인체 길이를 측정할 경우 등길이, 소매길이 등의 길이는 줄자를 이용하여 인체의 체표면을 따라 측정하며, 가슴둘레, 허리둘레, 엉덩이둘레 항목은 줄자를 이용하여 한 바퀴 돌린 후 제자리로 돌아온 길이를 측정한다. 얻고자 하는 치수에 따라 인체의 체표면이 아닌 직선 길이를 측정하기도 하는데 키(신장)는 대표적인 직선길이로 발바닥에서 머리끝까지의 수직길이를 측정한다. 가슴너비·어깨너비 등의 너비 항목, 배두께·손두께 등의 두께 항목, 앉은키·어깨높이 등의 높이 항목은 모두 목적한 위치까지의 직선 거리를 측정한다. 체표면에서 바로 측정되지 않기 때문에 직선길이를 재는 인체 측정기를 사용하거나 인체의 3차원 사진을 찍어 사진상의 거리를 측정한다.

인체 측정 방법의 종류

그림 2-14 마틴 인체 측정법

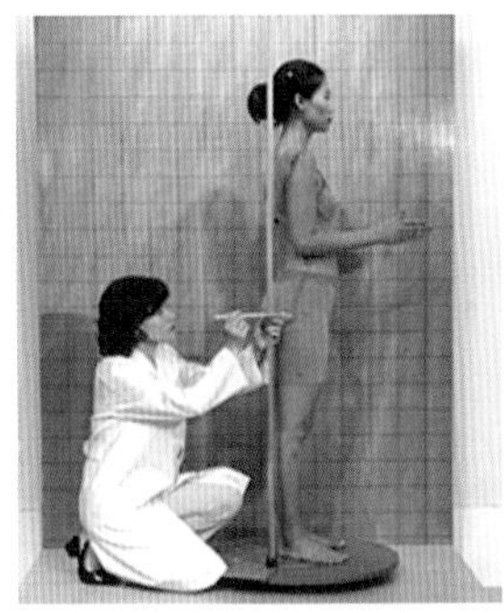

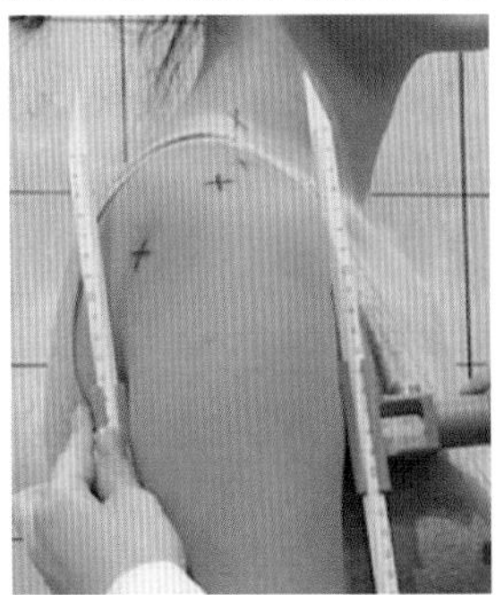

인체를 측정하는 방법에는 인체 측정치의 수준, 인체 측정기구, 인체의 접촉 여부에 따라 여러 가지 종류가 있다. 얻어진 인체 측정치의 수준에 따라 체표 길이, 직선 길이 등 1차원 치수를 측정하는 1차원 측정법, 2차원 면의 형상을 얻을 수 있는 2차원 측정법, 인체의 입체형상을 얻을 수 있는 3차원 측정법이 있다. 또 인체에 측정기구를 갖다 대어 직접 측정하는 방법을 직접 측정법으로, 사진촬영처럼 인체에 닿지 않고 얻은 인체 정보로부터 측정치를 구하는 방법을 간접 측정법으로 분류하기도 한다. 인체 측정도구나 재료에 따라 그 이름을 붙여 마틴 측정법, 슬라이딩 게이지법, 석고법, 실루엣법 등으로 분류하기도 한다.

가장 널리 쓰이는 인체 측정법은 마틴 측정법으로 인류학자 마틴Martin에 의해 표준화된 측정기로 길이, 너비,

두께, 높이 등의 측정치를 인체에서 직접 측정하는 1차원 측정법이며 직접 측정법이다. 1~7차에 걸친 한국인 인체 치수조사에서 매번 사용된 측정 방법이다. 최근 널리 사용되는 3차원 스캔 방법은 인체를 3차원 스캔한 후 얻어진 형상으로부터 1차원 측정치, 2차원 단면, 3차원 형상 등을 측정하는 인체 측정 방법이다. 인체에 측정기구가 닿지 않는 간접법으로 측정 시 부담이 적고 스캔 시간도 짧으며 다양한 측정 정보를 구할 수 있어 사용이 빠르게 확대되고 있다. 한국인 인체조사사업 중 제5차와 제6차 사업에서 3D 스캔에 의한 측정 조사가 시행되어 마틴 측정치와 함께 인체 정보로 제공되고 있다.

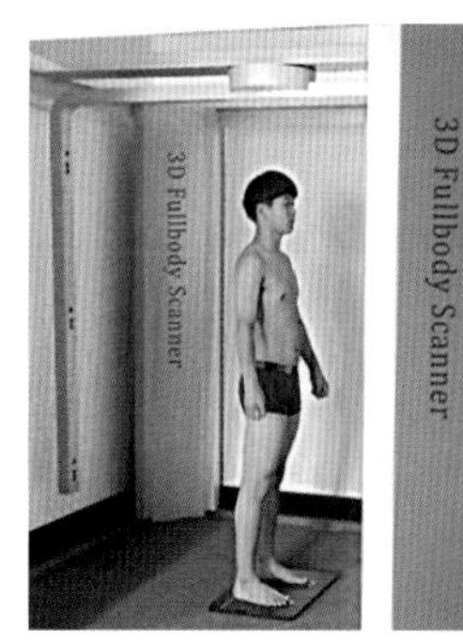

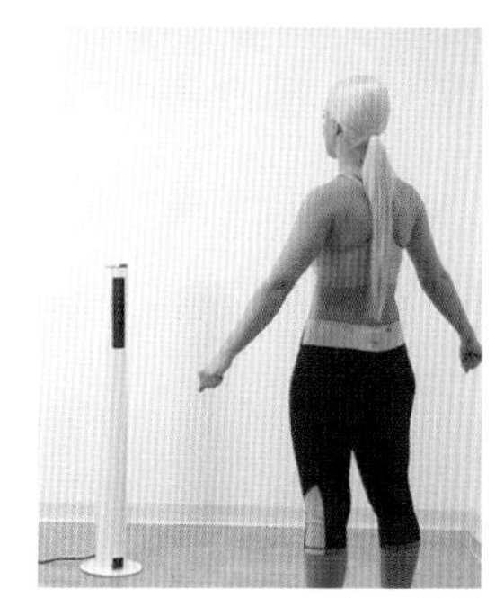

그림 2-15 국내에서 판매되고 있는 3D 보디 스캐너

인체 측정 실습

의복의 설계를 위해서는 인체의 부위를 정확히 이해하고 측정할 수 있는 지식과 능력이 필요하다. 인체 측정을 실습해 봄으로써 의복 설계에 요구되는 인체의 각 부위와 인체의 치수에 대응되는 의복 부위를 이해하고 적용할 수 있다. 다음 사항을 숙지하여 실습해 보자.

- 인체 측정 복장 : 인체에 밀착되고 기준점이 드러나는 복장
- 측정 도구 : 줄자
- 인체 측정 자세 : 바로 선 자세
- 기준점 : 인체에서 두드러지거나 의복을 나누는 점
- 기준선 : 인체의 최대·최소 부위 또는 의복설계 시 구분되는 선

인체 측정 복장은 용도에 따라 다르다. 코트나 방한복을 제작하는 것이 목적이라면 코트나 방한복을 입는 조건과 같이 충분한 옷을 입은 후 측정해야 한다. 무대, 파티용 롱드레스 제작을 위한 측정에서는 하이힐을 신고 측정할 수도 있다. 그러나 일반적인 측정은 인체 고유의 값을 필요로 하므로 최소한의 복장으로 제한한다. 한국인 인체치

수조사에서는 짧은 레오타드와 밀착 모자를 착용했지만 측정 실습을 위해서는 목둘레와 어깨, 발목이 드러나는 정도의 노출과 최대 부위·최소 부위가 눈으로 확인될 수 있는 정도의 밀착된 의복이면 적당하다.

인체 측정의 준비단계로서 인체의 기준이 되는 점과 선을 찾아 표시한다. 기준점은 목둘레선을 따르는 목앞점, 목옆점, 목뒤점, 소매가 시작되는 어깨끝(가)점, 그 외 팔꿈치점, 손목뼈점, 무릎점, 바깥 복사점 등이 있다. 기준선은 주로 최대·최소 부위로 대표적인 것이 가슴둘레선, 허리둘레선, 엉덩이둘레선 등이며 옷의 앞뒤를 구분하는 어깨선, 몸판과 소매를 구분하는 진동둘레선 등도 있다. 기준점은 작은 스티커나 유성 사인펜으로 표시하며, 기준선은 납작한 고무줄이나 접착 라인테이프 등으로 표시한다.

측정 시 선 자세는 편하게, 그러나 똑바로 선 자세를 유지한다. 얼굴은 앞을 향하며 발뒤꿈치는 붙인다. 앉은 자세는 딱딱하고 직각으로 허리 받침대가 꺾인 의자에 허리를 중심으로 상반신과 하반신이 직각이 되도록, 무릎을 중심으로 허벅지와 종아리가 직각이 되도록 앉는다. 인체 측정 자세는 기준점과 기준선 표시단계부터 측정 내내 바르게 유지한다.

평상복의 의복설계를 위한 간단한 인체 측정에는 줄자를 사용한다. 줄자는 보통 150cm 길이로 한쪽 면은 센티미터cm, 다른 면은 인치inch 단위로 표시되어 있다. 보통 시작점이 0으로, 목적한 부위의 눈금을 읽으면 바른 치수가 된다.

표 2-1 측정 항목 및 측정방법

번호	측정 항목	설명	측정 위치
1	화장(남)	목뒤점에서 시작하여 어깨끝점을 지나 손목점까지의 길이	오른쪽 뒤
2	소매길이	어깨끝점에서 팔꿈치를 지나 손목까지의 길이	오른쪽 옆
3	바지길이	허리에서 바깥 복사점까지의 길이 또는 원하는 바지 길이	오른쪽 옆
4	목둘레(남)	목의 앞으로 튀어 나온 부분의 수평둘레	앞
5	가슴둘레	앞으로 보아 유두를 지나는 최대 수평둘레 남자의 경우 겨드랑이 밑 최대 부위	앞
6	밑가슴둘레(여)	젖무덤이 끝나는 바로 밑에서 잰 수평둘레	앞
7	허리둘레	허리의 가장 안쪽으로 들어간 위치에서의 수평둘레	앞
8	엉덩이둘레	엉덩이의 가장 튀어나온 부분의 수평둘레	앞

그림 2-16 인체의 앞뒤면 아바타

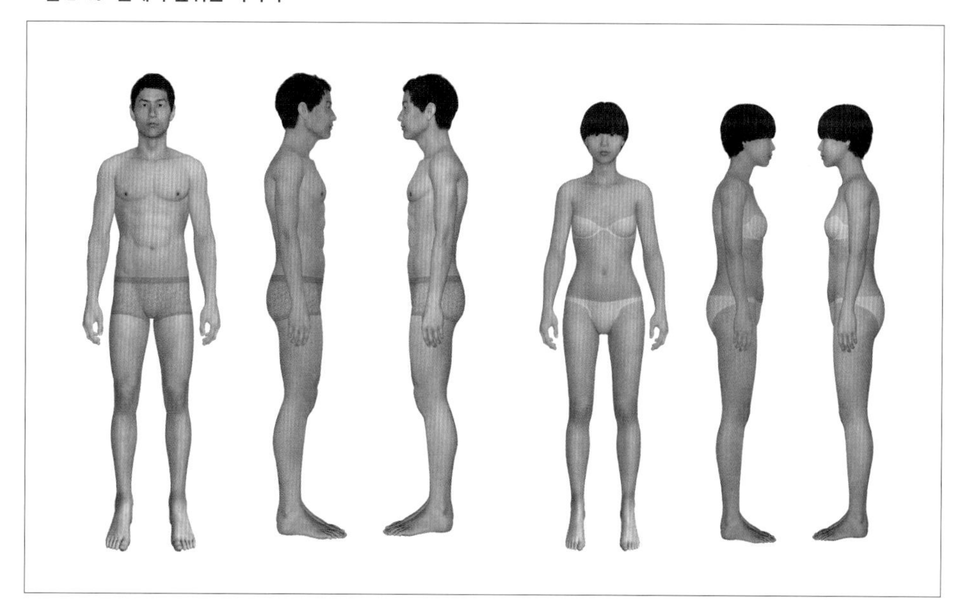

생각할 문제

1 의복설계를 위해 인체를 구분하는 경계선(기준선)들을 열거해 보자. 그리고 의복에서 그 선들은 어디에 위치하며 무엇을 구분하는 선인지 이야기해 보자.

2 내 몸의 각 관절을 움직여 보자. 어떤 방향으로, 또 어떤 범위로 움직이는지 확인하고 실생활에서 그러한 방향과 크기의 관절(경첩)이 있는 설비나 제품이 있는지 이야기해 보자.

3 여러 가지 체형의 판단 방법을 적용하여 자신의 체형을 판단하고 분류해 보자. 친구 또는 가족의 체형은 나와 어떻게 다른지 이야기해 보자.

4 부록에 제시된 아바타에 기준점과 기준선을 표시하고 팀을 이루어 간단한 인체 측정을 실습해 보자.

무엇을 만들기 위해서는 일단 재료가 필요하다. 재료를 잘 선정하면 의도한대로 기능도 하고 모양도 만족스럽지만, 그렇지 못할 경우 의도와는 다른 물건을 만들게 되고 결과에 불만족하게 된다. 따라서 어떤 물건을 만들 때 그 물건을 만드는 재료의 선정은 그 물건의 성공을 결정하는 가장 중요한 기준이 된다. 의복도 그러하다. 의복을 디자인하고 적절한 소재를 선택할 경우 디자이너가 의도한 실루엣을 보여주고 의복의 용도에 맞는 적절한 기능을 하게 될 것이다. 그러므로 소재에 대한 지식을 익히고 소재의 물리적인 특성뿐 아니라 감성적인 측면에서 소재를 해석하고 다룰 수 있는 기술을 익혀야 한다. 본 장에서는 소재가 갖는 의미와 생산과정을 살펴보고 소재를 구성하고 있는 섬유, 실, 직물의 특성을 알아보며, 이러한 소재가 의복으로 완성된 후 쾌적한 착용감을 갖기 위한 조건들을 공부해 본다.

학습목표

- 소재의 정의와 의미를 이해한다.
- 소재의 생산과정을 파악하고 각 과정에서의 중요한 특성을 알아본다.
- 소재를 구성하고 있는 섬유, 실, 직물의 특성을 이해한다.
- 의복과 쾌적성의 관계를 파악하고 쾌적한 착용감에 영향을 미치는 요인들을 알아본다.

1
소재의 의미와 생산

1.1 소재의 정의와 의미

일반적으로 소재라 하면 제품 또는 작품을 만들 때 사용되는 재료를 의미한다. 그러므로 의복 소재는 의복을 만들기 위해 사용되는 재료를 말한다. 의복을 만들 때 필요한 재료들을 살펴보면 직물로 표현되는 천 또는 옷감, 단추, 지퍼 등의 부자재, 천과 천을 연결하기 위해 재봉할 때 사용되는 실, 코사지나 리본 등 장식을 목적으로 사용되는 기타 부자재 등으로 구성된다(그림 3-1). 디자인이 복잡하거나 디테일을 강조한 옷의 경우에는 이보다 더 많은 재료들이 사용되고, 반대로 티셔츠와 같이 단순한 형태의 경우에는 단추, 지퍼, 리본 등의 부자재들을 사용하지 않아 옷감과 실만으로 의복이 만들어진다. 그러므로 의복에서의 재료라 할 때는 옷감과 실이 주재료이나 실은 옷감에 비해 상대적으로 사용 양이 적어 일반적으로 옷감, 천을 의미한다. 그러므로 의복 소재는 광의의 의미로는 의복을 만들 때 사용하는 모든 재료를 의미하나 좁은 의미로는 천 또는 옷감을 의미하며, 본 장에서는 좁은 의미의 개념으로 소재를 사용한다.

그림 3-1 의복의 재료

소재는 의복에 사용되는 재료이지만, 의복에서 재료 이상의 의미를 갖는다.

첫째, 소재는 의복의 기능성과 외관을 결정한다. 어떤 물건을 만들 때 그 물건의 재료가 무엇이냐에 따라 물건의 기능과 외관이 결정되므로 그 물건에 가장 적합한 재료를 찾는 것은 매우 중요하다. 이는 의복에도 적용된다.

졸업식 파티 드레스를 제작한다면 부드럽고 여성스러운 이미지를 주면서 광택이 나는 소재인 견 공단을 선택할 것이고, 카센터 작업복이라 하면 마찰강도와 인열강도가 크고 조직이 촘촘하며 내세탁성이 있는 면 드릴이 적당하다. 만약 카센터 작업복에 견 공단을 사용한다면 작업복으로서의 필요한 기능을 갖지 못할 뿐만 아니라 작업복에 적절한 외관으로도 평가받지 못할 것이다.

둘째, 의복 소재는 디자이너의 아이디어를 구현해 줄 뿐만 아니라 아이디어의 원천으로 작용되기도 한다. 폴리우레탄이 의복 소재로 사용되기 전에 의복은 착용자의 움직임을 방해하지 않기 위해 적절한 여유량을 가져야만 했다. 그러나 스키니진은 여유량은 고사하고 실제 인간의 다리보다 훨씬 폭이 좁지만, 충분한 탄성을 갖는 폴리우레탄 소재가 사용되어 착용자들은 움직임에 불편함을 느끼지 않는다. 우수한 탄성을 갖는 폴리우레탄으로 인해 이전에는 볼 수 없었던 의복 조형미를 만들 수 있었던 것이다. 크리스찬 디올은 소재가 아이디어를 자극하고 영감의 시작이 될 수 있다고 하였으며 도나카란도 모든 것은 텍스타일에서 시작한다고 하여 소재가 디자인에서 얼마나

그림 3-2 텍스타일을 중요하게 생각한 디자이너들의 작품과 매장

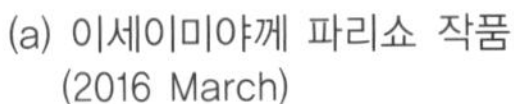

(a) 이세이미야께 파리쇼 작품 (2016 March)
(b) 프라다 백(bag)
(c) 폴 스미스 매장 (라스베가스, 2016 May)
(d) 미쏘니 매장 (밀라노, 2012 March)

표 3-1 생활용품 분해에 소요되는 시간

품목	기간	품목	기간	품목	기간
페이퍼타월, 티슈, 종이	1개월	밀랍코팅종이, 우유팩, 판지	2~3개월	티셔츠, 책	6개월
가벼운 모직 옷, 양말	1년	오렌지껍질, 담배꽁초, 공사장 합판	2년	비닐봉지	10~20년
스타킹 같은 나일론 제품, 1회용 아기 기저귀	30~40년	캔, 자동차 타이어	50년	두꺼운 가죽 신발	80년
알루미늄 캔	200년	플라스틱 생수병	500년	폐건전지	200만 년 이상

중요한지를 말하였다. 주름으로 유명한 이세이미야께Issey Miyake, 나일론 백bag의 미우치아 프라다Miuccia Prada, 색채와 니팅의 마술사 오타비오 미쏘니Ottavio Missoni, 스트라이프multi stripe 패턴으로 유명한 폴 스미스Paul Smith 등은(그림 3-2) 직물을 통해 디자인 철학을 나타낸 대표적인 디자이너들이다(김은애 외, 2013).

셋째, 소재는 의복을 만드는 과정에도 영향을 미치고 착용 시뿐만 아니라 사용 후 폐기 시에도 영향을 미친다. 다시 말해, 의복의 전 수명에 걸쳐 소재의 영향을 받는다고 할 수 있다.

디자인이 완성되고 난 후 이에 적합한 소재를 선택하면 소재에 따라 재단 방식이나 재봉 방법이 달라지고, 제품이 완성되어 창고에 보관할 때에도 창고의 온습도 조건 및 보관 방식도 차이가 난다. 또한 소비자가 제품을 사서 사용할 때에도 소재에 따라 세탁 및 보관 방법이 다르고 그 의복의 수명이 다해 폐기 시에도 소재에 따라 폐기 처리되는 방법이나 폐기하여 버렸을 때 완전히 소멸되기까지 소요되는 시간은 천연섬유인지 합성섬유인지에 따라 큰 차이가 난다.

앞에서 말한 바와 같이 소재는 의복이 탄생하면서 폐기될 때까지 소재의 특성이 반영되고 디자이너의 영감에도 영향을 미치며 결과물로서 만들어진 의복의 미적 특성과 외관도 결정하고 변화시키므로 의복에서 소재 선택은 매우 중요하다.

1.2 소재의 생산

섬유원료로부터 직물 제조

소재가 만들어지기 위해서는 여러 단계가 필요하다. 먼저 실험실에서 석유를 이용하여 만든 고분자 칩이나, 양과 같은 동물 또는 목화나 마와 같은 식물로부터 섬유를 얻는 것에서부터 시작한다. 이렇게 모아진 섬유들에 묻어 있는 먼지, 기름이나 잡물 등의 불순물을 제거하고 빗질을 통해 한 방향(길이 방향)으로 일정하게 가지런히 놓이게 한다. 그 후 섬유들을 모아 늘여가면서 원하는 굵기가 되도록 꼬아주면 실이 만들어진다. 이 실을 이용하여 고리(루프)를 만들어 옷감을 만들면 편성물이 되고, 경사와 위사로 사용하여 교차시켜 만들면 직물이 된다.

직물의 정련과 표백

직물을 만들고 난 후에는 불순물을 제거하는 공정인 정련을 거치게 된다. 섬유에는 지질, 단백질, 펙틴질, 색소물질 등의 천연 불순물이 있을 뿐만 아니라 방적, 제직 등의 공정을 거치는 동안 유제(기름)나 호제(풀) 등이 직물에 붙을 수 있다. 이러한 불순물들이 충분히 제거되지 않으면 염색 및 가공 공정이 불균일하게 처리되어 염착성 저하, 얼룩 발생, 뻣뻣한 촉감 등이 나타날 수 있으므로 충분한 정련이 필요하다.

불순물 중에서도 색소 불순물은 정련만으로는 제거가 어려워 색소를 파괴시켜서 제거하는 표백 과정을 거치게 된다. 인조섬유나 천연섬유는 순백의 것은 없으며 약간의 색소를 함유하고 있어 산화표백제 또는 환원표백제를 사용하여 표백을 하게 된다.

직물의 염색 및 가공

제직이 끝났으나 염색이나 가공 등 어떤 처리도 되지 않은 상태의 옷감을 생지라고 한다. 생지는 색이나 무늬도 없고 특별한 기능도 없으며 외부의 자극에 영향을 받을 정도로 약한 상태이다. 그러므로 염색과 가공을 통해 직물에 색과 무늬를 입혀 미적 특성을 보강하고, 가공을 통해 특별한 기능을 부여하거나 단점을 보완하게 되는데, 이러한 염색과 가공을 통해 직물의 부가가치는 높아지게 된다.

그림 3-3 인디고 염료를 사용하여 침염하는 모습과 블록 날염법에 의해 날염하는 모습

① 염색

염색은 염색 방법에 따라 침염과 날염 두 가지로 구분된다(그림 3-3). 침염은 섬유, 실 또는 직물상태 피염물을 염액에 담가 염색하는 것으로, 직물상태에서 하는 것이 비용도 적게 들고 방법도 수월해 실보다는 직물상태에서 주로 한다. 날염은 도장을 찍듯이 옷감 위에 색과 무늬를 입히는 방법으로 디자인이 프린트된 후에는 오븐에서 건조하여 염료를 직물에 고착시킨다. 따라서 침염은 염색 후 직물의 겉과 안의 색상 차이가 없지만 날염은 겉면에만 무늬가 찍히게 된다.

② 가공

가공은 섬유, 실 또는 직물에 특별한 외관, 느낌 또는 기능을 부여하기 위한 처리를 말한다. 가공은 의례적으로 거의 대부분의 직물에 하는 일반가공과 특정한 목적이 있어 직물에 하는 특수목적가공이 있다. 목적은 크게 심미성 증진과 특정 기능 부여를 들 수 있다. 모아레 가공, 번아웃 가공 등은 심미성 증진을 위해 실시되며(그림 3-4) 투습방수 가공, 흡수속건 가공, 향균방취 가공 등은 직물에 특정 기능을 부여하기 위해 실

그림 3-4 가공 직물들

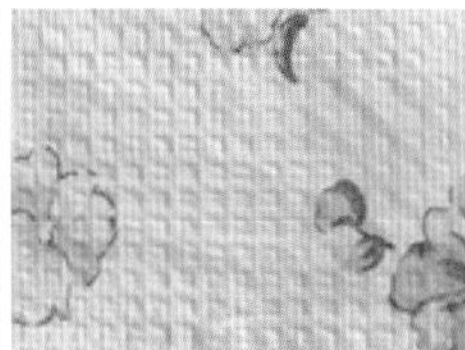
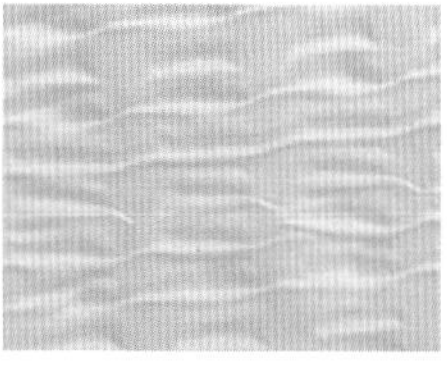

모아레 가공직물 엠보싱 가공직물 주름 가공직물 번아웃 가공직물

시되는 대표적인 가공 방법이다. 또한, 가공의 지속성 여부에 따라 제품 수명이 다할 때까지 가공한 특성을 유지하는 영구가공과 가공을 했다하더라도 세탁 후 유연제 처리처럼 세탁이나 마찰 후 에는 특성을 잃어버리는 일시적 가공으로 나누기도 한다.

검사 및 포장

가공까지 마친 직물은 마지막으로 품질을 검사하여 포장된다. 품질 검사를 위해 무작위로 로트lot별로 일정 수량의 제품을 수거하여 육안으로 실의 끊어짐, 올의 정렬 정도, 염색 및 가공처리의 균일성 등을 평가하게 된다.

앞에서 살펴본 직물이 제조되는 과정은 〈그림 3–5〉와 같이 요약될 수 있다.

① **섬유 제조** : 고분자 칩을 용해하여 방사하거나 동물 또는 식물로부터 섬유를 얻는다.

② **실 제조** : 섬유를 길이방향으로 빗질해 가지런히 놓고 꼬임을 주어 실을 만든다.

③ **제직을 위한 실 준비 공정** : 제직을 하기 위한 준비 과정으로 실에 풀을 먹이거나 설계된 직물의 경사밀도, 배열, 폭 등에 맞추어 경사를 배열하고 설계 길이만큼 제직 빔에 감는 작업(정경)을 하게 된다.

그림 3–5 직물의 제조 과정

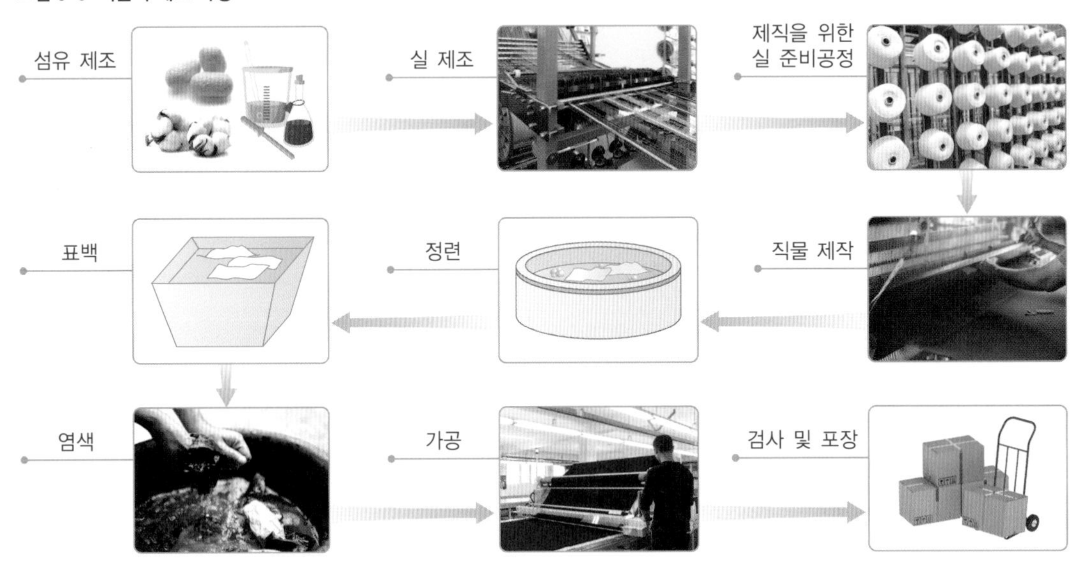

④ **직물 제작** : 제직기를 사용하여 직물을 만들거나 제편기로 편성물을 만든다.

⑤ **정련** : 제직 과정 중 묻은 오염이나 불순물을 제거한다.

⑥ **표백** :.제직된 직물의 색을 하얗게 하기 위해 색소를 제거한다.

⑦ **염색** : 제품의 가치를 높이기 위해 직물을 염색한다.

⑧ **가공** : 직물의 촉감, 외관, 기능성을 증가시키기 위해 직물에 가공을 한다.

⑨ **검사 및 포장** : 직물이 출하되기 전에 제품을 검사하고 포장한다.

2
소재의 구성요소

의복 재료를 이야기할 때 옷감이나 천이라기보다 '직물fabrics'이라는 용어를 일반적으로 사용하는데, 옷감 중 가장 대표적인 것이 직물이기 때문이다. 직물은 이를 구성하고 있는 요소들로 나누어 볼 수 있는데, 직물은 실에 의해 이루어지고 실은 다시 섬유들로 구성된다(그림 3−6).

그림 3-6 섬유, 실, 직물

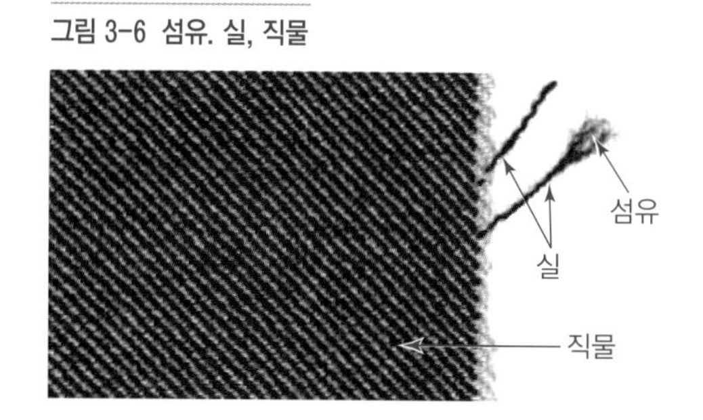

2.1 직물

실을 사용해 서로 교차시키거나 고리loop를 형성 또는 섬유를 집합시켜 시트sheet 형태로 만든 구조체가 직물이며, 이는 일정한 강·신도를 갖고 유연하며 공기투과성을 갖는다. 직물은 크게 제직된 직물woven fabrics, 편성물knitted fabrics, 부직포nowoven fabrics, 다층구조직물multicomponent fabrics, 가죽과 모피로 나눌 수 있으며 각 직물들은 독특한 특성을 갖는다.

(제)직물

정확한 명칭은 제직물이지만 일반적으로 제직물보다는 직물이라고 부른다. 경사와 위사를 직각으로 교차시켜 얻기 때문에 적어도 경사와 위사 두 개의 실이 필요하다. 경사와 위사를 교차시키는 방법에 따라 다양한 조직의 직물을 만들 수 있으며, 그중에서도 경사와 위사를 위아래에 반복적으로 교차시켜 짠 평직, 조직점이 능선을 이루게 되는 능직, 조직점을 가능한 한 연접시키지 않도록 짜는 수자직이 대표적이며 이들 세 조직을 삼원조직이라 한다(표 3–2). 이 세 조직의 변화를 통해 다양한 직물을 만든다.

편성물

실로 고리를 만들어 연결시켜 가면서 만든 직물로, 고리를 서로 얽어매 연결된다는 특징 때문에 빈 공간이 많으며 이 공간 내에 공기가 들어 있어 무풍 시에는 열절연력이

표 3-2 삼원조직의 조직도와 대표 직물

삼원조직	대표 직물		
평직	로온	포플린	깅엄
능직	하운드투스체크	타탄체크직물	샥스킨
수자직	색동직물	공단	양단

그림 3-7 다양한 편성물

펄편 평편 고무편 레이스편

높지만 바람이 불면 쉽게 공기 이동이 발생하여 보온력이 감소한다. 또한, 고리로 연결되어 있어 외부 힘이 주어질 때 수축과 신장이 잘 일어나 주름이 생기지 않는다는 장점이 있지만 동시에 일정한 형태를 유지하기는 어려워 형태안정성이 낮다(그림 3-7).

부직포

직물이나 편성물은 실로 만들지만, 부직포는 섬유를 갖고 제조된다. 부직포를 만들기 위해서는 평평하게 섬유를 늘어놓고 열로 용융시켜 서로 붙게 하거나(열 융착형), 접착제로 붙이거나(습식 접착형), 낚싯바늘처럼 갈고리가 달린 작은 바늘로 계속 찍어 주어 섬유가 엉키게 하는(니들 펀치형) 방법이 있다. 실로 만드는 직물이나 편성물과 달리 섬유를 이용하여 만들어 생산속도가 빠르고, 특정 방향 없이 섬유들이 놓여 방향에 따른 특성 차이가 없으며 사용하고 남은 작은 부분도 사용할 수 있다. 그러나 낮은 탄성회복률과 뻣뻣한 촉감 때문에 의복보다는 산업용도로 주로 이용되고, 의복에서는 심지로 사용된다.

다층구조직물

최종 용도에 따라 직물, 편성물, 부직포 또는 폼[foam] 등 다양한 소재들을 붙여 만든 직물을 말하며, 용도에 따라 재료와 순서를 다르게 할 수 있다. 붙이는 방법도 접착제를 사용할 수 도 있고 스티치를 사용해 붙일 수도 있으며 구성 재료 및 순서, 붙이는 방법에 따라 다양한 형태와 질감을 갖는다. 다층구조직물의 경우 여러 재료를 붙여 놓았기 때문에 층간이 분리되지 않도록 하는 것이 중요하다.

가죽과 모피

가죽은 콜라겐 섬유가 얽혀 시트sheet 형태의 천연단백질로 된 일종의 부직포라고 할 수 있다. 인장강도와 마모강도가 우수하고 특이한 촉감과 광택으로 독특한 외관을 형성하지만, 고가이고 세탁이 어려우며 보관 및 관리가 쉽지 않다. 일반적으로 털이 없는 것을 가죽, 털을 갖고 있는 가죽을 모피라 불러 구별한다. 최근에는 인조가죽과 모피가 천연제품과 매우 유사한 외관에, 천연가죽이 보여줄 수 없는 다양한 색상과 디자인을 가질 뿐만 아니라 취급관리도 용이해 사용이 증가하고 있다.

2.2 실

종류

실은 섬유조성이나 형태, 실을 이루는 가닥 수와 용도에 따라 부르는 이름과 특성이 다르다. 실을 이루고 있는 섬유가 면섬유이면 면사, 모섬유이면 모사라 부르고, 섬유형태에 따라서도 섬유가 짧은 스테이플 섬유로 만든 실은 방적사, 섬유가 긴 필라멘트 섬유를 이용해 만든 실은 필라멘트사라 한다. 방적사에 비해 필라멘트사가 표면 잔털이 적고 촉감이 차다. 또한 몇 개의 실로 실을 만드느냐에 따라 한 올의 실로 만든 실을 단사, 단사를 합쳐 꼬아 실을 만들면 합연사라 하며, 합연사를 꼬아 만든 실은 코드cord 라 부른다(그림 3–8). 용도에 따라 분류하기도 하여 재봉을 위해 사용하는 실은 재봉사, 장식의 목적을 가진 실은 장식사로 부른다(그림 3–9).

그림 3-8 단사, 합연사, 코드

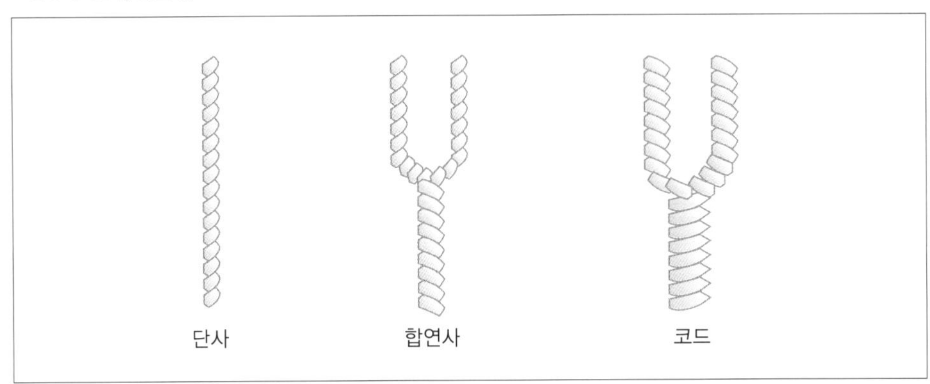

그림 3-9 장식사가 사용된 직물

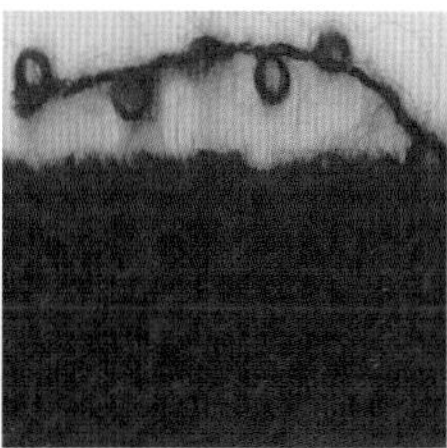
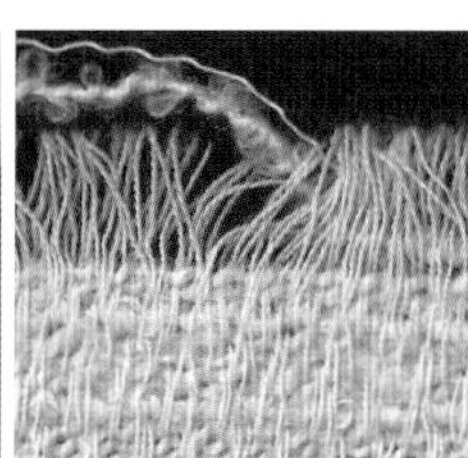
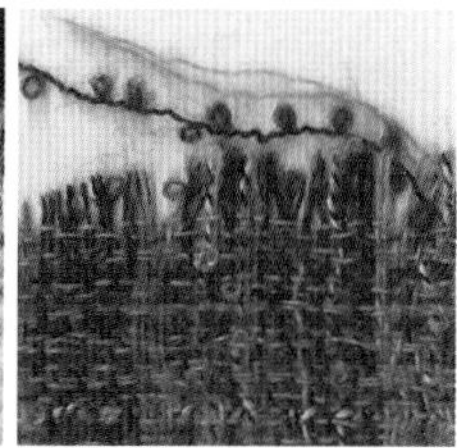

굵기와 꼬임

실의 특성을 설명할 때 가장 중요한 두 요소는 굵기와 꼬임이다. 실의 굵기는 실의 용도를 결정하고, 실을 사용해 제작되는 직물의 두께, 무게, 조직 등에 영향을 미치는 중요 요소이다. 실의 굵기는 실의 조성에 따라 다른 표기 방식을 사용한다. 면사, 모사와 같은 방적사는 번수법을, 필라멘트사는 데니어denier 또는 텍스tex로 굵기를 표시하며, 숫자가 클수록 번수법에서는 가는 것을 의미하고 데니어는 굵은 것을 나타낸다(그림 3-10).

실은 섬유를 모아 만드는데 이 섬유들이 실로 사용되기 위해서는 하나로 합쳐져 길게 연결되어야 하므로 섬유들이 서로 붙잡아 빠지지 않아야 한다. 섬유들을 서로 붙잡아 실의 형태 및 강도를 유지하기 위해 또는 특별한 장식을 주기 위해 실에 부여하는 것이 꼬임이다. 꼬임의 정도는 실의 용도에 따라 달라지며 꼬임이 많으면 적은 꼬임을 갖는 실에 비해 단단하고 깔깔한 느낌이 난다.

그림 3-10 번수가 다른 실의 굵기 비교와 사용된 직물

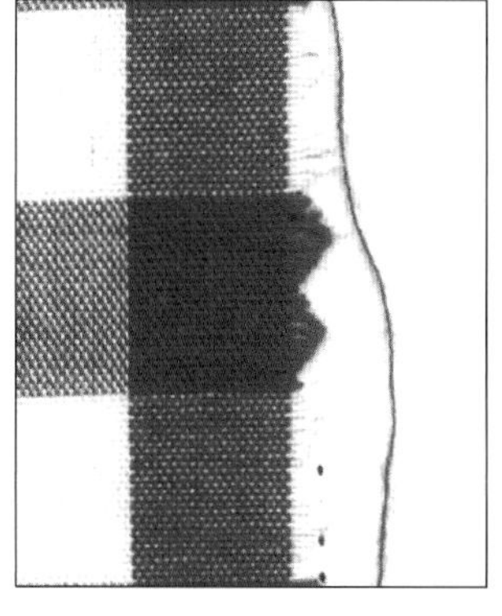
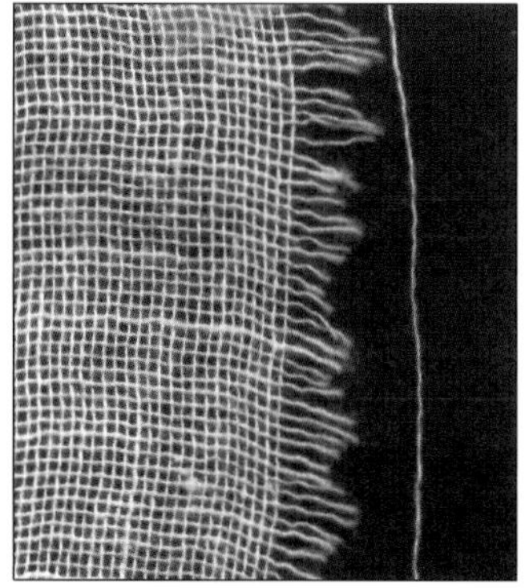
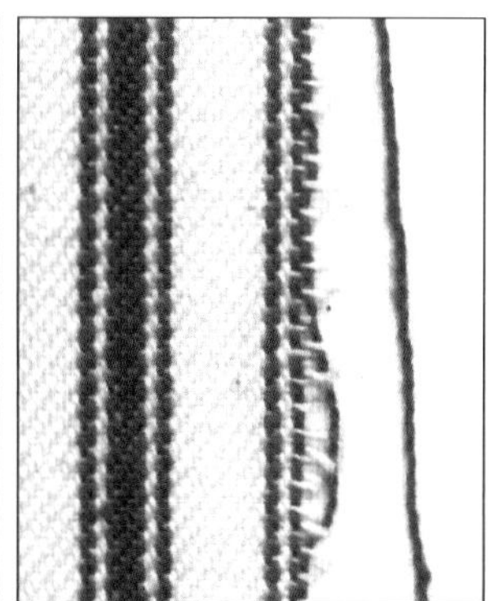

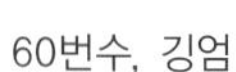
60번수, 깅엄

40번수, 거즈

10번수, 티킹

2.3 섬유

직물은 실로 만들고, 실은 섬유로 제조되므로 소재, 즉 직물을 구성하고 있는 가장 기본 단위는 섬유라고 할 수 있다. 섬유는 동식물에서 섬유형태로 채취하는 천연섬유와 목재 펄프, 공기, 석유 또는 천연가스 등을 원료로 실험실에서 만들어지는 인조섬유로 크게 나눌 수 있다. 천연섬유는 인간이 옷을 만들어 입기 시작한 고대에서부터 사용되어 왔지만 인조섬유는 1884년 프랑스의 샤르도네Hilaire Comte Bernigaud de Chardonnet부터 시작되었다고 볼 수 있다. 그는 목재 펄프와 같은 천연 셀룰로오스를 화학적으로 처리하여 질산 셀룰로오스액을 만들고 이를 작은 유리관을 통해 사출시켜 고체 상태의 셀룰로오스 섬유를 만들어 특허를 냈고 1891년 인조견이라는 이름으로 상품화하였다. 이후 지난 130여 년 동안 다양한 인조섬유들이 개발되었으며 〈그림 3-11〉은 그중 대표적인 것들을 분류하여 나타낸 것이다.

천연섬유

천연섬유는 동식물 또는 광물로부터 채취할 수 있다. 동물에서 얻은 섬유는 동물성 섬유, 식물에서 얻은 섬유는 식물성 섬유, 광물에서 얻는 섬유는 광물성 섬유라 한다.

그림 3-11 의복 소재로 사용되는 천연섬유와 인조섬유

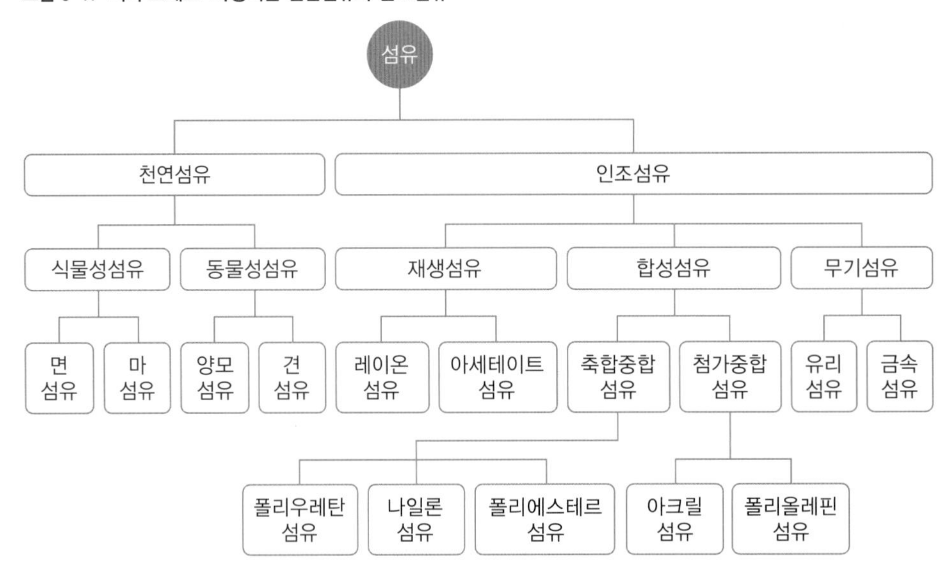

광물성 섬유로는 석면이 유일하나 1977년 1급 발암물질로 규정되어 2009년부터 우리나라에서는 사용이 금지되고 있다. 또한 동물성 섬유의 주성분이 단백질이므로 단백질 섬유라고도 하고 식물성 섬유의 주성분은 셀룰로오스라 불리는 섬유질이므로 셀룰로오스 섬유라고도 부른다. 동·식물성 섬유는 그 종류와 성장조건에 따라 특성과 품질이 다르다.

① 동물성 섬유

동물성 섬유는 모섬유와 견섬유로 나눌 수 있다. 모섬유는 동물의 털로부터 얻는 섬유로 양으로부터 얻으면 양모섬유(그림 3-12), 양 이외의 다른 동물에서 얻으면 헤어 섬유라고 한다. 동물성 섬유는 강도는 약하거나 중간 정도이고 신도는 우수한 편이다. 열절연력이 우수하며 탄성이 좋아 주름이 생기지 않고, 흡습성이 우수하여 염색성이 좋고 특유의 촉감과 광택을 갖는다. 그러나 고형비누, 표백제, 강산과 알칼리, 해충, 고온에 의해 약해지거나 황변될 수 있어 세탁 및 관리에 주의해야 한다. 특히, 양모의 경우 표면의 스케일(그림 3-13)이 열, 마찰, 수분이 있는 조건에서 섬유들을 뒤엉키게 하고 밀착시키는 펠팅felting 현상을 일으키는데 열, 마찰, 수분이 있는 조건은 바로 세탁이다. 따라서 물세탁 후 수축이 발생할 수 있기 때문에 양모 의복의 경우에는 드라이클

그림 3-12 양털 깎는 모습과 털을 깎은 후의 양

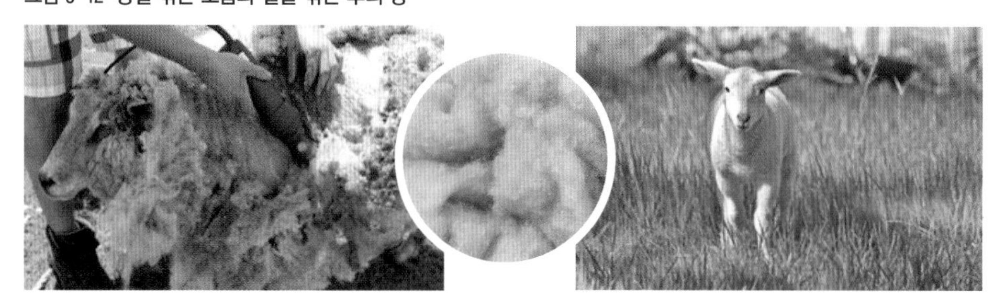

그림 3-13 양모섬유와 견섬유(누에고치)의 측면과 및 단면 모양

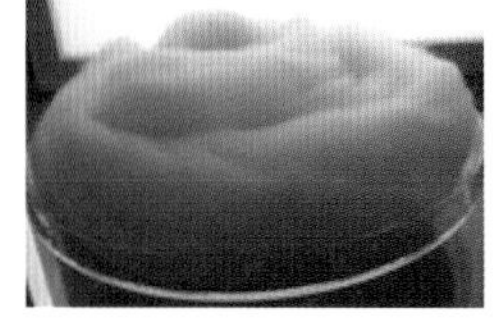

양모섬유

측면 단면

누에고치(cocoon)

측면 단면

리닝을 한다. 그러나 스케일은 긍정적인 측면도 있어 모섬유를 보호하고, 수분을 흡수해도 축축한 느낌이 들지 않게 하며 발수 능력을 갖게 하는 데에도 기여한다.

모섬유 중에서 양이 아닌 염소, 낙타, 토끼 등의 동물로부터 얻는 섬유를 헤어 섬유라고 하는데, 앙고라 염소부터 얻는 섬유는 모헤어, 중국, 인도 등에 사는 캐시미어 염소에서 얻는 헤어 섬유는 캐시미어라고 부른다. 헤어 섬유는 대체로 따뜻하고 가벼우며 광택과 외관이 좋지만 공급량이 적어 비싼 편이다.

견섬유는 누에의 토사구로부터 두 개의 피브로인을 세리신이 감싼 형태로 얻게 되며 삼각단면을 갖는다(그림 3-13). 세리신은 천연아교물질로 묽은 알칼리 용액에서 가열하면 제거할 수 있다. 이처럼 세리신이 제거된 견은 정련견이라 부르며 정련견은 섬유가 가늘어 가볍고 부드러운 느낌을 갖는다. 그러나 이를 제거하지 않으면 빳빳하고 바스락거리는 느낌이 드는데 이를 생견이라 부른다.

② 식물성 섬유

식물성 섬유는 면섬유와 마섬유가 대표적이다. 면섬유는 파종 후 두 달 정도가 지나면 꽃이 피는데 꽃이 진 후 다래ball가 생긴다. 그 후 다래가 성숙하면 터져 면화가 보이며 이 면화가 바로 면섬유이다. 마섬유는 씨를 뿌린 후 마가 일정 높이까지 자랐을 때 뿌리째 뽑아 씨와 잎은 제거하고 줄기만을 사용하여 일정의 공정을 밟아 섬유를 얻는다.

식물성 섬유들은 강도가 강한 편으로 내구성이 우수하나 신도가 적고 탄성 회복률이 낮아 주름이 쉽게 생긴다. 수분을 잘 흡수하여 염색이 수월하고 젖었을 때는 건조시에 비해 10~20% 강도가 증가한다. 그러나 햇빛에 오래 노출시키면 강도가 저하되거나 누렇게 변색될 수 있다.

그림 3-14 아마, 대마, 저마, 황마 직물

아마

저마

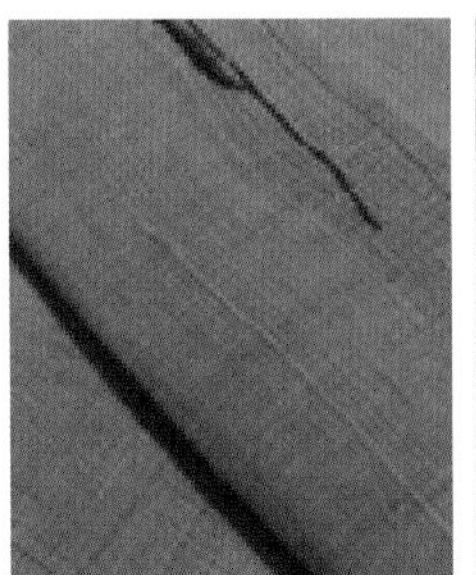
대마

황마

면섬유가 마섬유보다는 강도와 내열성이 작으며, 신도와 탄성 회복률은 커 주름이 덜 생긴다. 마섬유는 종류에 따라 아마, 대마, 저마, 황마로 분류되고 황마는 다른 마섬유와 달리 의복용도보다는 장식용 소품, 카펫, 산업용도에 주로 사용된다. 우리나라에서 저마는 모시로 불리며 한산모시가 유명하고, 대마hemp는 삼베라 불리며 안동포가 유명하다(그림 3-14).

인조섬유

원래는 섬유형태를 갖지 않은 원료들을 사용해 공정을 거쳐 섬유형태를 갖도록 만든 섬유를 인조섬유라고 한다. 인조섬유를 만들기 위해서는 원료가 되는 고분자 칩을 열 또는 적절한 용매에 녹여 방사액을 만든 후 이 액체를 방사구spinneret라 불리는 작은 구멍을 통해 내보내 굳히면 된다. 인조섬유는 관명과 상표명으로 불리는데, 예를 들어 폴리아미드 섬유는 단량체 사이의 결합이 아미드에 의한 고분자화합물을 통칭하는 관명generic name이고 '나일론'은 듀폰 사에서 생산하는 폴리아미드 섬유의 상표명이며 이외에도 '아밀란'(일본), '펄론 L'(독일) 등 다수의 상품명들이 있다. 인조섬유는 원료에 따라 다시 세분되어 원료가 천연물인 재생섬유, 실험실에서 고분자 합성에 의해 원료가 만들어진 합성섬유가 있으며 유리, 금속 등을 이용한 무기섬유가 있다.

① 재생섬유

재생섬유에는 목재펄프나 면린터를 사용해 만든 레이온과 아세테이트가 대표적이다. 두 섬유는 원료가 같아 화학적 주성분은 셀룰로오스이지만, 제조과정의 차이로 레이온은 면, 마와 비슷하여 흡수성도 있고 주름이 많이 생기나, 아세테이트는 합성섬유에 가까워 흡습성이 적고, 열에 민감하며, 주름과 수축이 생기지 않는다. 또한, 레이온은 습윤 시 강도가 최대 50%까지 저하되므로 세탁 시 과도한 마찰은 섬유를 손상시킬 수 있어 주의한다. 그러나 두 섬유 모두 부드럽고 드레이프성이 좋아 안감에 많이 사용되었다.

레이온 제조 시 이황화탄소를 사용하는데 이는 인체에 유해하며 황산과 수산화나트륨 등의 폐액은 환경에 피해를 일으킨다. 따라서 이러한 문제를 해결하기 위한 새로운 섬유가 개발되었는데 이것이 리오셀이다(그림 3-15). 리오셀은 제조 시 공해부산물

그림 3-15 비스코스레이온과 리오셀 제조공정 비교

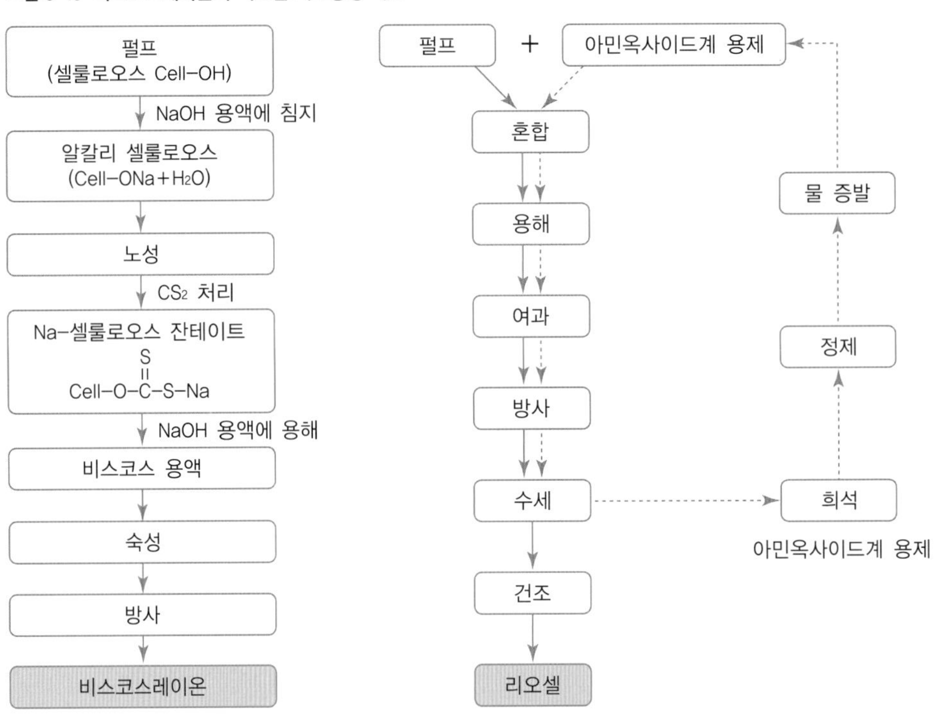

이 배출되지 않고 사용 후에도 생분해가 가능한 물질만 남아 환경친화적인 섬유로 평가받는다. 더욱이 리오셀은 레이온의 특성을 가지면서 동시에 습윤 시 강도 저하율을 10%로 줄이고 구김 발생률도 크게 감소되었다. 이 외에도 콩, 옥수수, 우유, 해조류 등을 사용해 재생섬유를 만들기도 한다.

② 합성섬유

나일론 섬유가 1938년 개발, 공업화에 성공한 이후 폴리에스테르, 아크릴이 개발되었고 사용양도 많아 이를 3대 합성섬유라 하며, 이후 개발된 폴리우레탄 섬유와 폴리올레핀 섬유까지 포함해서 5대 합성섬유라고 한다. 합성섬유는 천연섬유에 비해 강도와 신도가 우수하고 햇빛, 해충, 산 또는 알칼리 등에 강해 내구성이 우수하며, 탄성이 우수하고 유연하여 주름이 생기지 않아 관리가 편하다. 또한 흡수성이 낮아 건조가 빠르다. 그러나 낮은 흡수성은 땀 흡수가 어려워 덥고 축축한 날씨에는 착용감이 좋지 않으며 건조한 날씨에서는 정전기가 발생한다. 열에는 약해 낮은 온도에서 다림질해야 하고 기름, 버터와 같은 지용성 오염과 친화력이 좋아 제거하기가 어렵다. 각 섬유들의 특성은 다음과 같다.

- 나일론 섬유 : 강도와 신도elogation가 커 내구성이 좋으나 초기탄성률이 낮아 의복이 늘어져 형태를 유지하기 어렵고, 오랜 시간 햇빛에 노출될 때에는 황변하며, 세탁 시 재오염이 발생하기도 한다.
- 폴리에스테르 섬유 : 나일론에 비해 초기탄성률이 높고 천연섬유의 단점을 보완할 부분이 많아 천연섬유와 혼방되는 경우가 많다. 그러나, 최근에는 다양한 가공을 통해 100% 폴리에스테르로도 사용되고 있다.
- 아크릴 섬유 : 열에 대한 준안정성을 이용해 벌크사bulk yarn를 만들어 양모섬유 대체물로 사용되거나 양모와 혼방하여 많이 사용된다. 섬유 중 내일광성이 가장 우수하다.
- 폴리우레탄 섬유 : 우수한 신축성으로 인해 고무대용으로 사용되는 폴리우레탄은 고무보다 햇빛, 마찰, 땀에 잘 견디나, 염소표백제는 섬유를 분해할 수 있으므로 같이 사용하지 않는다.
- 올레핀 섬유 : 폴리에틸렌 섬유와 폴리프로필렌 섬유가 속한다. 이 섬유는 비중이 1보다 작아 가볍다는 장점을 갖지만, 물을 거의 흡수하지 못하고 열에 매우 약해 염색 및 가공이 어렵다. 이와 같은 특성 때문에 외의용 의복재료로 사용되기보다는 누빔 천이나 이중직물 사이에 넣는 충전재로 사용되며, 이 외에도 카펫, 로프 등에 사용된다.

③ 무기섬유

대부분의 섬유는 유기섬유이나, 금속 또는 유리 등 무기물의 특성이 요구되는 분야들이 있어 이러한 무기물을 이용해 섬유를 만들어 사용하고 있다. 먼저 금속섬유에는 알루미늄 섬유와 순금속으로 된 스테인리스강 섬유가 있다. 알루미늄 금속사는 얇은 알루미늄 판에 색이 있는 고분자 필름을 붙인 후 섬유 굵기로 잘라 만들어 반짝이는 장식 효과를 갖는다. 스테인리스강 섬유는 8~12μm의 가는 섬유로 제조되며 0.2~0.3%만 혼방하면 정전기 발생을 막을 수 있어 대전 방지 작업복이나 카펫에 사용되고 있다.

유리섬유는 모래나 석회석 등을 약 1,500℃ 정도에서 용융시켜 얻는다(그림 3–16).

그림 3-16 유리섬유와 유리섬유 강화 플라스틱

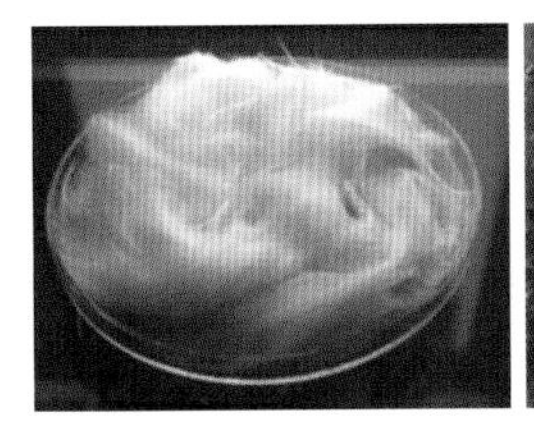
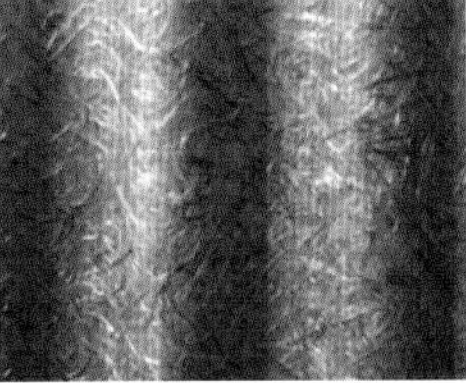

사용 중 섬유가 절단되면 섬유 조각들이 피부를 자극하므로 의복용으로는 사용하지 않는다. 그러나 비중이 2.48~2.69로 커서, 무겁고 불연성이어서 방염성 절연재, 흡음재 등으로 사용된다.

3 의복과 쾌적성

3.1 쾌적한 착용감

의복 착용 시 착용자가 느끼는 편안하고 기분 좋은 느낌을 쾌적한 착용감이라 한다. 쾌적한 착용감을 갖기 위해서는 때와 장소에 맞는 옷차림이거나(사회심리학적 측면) 깨끗하며(위생적인 측면), 의복 내 온·습도가 적당하면서도(생리적 측면) 피부자극이 없고(촉감각적 측면) 움직임을 방해하지 않아야(운동기능적 측면) 한다. 여기서 사회심리적 측면과 위생적 측면은 의복 선택 시에 고려하므로, 일단 착용 후 사람들이 불쾌함을 느끼는 측면은 생리적 측면, 촉감각적 측면, 운동기능적 측면에서이다(그림 3-17).

쾌적한 착용감은 인간이 의복을 착용한 상황에서 인지되는 것이므로 이 상황을 구성하는 세 인자, 즉 인간, 환경, 의복에 의해 달라진다(Li & Wong, 2006). 여기서 인간

그림 3-17 쾌적한 착용감을 결정하는 세 가지 주요 측면과 그 조건

생리적 측면	촉감각적 측면	운동기능적 측면
일정 체온 유지	좋은 재질감 축축한 느낌 없음 적당한 접촉온냉감 정전기 없음	신체 동작 원활

과 환경요인은 통제할 수 없고 의복만이 인간이 통제할 수 있는 변인이므로 의복이 쾌적한 착용감에 어떻게 영향을 미치는지 파악해 볼 필요가 있다. 따라서 쾌적감을 결정하는 생리적 측면, 촉감각적 측면, 운동기능적 측면에 대한 의복의 영향을 의복 재료의 영향을 중심으로 알아본다.

3.2 온열생리적 측면에서의 쾌적감

인체의 체온 조절

인체는 뇌의 시상하부에 있는 체온조절중추에 의해 심부온이 37℃로 일정하게 유지되는 항온체이다. 피부온은 인체부위와 외부환경에 따라 달라 심장과 가까운 곳은 먼 곳보다 피부온이 높고 저온 환경에서는 고온 환경보다 인체 부위에 따른 온도 차이가 더 크다(그림 3—18).

인체는 체온조절을 위해 두 가지 방법을 사용하는데 떨림, 발한(땀), 혈관의 수축과 팽창 등의 생리작용을 통해 항온을 유지하는 자율적 체온조절 방법과 몸을 움직이거나, 따뜻하거나 찬 곳을 찾아 이동하거나, 의복을 입고 벗는 행동 등을 의미하는 행동적 체온조절 방법이 있다.

그림 3-18 고온환경과 저온환경에서 인체의 체내 단면 온도 분포

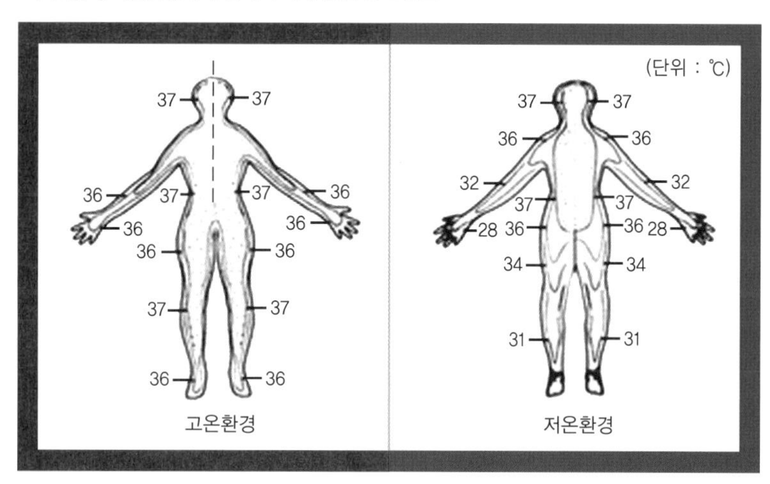

자율적 체온조절 방법을 보면, 고온환경에서는 혈관을 확대시켜 흐르는 혈액 양을 증가시키거나 땀을 흘려 열손실을 증가시킨다. 물 1g이 증발함에 따라 약 0.54kcal의 증발열을 빼앗기므로 땀 증발은 체온 상승을 막아주는 효과적인 열손실 방법이다. 반대로 저온환경에서는 혈관을 수축시켜 흐르는 혈액의 양을 줄인다. 겨울에 체간부 온도는 따뜻해도 손발이 찬 것은 피부노출로 외기에 의한 영향을 받아서도 그렇지만 열손실을 줄이기 위해 혈액 흐름을 심장에서 먼 부위인 손발까지 보내는 것을 줄이는 몸의 자율 온도조절기능 때문이다. 또한, 떨림에 의해 열을 생산하고 소름이 돋아 피부 표면적을 줄여 외기로의 열 방출을 줄인다.

자율적 체온조절 방법으로 체온조절이 충분히 이루어지지 않을 때 인간은 행동적 체온조절 방법을 사용한다. 예를 들어, 추위로 인해 열을 계속 빼앗기고 있다면 따뜻한 곳을 찾아 실내로 들어간다거나, 뛰거나 움직여서 열을 생산해 내거나, 옷을 더 껴입거나 하는 방법들이 있는데 그중에서도 의복을 입어 체열을 보호하는 것이 가장 간단하면서도 효율적인 방법이다.

쾌적한 착용감에 영향을 미치는 외부환경

우리가 입을 옷을 결정할 때 가장 크게 고려하는 것 중의 하나가 그날의 날씨이다. 날씨는 기온, 기습, 복사 에너지, 바람과 비 같은 요소들에 의해 결정된다(그림 3–19).

그림 3-19 2017년도 월평균 기온과 강수량(서울과 울산)

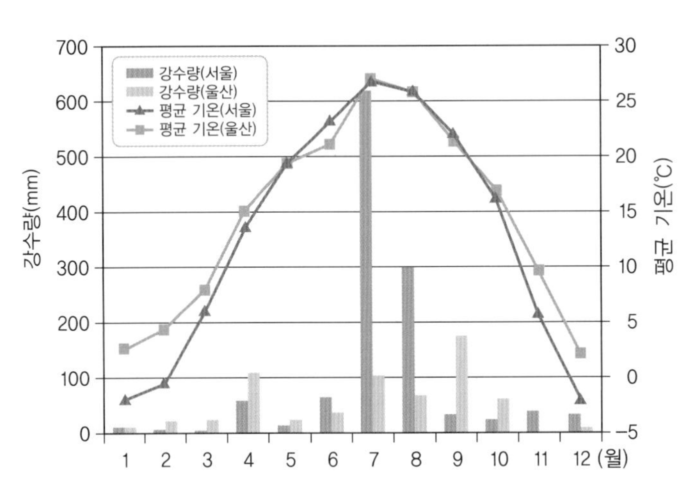

기온은 날씨를 결정짓는 가장 중요한 요인이다. 기온이 너무 낮아 인체와 온도 차이가 크면 방열량이 증가하여 착용자는 춥고, 기온이 너무 높으면 체열 손실이 어려워 불쾌감을 느낄 것이다. 또한, 습도도 착용감을 결정하는 주요 요소로 고온 건조한 상태에서는 땀 증발에 의한 열손실이 일어나나 다습한 조건에서는 외기 습도가 높아 피부 표면으로부터의 땀 증발이 어려워 체온조절이 잘 이루어지지 않는다. 따라서 고온환경에서 습도는 불쾌감을 한층 상승시키고 저온환경에서는 습도가 높은 경우 피부로부터 수증기 배출이 늦어져 더 춥게 느껴진다.

복사 에너지와 바람도 쾌적한 착용감에 영향을 미친다. 복사는 열전달을 하는 물질의 도움 없이 열이 직접 이동하는 방식으로 복사에 의해 이동한 에너지가 복사 에너지이다. 그러므로 인체와 열 발생원 사이에 물체가 존재하면 복사열이 전달되지 않는다. 복사에 의한 열이동이 일어나는 가장 중요한 열발생원은 태양이다. 추운 겨울이라도 햇볕을 쬐면 태양의 복사 에너지가 몸에 닿아 열로 바뀌어 따뜻하다. 그러나 바람이 불면 인체에 의해 따뜻하게 덥혀진 얇은 공기층인 정지공기층과 외부의 찬 공기가 교환이 일어나 추위를 느끼게 된다. 바람뿐만 아니라 비도 냉각 효과를 갖고 있다. 20℃에서 물의 열전도율(0.58W/m·k)이 공기의 열전도율(0.025W/m·k)에 비해 대략 23배나 크기 때문에 의복이 물에 젖으면 인체로부터의 열손실이 크게 증가하여 보온성은 크게 감소한다.

체온조절과 의복

외부 기온이 28~32℃이면 인간은 벗은 상태에서도 쾌적함을 느낄 수 있지만 이 범위를 넘어 기온이 너무 높거나 낮으면 정신적·육체적으로 스트레스를 받고 활동이 둔해지게 된다. 그러므로 인간은 의복 착용을 통해 외부환경의 영향을 덜 받아 의복 내 온도와 습도를 적정 상태로 유지하여 쾌적한 착용감을 느끼려 한다. 인간이 쾌적한 착용감을 느끼는 의복과 피부 사이의 공간조건은 온도 32±1℃, 상대습도 50±10%, 기류 25±15cm/sec이다. 이 조건에서 벗어날수록 인간은 불쾌하다고 느낀다.

체온조절에 영향을 미치는 의복 요인을 의복 착용 방법과 소재 특성으로 나누어 살펴본다.

① 의복 착용 방법

의복의 착용 방법에 따른 의복의 보온성 변화는 다음과 같이 요약될 수 있다.

첫째, 의복 중첩을 통해 함기량을 증대시키는 것이다. 같은 두께라면 두꺼운 옷 한 벌보다는 얇은 옷을 여러 겹 겹쳐 입는 것이 옷 사이사이에 공기층을 형성하여 함기량 증대에 의한 열전연력을 증가시킬 수 있다.

둘째, 의복의 여밈 부위와 개구부를 활용하는 것이다. 의복 내 공기와 찬 외부 공기의 교환은 열절연력을 감소시키므로 의복의 여밈 부위와 개구부를 모두 닫고 입으면 열손실을 줄일 수 있다. 의복에서의 개구부라 하면 상의의 경우 목, 허리, 소매 부위를 뜻한다.

셋째, 의복에 의해 덮히는 인체 부위와 그 비율을 상황에 맞게 조절한다. 신체부위에 따라 피부온은 차이가 나므로 부위에 따른 열손실은 다르다. 특히 심부에 속하는 머리와 손, 발과 같은 부위는 노출되는 경우가 많은데, 다른 부위보다 혈관이 외기에 가까이 위치하여 열손실이 빨리 진행되므로 외부환경 온도가 낮을 때는 이 부분도 피복시켜 준다.

넷째, 의복의 건조 상태도 중요하다. 의복이 젖으면 보온력이 크게 저하되므로 가능한 젖지 않도록 하며, 젖은 후에는 빨리 말리는 것이 열손실을 줄이는 방법이다.

② 소재 특성

의복 착용 방법에 비해 체온 조절 효과는 작지만 동일한 착용 방법이나 의복 형태라면 소재 특성에 따라 큰 차이를 나타낼 것이다. 일정 체온을 유지하기 위해서는 인체와 외부환경 간에 열 평형을 이루게 하는 것과 발한작용이 중요하므로, 의복 소재의 보온성과 흡수성을 주목해야 한다(김희숙 외, 2008).

첫째, 소재의 열전도성이 중요하다. 열전도성은 보온성에 영향을 미치고 열전도율로 나타낸다. 양모섬유의 열전도율이 다른 섬유에 비해 낮지만 양모섬유의 열전도율도 공기 열전도율에 비해 1.6배나 빨라, 양모로 된 두꺼운 옷 한 벌보다는 얇은 양모라도 여러 겹을 입어 공기층을 갖는 것이 더 따뜻하다(표 3–3).

표 3-3 각종 섬유, 물, 공기의 열전도율

종류	측정온도(℃)	열전도율(kcal/m²·hr·℃)	공기 대비 수치
면섬유	0	0.049	2.4
양모섬유	0	0.033	1.6
견섬유	0	0.044	2.1
소가죽	84	0.151	7
물	23.7	0.515	25
공기	22.0	0.0206	1

둘째, 섬유 자체의 열전도성이 의복의 보온성에 영향을 미치지만, 이를 이용하여 실, 직물로 만들어진 후에는 공기함유량인 함기성이 더 중요하다. 함기성은 실이나 직물의 무게, 두께와 관계가 깊다. 셋째, 흡습성·흡수성도 고려해야 한다. 흡습성은 수증기상태의 흡수성을, 흡수성은 액체상태의 흡수성을 의미하며 일반적으로는 흡수성이라 통칭해 사용하고 있다. 섬유의 분자 구조 중 친수성 반응기 여부에 따라 섬유의 흡습성은 달라진다. 천연섬유는 합성섬유에 비해 흡습성이 높다.

그러나 흡습성이 크다고 반드시 흡수성도 좋은 것은 아니다. 면의 경우에는 흡습·흡수성이 모두 좋으나 양모의 경우 높은 흡습성을 갖지만 섬유 표면의 스케일층이 수분침투를 막아 초기 흡수속도는 느린 편이다.

넷째, 소재의 공기투과성은 단열에서 중요하다. 특히 바람이 부는 날의 경우에는 체열 보존에 가장 큰 역할을 할 수 있다. 바람이 부는 날에도 함기량이 많고 공기투과성이 낮으면(충전재 들어 있는 이중직물) 보온성이 우수하지만, 함기량과 공기투과성이 모두 크면(편성물) 단열력은 작다. 일반적으로 직물의 조직이 치밀하고 두꺼울수록 공기투과성은 감소한다.

다섯째, 색도 체온조절에 영향을 미치는 소재 특성으로, 색에 따라 복사 에너지의 흡수량이 달라진다. 태양이 내리쬐는 곳에서는 태양빛을 더 많이 흡수할 수 있어 추운 날씨에는 검은색이나 어두운 색 계통의 옷이 더 적절하다.

3.3 촉감각적 쾌적감

의복은 인체와 접촉하고 있으므로 직물의 촉감이 좋지 않을 경우 착용자는 불쾌감을 느낄 것이다. 촉감각적인 측면에서 쾌적한 착용감을 느끼게 하기 위해서는 네 가지 측면에서 만족스러워야 한다.

피부를 자극하지 않는 재질감

우리는 직물 사진을 보고 어떤 재질감을 갖는지 표현할 수 있다. 〈그림 3-20〉의 사진 중 (a)는 얇지만 깔깔한 느낌이 나고, (b)는 매끈하면서 부드럽고 광택이 나며, (c)는 뻣뻣하면서도 까슬까슬하고, (d)는 두껍고 조직이 매우 단단해 보이며, (e)는 폭신하고 부드러운 느낌이 난다. 이는 우리가 시각을 통해서만 느낀 것이지만 촉각, 후각, 청각 등을 사용할 수 있다면 더욱 풍부한 직물의 재질감을 갖게 될 것이다. 재질감은 직물에 대해 시각, 촉각, 청각 등을 통해 느끼는 감성을 의미하며 이는 의복 이미지에 큰 영향을 미치고 품목에 따라 선호되는 것이 다르다. 일례로 작업복용 직물은 단단하고 휘감기지 않으며 약간 두꺼운 느낌의 재질감이 선호될 것이지만, 봄가을용 여성 드레스의 경우에는 부드럽고 유연한 느낌의 직물이 선호되어 촉감각적 측면에서 쾌적한 소재로 평가받게 될 것이다.

축축한 감 없이 적당히 건조한 느낌

습윤감은 인체가 흘린 땀 배출이 원활하지 않을 때 느껴지는 것이므로 여름에 자주 느끼는 불쾌한 감정이며, 소재의 흡수성에 의해 결정된다. 땀을 흘렸을 때 섬유가 빨리 이를 흡수한다면 착용자는 덜 불쾌하지만 땀을 흡수해 오래 젖어 있다면 이 또한 착

그림 3-20 재질감이 다른 직물들

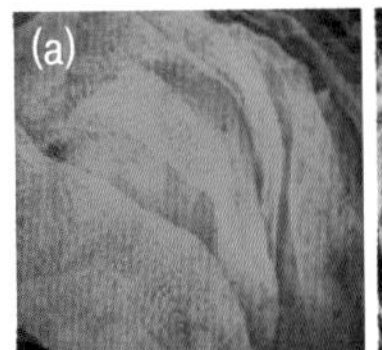

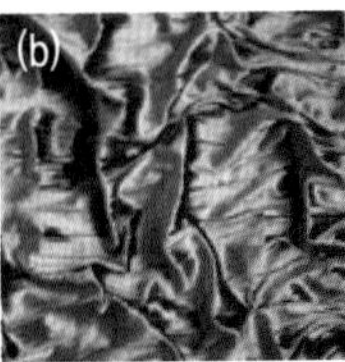

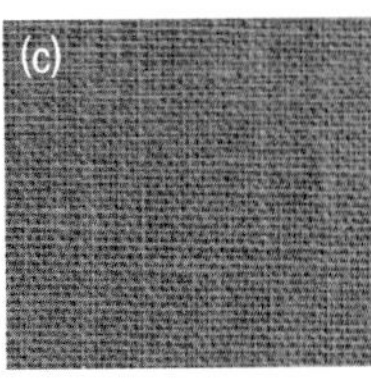

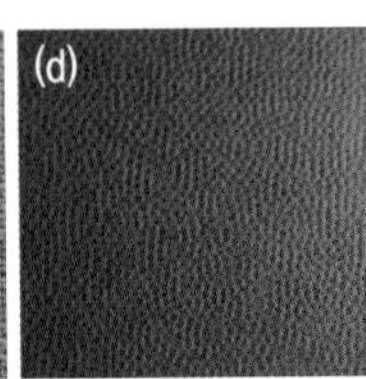

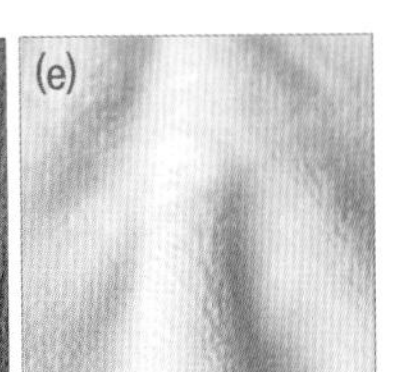

그림 3-21 냉감과 온감을 느낄 수 있는 직물들

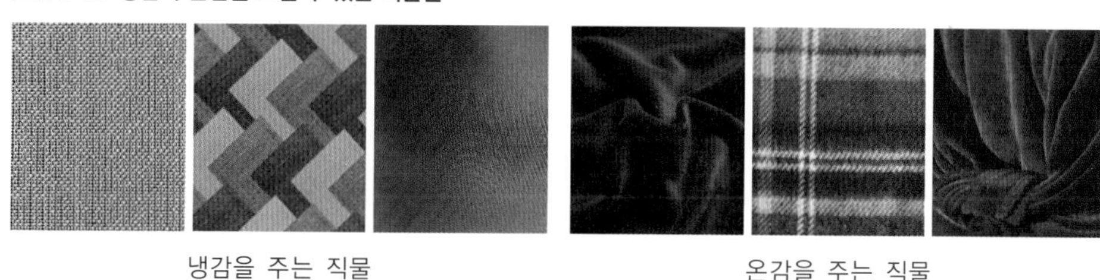

냉감을 주는 직물 온감을 주는 직물

용자에게 불쾌감을 발생시킨다. 그러므로 흡수와 건조가 모두 빨라야 쾌적한 착용감을 줄 수 있다.

상황에 맞는 접촉온냉감

직물을 만졌을 때 느끼는 순간적인 온냉감을 접촉온냉감이라고 한다. 추운 겨울 가판대에 놓인 가죽장갑과 양모털장갑을 만져본다면 가죽장갑은 차지만 상대적으로 양모털장갑은 덜 차게 느낄 것이다. 이는 가죽은 표면이 매끈한 데 반해 털장갑은 편성물로 보풀이 많아 접촉 시 닿는 접촉 면적이 작아 순간 열손실이 적기 때문이다. 접촉온냉감은 봄가을보다는 여름과 겨울용 의복 소재 선택 시에 중요하다(그림 3-21).

정전기에 의한 피부자극이 없음

의생활에서 정전기가 문제되는 시기는 춥고 건조한 겨울이다. 정전기는 두 물체가 마찰될 때 발생하는 것으로 섬유에서는 흡습성과 관련이 깊어 흡습성이 높은 섬유는 섬유 내부에 있는 물분자가 마찰 시 전기의 전도체로서 작용하여 마찰에 의해 발생된 전하가 표면에 축적되지 않지만, 흡습성이 없거나 적은 경우에는 표면에 축적된다. 이때, 착용자가 반대 전하를 띠는 물질이나 중화된 물체와 접촉하면 축적된 전하가 갑자기 방전되어 착용자는 정전기에 의한 현상들(스웨터 탈의 시 불꽃 발생, 겨울에 차문 열 때 찌릿한 현상 등)을 경험하기도 한다.

의복에서의 정전기는 섬유의 흡습성에 의해서도 영향을 받지만 주변의 습도에 의해서도 영향을 받는다. 즉, 대기 중의 수분이 많으면 이 수분이 전도체로 제공되어 정전기가 발생하지 않는다. 정전기에 의한 불쾌감을 줄이기 위해서는 흡수성이 높은 섬유로 된 의복을 입거나, 대전방지가공이 된 제품을 사용하거나, 세탁 시 헹굴 때 유연제 처리를 하여 일시적인 대전 방지 효과를 볼 수 있다.

3.4 운동기능적 쾌적감

신체의 어느 부위에서 의복이 끼거나 여유량이 많으면 의복에 의해 인체가 구속되어 움직임이 자유롭지 않아 착용자는 불편함을 느끼게 된다. 의복 착용 시 의복이 착용자의 움직임을 구속하거나 인체를 압박할 때 의복의 운동기능성이 나쁘다고 말한다. 그러므로 의복의 운동기능성도 쾌적한 착용감을 결정하는 주요 요인 중 하나로 볼 수 있다.

의복의 운동기능성은 의복 구성 측면에서 중요하게 고려되어 왔던 부분이다. 적절한 여유량 설정과 의복의 맞음새는 의복의 운동기능성을 결정한다. 인체가 움직이면서 피부가 신장과 수축을 반복할 때 피부가 신장되는 경우 신장된 양을 의복 여유량 등을 통해 흡수하게 된다. 따라서 인체 부위별로 적당한 여유량을 부여하여 몸에 잘 맞도록 패턴을 제도하는 것이 중요하여 의복 구성 측면에서 주요하게 다루어져 왔다.

그러나 폴리우레탄의 등장은 의복 패턴에서 여유량의 중요성을 감소시키게 되었다. 여유량 없이도 의복의 운동기능성을 충분히 갖게 할 만큼 폴리우레탄이 의복에 탄성을 부여하였기 때문이다. 폴리우레탄의 우수한 탄성은 의복의 트렌드에도 영향을 미쳐 몸에 꼭 맞는 스타일의 유행을 가져왔다. 폴리우레탄의 등장으로 의복에서의 운동기능성은 크게 향상되었고 새로운 유행의 트렌드도 탄생되었다. 또한, 수영복, 스키복뿐만 아니라 고신축성을 요구하는 다양한 운동복에 널리 사용되어 폴리우레탄 소재의 사용이 매년 늘고 있다.

섬유뿐만 아니라 실의 경우에도 운동기능성에 영향을 줄 수 있는데, 실에 권축을 부여하여 구불구불한 형태를 갖게 한 텍스처사textured yarn는 일반적인 방적사나 필라멘트사보다는 운동기능성 측면에서 우수하다. 또한 직물보다는 편성물이 고리로 형성되어 신축성이 좋아 상대적으로 운동기능성 측면에서 유리한 소재이므로 속옷이나 스포츠웨어에 편성물이 주로 사용된다.

생각할 문제

1 5대 합성섬유 외에 개발된 합성섬유에는 어떤 것이 있는지 조사해 보자.

2 독특한 직물의 무늬 또는 직물을 사용하여 디자인 철학을 나타낸 대표적인 디자이너와 그의 작품들을 알아보자.

3 지금 착용하고 있는 의복의 소재가 직물인지 편성물인지 구별해 보자.

4 덥고 습한 장마철에는 어떤 소재의 의복을 입어야 할지 소재의 특성과 의복 착용 방법에 대해 논의해 보자.

CHAPTER 4

의복과 인간행동

SOCIAL PSYCHOLOGY OF CLOTHING

외모가 매력적인 사람은 취업이 잘 될까? 유명 취업사이트에서 인사담당자 1천 명을 대상으로 조사한 설문에 따르면 기업의 57.4%가 '채용평가에 외모가 영향을 미친다'라고 답변했다고 한다(정우교, 2018). 그 이유로는 '자기관리를 잘 할 것 같아서', '외모도 경쟁력이라서', '대인관계가 원만할 것 같아서', '자신감이 있을 것 같아서' 등이 있었다고 한다. 이런 기사를 보면 취업을 준비하면서 다이어트를 하거나 심지어 성형수술을 한다는 이야기가 괜히 나오는 말이 아닌 것 같다.

의복은 의복을 착용하는 사람의 보이지 않는 내면적 특징, 즉 사람의 감정, 욕구, 성격 등을 반영한다. 의복은 착용자와 밀접한 관계를 갖게 되며, 이런 의미에서 의복은 '제2의 피부(the second skin)'라고도 불린다. 또한, 의복은 '무성의 언어(nonverbal language)'로서 다른 사람들에게 착용자의 사회적 지위, 직업, 역할, 개성, 동조성 등과 같은 정보를 전달한다. 본 장에서는 의복이 타인과 착용자의 행동이나 의사소통에 어떠한 영향을 미치는지 알아본다.

학습목표

- 의복의 착용 동기를 알아본다.
- 의복/외모와 개인의 자아 및 인상형성이 어떠한 관계가 있는지 살펴본다.
- 의복/외모와 사회관계 내 개인의 역할과 계층이 어떠한 관계가 있는지 살펴본다.
- 유행의 생성과 전파이론을 알아본다.

1
의복의 착용 동기

의복을 오늘날 사람들이 입는 상의, 하의, 신발과 같은 형태의 옷이 아니라 넓은 의미로 정의한다면, 어떤 형태로든지 의복을 착용하지 않은 민족은 없을 것이다. 인류 최초의 의복에 대한 증거는 약 4~6만 년 전 선사시대 무덤과 동굴벽화에서 찾아볼 수 있다. 이는 서남아시아 지중해 연안 지역에서 진화·발달하여 유럽으로 이동한 네안데르탈 인들이 극심한 추위를 이기기 위하여 사냥한 짐승의 털을 감싸기 시작한 이후부터라고 추정된다. 인류학자들은 간접적인 방법을 이용하여 옷의 기원을 밝히려고 노력해 왔는데, 2011년 발표된 한 연구에 따르면 인간이 옷을 착용하기 시작한 것은 4~6만 년 전보다 훨씬 이전인 17만 년 전이라고 한다(Toups et. al., 2011). 인류가 의복을 착용하게 된 동기에 대해서는 여러 분야의 학자들에 의해 오랜 기간 연구되었다. 본 장에서는 의복의 착용 동기에 관한 주요 학설을 알아본다.

1.1 보호설

신체 보호설

사람들이 옷을 입는 이유가 우리 몸을 보호하기 위해서라는 것이 '신체 보호설'로, 인간이 기후나 자연의 변화에 따라 신체를 보호하기 위해 처음 옷을 입기 시작했다는 것이다.

신체 보호는 먼저 기후로부터의 보호를 생각할 수 있다(그림 4-1). 추위로부터 신체를 보호하는 것이 의복 착용의 가장 큰 동기였을 것이다. 또한, 덥고 건조한 북아프리카 지방에서는 여러 겹의 얇은 옷감으로 의복이 발달하였는데, 이는 뜨거운 태양으로부터 신체를 보호하기 위한 것으로, 여러 겹의 옷감 사이 공기층이 태양열과 광선을 차단하는 역할을 하는 것이다.

그림 4-1 추위에서 몸을 보호하기 위해 짐승 털로 만든 파카를 입은 에스키모인

신체 보호는 기후나 자연의 변화뿐 아니라, 위험한 외부환경으로부터 몸을 보호하는 것도 포함한다. 원시인의 경우 벌레나 동물뿐 아니라 인간을 위협하는 많은 위험에 노출되었을 것이고, 이러한 위험으로부터 신체를 보호하기 위해 몸에 페인팅(예 진흙을 몸에 바르는 것)을 하거나 의복을 착용했을 것으로 생각된다. 현대 사회에서는 사람들의 직업이나 맡은 일에 따라 신체를 보호할 수 있는 의복을 착용하게 되었는데, 격렬한 스포츠를 하는 사람들을 위한 운동복이나, 위험한 환경에서 신체를 보호하는 보호복도 신체를 보호하는 기능을 하는 의복이다.

심리 보호설

보호설은 물리적인 환경으로부터 신체를 보호하는 경우 외에, 의복을 통해 심리적 안정이나 만족을 얻으려는 욕구에서 의복을 착용한다는 심리 보호설도 포함한다. 원시인들은 자연현상에 대한 두려움과 경외심을 갖고 있었는데, 이러한 두려움에서 벗어나기 위한 종교, 주술적 의미로 의복을 착용하거나 치장하였다. 예를 들어, 동물의 뼈, 이빨 등을 몸에 지니면 그 동물의 힘이 자신에게 옮겨지고, 악귀를 쫓는 부적의 효과가 있다고 믿었으며, 이러한 장신구는 사람들에게 심리적으로 안정감을 주는 역할을 하였다. 또한, 주술적인 의미를 담아 몸에 화려한 치장을 하거나, 색다른 의복을 착용하기도 하였다.

원시시대에는 유일한 생존 수단인 사냥에서 얻은 동물의 가죽, 뿔, 이빨 등으로 신체를 장식하고 자신의 용맹과 힘, 우월성을 과시함으로써 심리적 만족을 얻었다. 사냥능력이 개인의 지위를 결정하는 중요한 요인이었기 때문에, 사냥에서 얻은 포획물과 그에 대한 과시는 자신의 경제적·사회적 우월성을 표현하는 방식으로 사용되었다. 이러한 우월성의 표시는 현대 사회에서 사람들이 값비싼 명품을 착용함으로써 자신의 경제적·사회적 지위를 과시하고자 하는 점에서도 찾아볼 수 있다.

사람들이 가장 쉽게 떠올리는 의복의 착용 동기가 신체 보호설이다. 하지만, 기후가 온화해서 의복을 이용한 신체 보호가 그리 필요치 않은 더운 지방에서도 의복이 발달하였고, 춥고 혹독한 기후에도 의복이 거의 없이 생활해 온 종족도 있어서 의복 착용 동기를 충분히 설명할 수는 없다. 예를 들어, 남미 남단의 추운 지역에 살던 오나Ona족과 야간Yahgan족은 추운 날씨임에도 옷을 두껍게 입는 것이 아니라, 몸에 기름을 칠하고 짐승 가죽으로 된 헐렁한 케이프(망토)만 입었다고 한다. 또한, 현대 사회의 많은 의복은 신체를 보호하는 용도가 아니고, 특히 사람들이 패션을 따를 때는 신체 보호는 무시되기 때문에(예 추운 날씨에 미니스커트 착용, 발에 큰 무리를 주는 킬힐 착용 등) 의복의 착용 동기를 설명하는 이론으로 널리 받아들여지지는 않는다.

1.2 정숙설

사람들이 신체의 노출로 인해 수치심을 느끼기 때문에 옷을 입는다는 정숙설에 따르면, 인간이 수치를 느끼기 시작하여 신체의 치부를 가리기 시작하면서부터 옷을 입기 시작했다고 한다.

의류학 분야의 학자들은 의복을 착용하게 된 동기가 정숙성이었다는 주장에 대해 부정적인 견해를 가지고 있다. 그 이유는 첫째, 현재 아마존 밀림 등에 존재하는 원시 종족 중에는 신체 노출에 대해 전혀 수치심을 갖지 않는 종족이 있고, 둘째, 정숙성의 개념은 인간이 본래 가지고 있는 본능이 아니고 관습이나 교육 때문에 학습된 개념이라는 점이다. 셋째, 정숙성의 기준이 매우 복잡하고 다양하기 때문이다. 사람들은 어디서나 의복을 사용했지만, 노출된 인체 부위와 감춰지는 인체 부위는 문화에 따라 다양하다. 예를 들어, 아마존의 수야Suya족 여성들은 자신들의 나체에 대해서는 수치심을 느끼지 않으나, 아랫입술에 원반을 끼우지 않은 모습을 외부인에게 보이는 것을 더 당황해하고, 남태평양 앱Yap섬의 여성들은 신체 중 대퇴부의 노출에 수치심을 느낀다(Horn & Gurel, 1981). 또한, 특정 문화 안에서도 성별, 나이, 지역, 상황적 요소(때와 장소)에 따라 다양하므로, 의복 착용을 설명하는 보편성을 갖춘 이론으로 받아들여지기는 어렵다.

1.3 비정숙설

비정숙설은 의복은 신체를 덮기 위한 것이 아니라, 감춰진 신체 부위에 주의를 끌기 위해 옷을 입는다는 이론이다. 원시인들은 종족의 번영을 위한 본능적 욕구로 인해 인체에서 생식에 관련된 부분을 보호하거나 과시하려고 하였으며, 원시인들의 이러한 생각은 생식기와 유방을 과장하여 표현한 유물을 통해 유추할 수 있다. 15~6세기 남성이 하의에 착용했던 코드피스cordpiece, 17세기 말 여성이 착용했던 스커트의 엉덩이 부분을 강조한 버슬bustle이나, 현대 사람들이 착용하는 짧은 스커트나 몸매가 드러나는 몸에 꽉 붙는 바지, 옆이나 뒤가 길게 트여 있는 좁은 스커트, 깊게 파인 네크라인 등을 비정숙설의 예로 들 수 있다.

그러나, 비정숙설은 나체로 지냈던 원시인들이 신체 일부를 감추면 더욱 관심을 끌 수 있다는 것을 알고 의복을 착용하기 시작했다고 설명하기에는 무리가 있어서 인간의 의복 착용 동기를 설명하는 이론으로 받아들여지기는 어렵다.

1.4 장식설

장식설은 사람에게 본능적으로 좀 더 아름다워지고 매력적으로 보이고 싶어 하는 욕망이 있어 자신을 아름답고 매력 있게 장식하고, 그것을 통해 기쁨을 얻기 위해 의복을 착용한다는 이론이다.

여기서 장식이란 신체적으로 필요한 것이 아니면서 인간의 신체 위에 입혀지는 모든 것을 포함하는 넓은 의미로, 옷이나 장신구뿐 아니라 신체에 색을 칠하거나 그림을 그리는 것(채색body painting), 피부 밑으로 염료를 넣어 영구적인 무늬를 만드는 것(문신tattooing), 상처를 입혀 흉터를 만들거나(상흔[1]scarification), 신체 일부를 제거하거나 변형하는body shaping 것 등 다양한 형태를 모두 포함한다. 중국 송나라 때 시작되어 명·청시대

---

1) 상흔(scarification) : 피부에 상처를 만들고 상처부위에 남은 흉터로 신체를 장식하는 방법으로, 채색을 이용해 신체 장식이 어려운 피부색이 짙은 종족에서 주로 사용되었다고 한다.

그림 4-2 전족으로 변경된 중국 여인의 발 모습

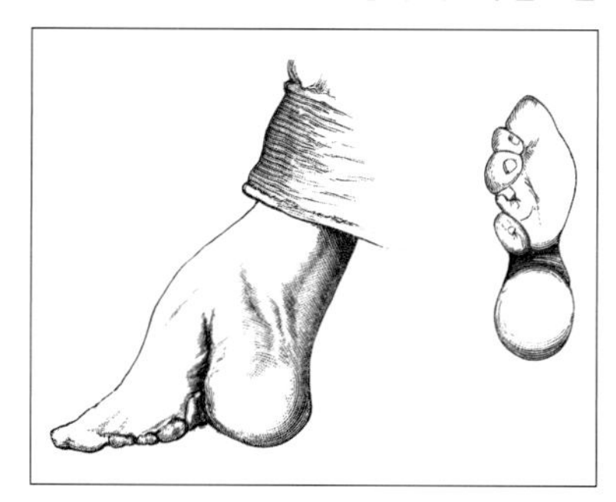

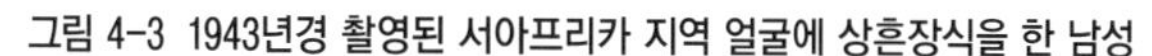

그림 4-3 1943년경 촬영된 서아프리카 지역 얼굴에 상흔장식을 한 남성

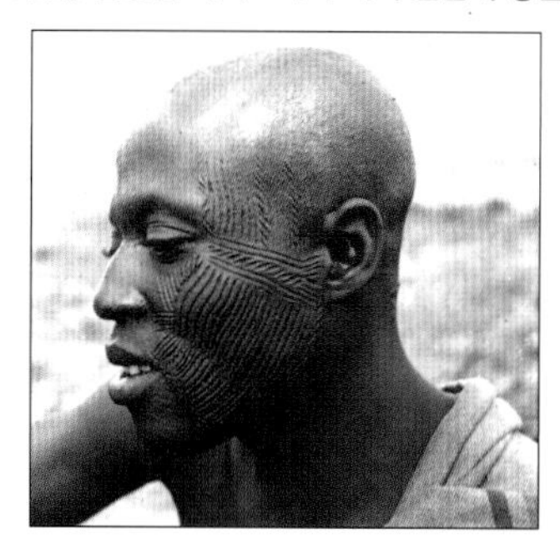

에 유행하였던 전족은 어린 여자아이의 발을 천으로 꽁꽁 동여매어 성장을 멈추게 하는 풍습으로 신체의 변형을 통해 아름다움을 표현하고자 한 예이다. 전족은 발이 작고 부드러운 여자를 아름다운 여인으로 생각했던 여성관 때문에 생긴 것으로 신체 일부를 변형시키는 신체장식으로 볼 수 있다.[2)]

시대와 문화권에 따라서 신체 장식 방법과 미의 기준에는 차이가 있으나, 신체를 장식하고자 하는 사람들의 욕구는 지금도 계속된다. 아름답게 보이기 위해서 화장을 하고, 귀를 뚫어 귀걸이를 끼우고, 다리의 털을 깎거나 뽑기도 하며, 문신 혹은 성형수술을 하기도 한다. 이러한 장식을 통해 인간은 자신의 아름다움을 나타내고 착용자의 감정을 표현한다.

지구상의 종족 중에서 의복을 착용하지 않은 종족은 있으나, 장식을 하지 않은 종족은 없다는 말처럼, 신체를 장식하기 위해 옷을 입기 시작했다는 장식설이 의복의 착용동기로 가장 널리 받아들여지고 있는 이론이다.

1.5 욕구충족설

앞에 제시한 보호설, 정숙설, 비정숙설, 장식설과 같이 인간이 본능적으로 의복을 착용하였다는 시각 외에도, 인간이 행동하는 것은 그 나름대로 어떤 욕구나 필요가 있

2) 사회학자들은 전족의 의도가 아름다움의 추구보다는 여성을 남성에게 계속 의존하게 만드는 것이었다고 주장하기도 한다. 전족이 되면 여성 혼자서 똑바로 설 수도, 걸을 수도 없기 때문이다.

어 이루어진다는 매슬로Maslow의 욕구충족설을 바탕으로, 인간의 생존에 필요한 본능적으로 발생하는 생리적 욕구 외에 성취, 과시, 지배, 굴욕 회피, 유희 등과 같은 심리 발생적인 욕구를 충족하기 위해 의복을 착용했다고 설명하는 이론이 있다.

매슬로는 인간행동은 필요와 욕구에 바탕을 둔 동기로 유발되는데, 이러한 욕구에는 위계가 있어 각 욕구는 하위 단계의 욕구들이 어느 정도 충족되어야 상위 계층의 욕구가 발현된다고 하였다. 그는 이러한 욕구를 생리적 욕구, 안전 욕구, 애정과 소속의 욕구, 존중 욕구, 그리고 자아실현 욕구의 5단계로 구분하면서, 사람은 가장 기초적인 욕구인 생리적 욕구를 가장 먼저 충족시키려 하며, 이 욕구가 어느 정도 충족되면 안전 욕구를, 안전의 욕구가 어느 정도 충족되면 사랑과 소속의 욕구를, 다음으로 존경의 욕구와 자아실현의 욕구를 차례대로 충족하려 한다는 것이다.

디어본Dearborn은 이러한 욕구충족설을 바탕으로 애정과 소속, 존중의 욕구와 관련되어 의복의 착용 동기는 타인으로부터 비웃음을 사지 않을까, 무시당하지 않을까 등에 대한 두려움을 없애기 위한 것이라고 하였으며, 크릭모어Creekmore는 소속감과 자부심이 강한(소속의 욕구가 강한) 사람은 의복을 사회적 계층의 상징으로 여긴다고 하였다(강혜원 외, 2012).

1.6 정신분석학적 접근

인간의 심층에 깔린 무의식의 세계를 분석하는 정신분석학적으로 접근하여 의복의 착용 동기를 살펴본 학자도 있었다. 1933년에 『의상심리학The Psychology of Clothes』을 발간한 플루겔Flügel은 인간에게는 타인의 관심을 끌기 위해 몸을 노출하고자 하는 욕망과 의복으로 몸을 가리고 싶은 두 가지의 상반된 욕망이 공존한다고 하면서, 사람들은 동성에게서는 시샘을 자아내고, 이성에게서는 성적 본능을 유발하기 위해서 옷을 착용한다고 하였다. 그는 정신분석학을 바탕으로 인간은 의복을 통해 성적 본능을 유발한다고 하며, 앞코가 뾰족한 구두, 넥타이, 높이가 높은 모자 등은 남성을 상징하고 양말, 대님, 거들 등은 여성을 상징한다고 하였다.

2
의복과 개인

의복은 제2의 피부로서 착용자와 매우 밀접한 관계를 갖고, 개인의 성격이나, 감정 등을 표현한다. 본 절에서는 의복이 개인의 자아, 인상형성과 어떠한 관계가 있는지 살펴보도록 한다.

2.1 의복과 자아

미국 학자인 로치Roach와 아이커Eicher는 외모를 '보이는 자아visible self''라고 설명하였다(Roach & Eicher, 1973). 그렇다면, 보이는 자아란 무슨 뜻일까? 여러분은 유행하는 새 옷을 입고 친구들 모임에 나갔을 때 기분도 좋아지고 우쭐해지는 경험을 한 적이 있을 것이다. 이와는 반대로 유행이 지나 오래된 어색한 옷을 입고 모임에 나갔을 때 모임이 즐겁지 않아 빨리 돌아가고 싶기만 한 경험을 하기도 한다. 이러한 기분이 드는 이유는 우리가 자신의 외모나 의복을 자기 자신의 일부, 즉 자아self의 일부로 느끼기 때문이다.

자아란 무엇인가? 학자들은 자아를 개인이 자신에 대해 가지고 있는 태도 및 느낌의 집합체로, 사람들 내부에 자신을 통제하는 진짜 자아가 있어 사람들의 행동에 지속적인 영향을 준다고 하였다(강혜원 외, 2012). 쿨리Cooley는 면경자아looking-glass self의 개념을 제시하면서, 사람들은 자기 자신을 주위 사람들에 의존하여 파악한다고 하였다. 예를 들면, 얼굴이 예쁜 여자는 처음에 다른 사람을 통해 자신이 예쁘다는 말을 들음으로써 자신이 외모를 알게 되고, 이러한 과정이 반복되면 마침내 그녀는 자기가 예쁜 사람이라고 생각하며, 그에 걸맞게 행동하게 된다는 것이다. 즉, 자아란 자신의 특성보다는 주변 환경과 관련되어 있으며, 타인들이 자신을 어떻게 생각하느냐에 영향을 받는다는 의미에서 거울에 비친(면경) 자아라는 개념을 제시한 것이다.

의복과 신체적 자아

① 보디이미지

신체적 자아는 심리적 경험으로의 신체, 그 신체에 대한 개인의 태도와 느낌을 말하며(강혜원 외, 2012), 이러한 신체적 자아의 지각을 보디이미지body image라고 한다. 즉, 보디이미지는 자신의 마음속에 드리는 자신의 신체상을 말한다.

보디이미지는 개인의 가치나 경험 등과 같은 개인적 요인이나 사회의 인식이나 관습과 같은 사회적 요인의 영향을 받는다. 예를 들어, 몸매에 신경을 많이 쓰는 가족 안에서 자라나는 아이는 자신이 정상 몸무게임에도 뚱뚱하다는 왜곡된 보디이미지를 갖게 될 수 있다. 문화권에 따라서도 같은 몸매임에도 남태평양에서는 부유함을 나타내는 풍만한 몸매로 아주 긍정적인 보디이미지를 가질 수 있고[3], 한국에서는 비만하면 매력적이지 않다는 사회적 인식으로 부정적인 보디이미지가 형성될 수도 있다.

그림 4-4 긴 목을 갖기 위해 목에 링을 끼워 넣은 카렌족 여성

아름다운 신체에 대한 기준은 문화권이나 시대, 상황에 따라 다양하다. 태국의 카렌족karen은 여성의 목 길이를 아름다움의 척도로 보아, 긴 목을 갖기 위해 어려서부터 목을 꽉 죄는 링을 겹쳐 끼워 넣기도 한다(그림 4-4).

이러한 개인의 신체적 자아는 자아 개념을 설명하는 중요한 요소이며 신체적 자아의 만족감은 자아 존중감self-steem의 형성에 영향을 미친다. 자신의 신체에 대한 만족도가 높은 사람은 자신의 의복에 대해서도 만족하고, 외모 및 유행에 관한 관심이 높아 유행 스타일을 더 선호하는 것으로 나타났다.

3) 타히티 섬의 하아포리(ha'apori, 살찌우기)라는 풍습은 상류층이 자신의 부유함을 과시하기 위해 의도적으로 살을 찌우는 것이다.

ACTIVITY

자신의 신체 만족도 알아보기

여러분은 자신의 신체에 얼마나 만족하고 있는지 알아봅시다.

1 여러분의 실제 신체 치수를 적고 체질량 지수(BMI)를 알아봅시다.

- 키 :
- 체중 :
- 체질량 지수(BMI) : 체중(kg) / 키²(m)= (　　)kg / (　　)²m = (　　　　　　)

* BMI 기준(대한비만학회 기준)

- 18.5 미만 : 저체중
- 18.5~22.9 : 정상
- 23~24.9 : 과체중
- 25~30 : 경도 비만
- 30~35 : 중증도 비만
- 35 이상 : 고도 비만

* BMI는 체지방률을 기준으로 비만을 판단하는 것이 아닌, 순전히 키와 몸무게만 가지고 판단하는 것이기 때문에 과체중이나 비만을 판정하기에 부정확한 방법이라는 지적도 있다.

2 여러분의 이상적인 신체는 어떠한 모습인지 알아봅시다.

- 키 :
- 체중 :

3 이상적 신체상과 여러분의 실제 신체 모습과는 어떠한 차이가 있나요?(1번과 2번 응답 비교)

4 신체 만족도 측정 : 당신의 신체 각 부위에 얼마나 만족하나요?
(매우 불만족-1점, 조금 불만족-2점, 보통-3점, 만족-4점, 매우 만족-5점)

______ 1. 얼굴(모습, 피부)
______ 2. 머리카락(색상, 굵기, 머릿결)
______ 3. 하체(엉덩이, 허벅지, 다리)
______ 4. 토르소(허리, 배)
______ 5. 상체(가슴, 어깨, 팔)
______ 6. 근육 정도
______ 7. 몸무게
______ 8. 키

총 __________ /40점

5 여러분은 자신의 불만족스러운 신체 부위를 위해 노력을 하고 있나요? 있다면 어떠한 노력을 하고 있는지 적어봅시다.

② 이상적 신체상

신체의 이상적 모습은 시대와 장소에 따라 다르게 나타난다. 다음 예에서 시대에 따라 달라지는 이상적인 신체상을 보면, 1950년대에는 영화에 등장하는 여자배우처럼(그림

그림 4-5 1950년대 여성의 이상적인 모습으로 대표되는 엘리자베스 테일러

그림 4-6 1960년대를 대표하는 패션모델 트위기의 마르고 중성적인 몸매

그림 4-7 1980년대를 대표하는 패션모델 신디 크로포드의 운동으로 단련된 근육 있는 몸매

4-5) 모래시계와 같이 가슴과 힙은 풍만하고 허리는 잘록한 몸매가 이상적이어서, 너무 마른 여성들은 풍만한 몸을 갖기 위해 보충제를 복용하기도 하였다고 한다(Hart, 2015). 이러한 이상적 여성의 모습은 1960년대 들어서면서 매우 가늘고 야윈 형태로 변화하였는데, 〈그림 4-6〉에 제시된 1960년대를 대표하는 유명한 패션모델인 '트위기Twiggy'의 모습은 여성적인 신체의 굴곡 없이 마르고 야윈 10대 소년의 몸처럼 보인다.

이러한 이상적인 신체 모습은 1980년대에 들어서서 운동을 한 건강한 신체로 변화하였다. 당시 유명 슈퍼모델이었던 신디 크로포드Cindy Crawford의 모습에서 볼 수 있듯이 운동을 열심히 하여 근육과 탄력 있는 몸매가 이상적인 여성의 모습이 된 것이다(그림 4-7). 하지만, 다시 1990년대 들어서면 골반이 다 드러날 정도로 마르고 창백하며 굴곡이 없는 몸매의 케이트 모스Kate Moss(그림 4-8)가 유명 브랜드 캘빈클라인 모델로 등장하면서, 그 시대를 상징하는 아이콘으로 자리매김하였다. 2010년도에 들어서면서 이상적인 신체상은 다시 변화하여 터넬Tunell은 미국에서 이상적인 여성의 신체 모습을 큰 가슴에 가늘고 복근이 드러난 허리와 풍만한 힙을 가진, 마치 만화에 등장하는 캐릭터 같이 엉덩이가 두드러지는 굴곡이 큰 몸매로 제시하고 있다(Tunell, 2015)(그림 4-9).

우리나라의 경우에는 1990~2000년에 들어서면서 미의 기준이 서구화되어 여성들의 이상적인 신체상이 길고 마른 패션모델과 같은 형태로 바뀌고 있다. 과거에는 '패완

그림 4-8 1990년대를 대표하는 케이트 모스스의 마르고 창백한 모습

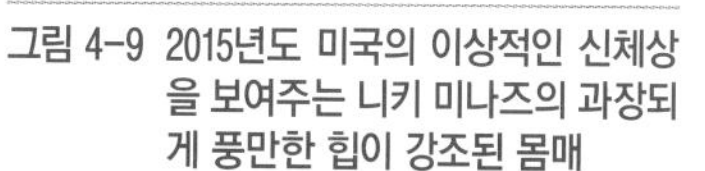

그림 4-9 2015년도 미국의 이상적인 신체상을 보여주는 니키 미나즈의 과장되게 풍만한 힙이 강조된 몸매

얼(패션의 완성은 얼굴)'이라는 말이 많이 쓰였지만, 이제는 '패완몸(패션의 완성은 몸)'으로 바뀌어 얼굴의 미모보다는 신체를 통해 드러내는 자신감 있는 몸매와 세련된 스타일이 이상적인 외모의 모습이 되었다(박선영, 2015). 이렇듯 미의 기준이 서구화되면서 여성의 무리한 다이어트가 문제로 대두되었으며, 특히 최근에는 날씬함을 강조하는 사회적 스트레스나 외모에 대한 지나친 관심 등의 심리적 요인으로 거식증(신경성 식용부진증)이나 폭식증(신경성 과식증)과 같은 섭식 장애도 증가하고 있다.

③ 이상적 신체상의 영향

잡지나 방송에 등장하는 연예인이나 방송인들의 경우 대부분 마르고 키가 큰 편이다. 일반 사람들은 이러한 유명 연예인이나 방송인의 모습을 이상적인 모습으로 생각하고, 이러한 모습을 갖기 위해 다이어트나 성형 등 다양한 노력을 한다. 미디어에서 제시되는 너무 마른 여성 이미지가 사회에 미치는 영향이 심각함에 따라, 프랑스에서는 활동하는 모델들에게 체질량지수BMI 등이 포함된 건강진단서를 2년마다 제출하도록 하고 있다. 또한 모델의 원본 사진에서 키를 늘리거나 허리를 줄이는 등 체형 보정이 가해졌을 경우 사진에 '수정된 사진Photographic retouchee'이라는 문구를 넣어 독자들이 사진이 진짜 모델의 모습이 아니라 포토샵 등으로 보정된 모습이라는 것을 알도록 하였고, 이를

어겼을 시에는 최대 6개월의 징역과 최고 7만 5,000유로의 벌금을 내도록 하였다(김미나, 2017).

사람들은 신체상의 이상적 모습과 실제 신체의 차이를 줄이기 위해 스타일링의 변화, 다이어트, 화장, 성형수술을 포함한 다양한 방법을 활용한다. 이 중에서 많은 경우에 의복을 이용하여 스타일링 방식에 변화를 주어 신체상의 한계나 이상적 신체상의 차이를 보완한다. 최근에는 남성의 체형을 보완해주는 어깨 패드와 힙업 팬티, 복부를 탄탄하게 잡아주는 복대 등 다양한 보정 속옷도 등장했다. 이 외에도 의복의 색상, 무늬, 재질, 디자인 등을 활용하여 키가 더 커 보이거나, 날씬해 보이게 연출함으로써 원하는 신체 모습을 더 표현할 수 있다.

의복과 사회적 자아

사람들은 다양한 사회적 관계 속에서 살아간다. 집에서는 부모님과 자녀의 관계로, 학교에서는 강의를 수강하는 학생으로, 동아리에서는 동아리 회원으로, 편의점 아르바이트를 할 때는 고객에게 상품을 판매하는 판매원으로 다양한 사회적 관계를 맺게 된다.

자아를 연구한 심리학자인 제임스William James는 인간은 자신이 중요하게 생각하는 사람들의 집단만큼 많은 사회적 자아를 가지고 있다고 하였다. 사람들은 각기 다른 집단, 사회적 관계를 위해 사회적 자아에 적합하도록 의복이나 외모에 변화를 주기도 한다. 위에서 언급한 예처럼, 각 집단에 맞추어 옷 스타일을 바꾸거나(예 회사에서는 정장, 주말 친구들과의 모임에는 캐주얼 의류, 장례식에 참석할 때는 차분한 검은색 옷), 외모나 행동을 바꾸기도 한다(예 친구들과의 모임에서는 화려한 화장과 적극적 행동, 면접을 보는 장소에서는 수수한 화장에 침착한 모습 등).

자아에 대한 개념을 발전시킨 고프만Erving Goffman의 '인상 관리Impression management'를 통해서도 사회적 자아에 따른 외모의 변화를 이해할 수 있다. 인상 관리란 의도적으로 자신의 목적에 맞는 행위와 정보를 사회적 상호작용을 하는 타인들에게 제공하는 노력을 통해 자신의 목표에 부합하는 인상을 타인에게 형성하려는 것을 말하는데, 사람들은 다른 사람들에게 자신의 모습을 나타내 보일 때 자신이 원하는 인상을 전달하기 위해 의복, 화장품, 액세서리 등의 도구를 사용한다고 하였다(Kaiser, 1996).

2.2 의복과 인상형성

그림 4-10 독일 웨이브 고딕 트레펜(Wave-Gotik_Treffen) 페스티벌 참석자의 펑크스타일 모습

인간은 여러 사람과 대인관계를 맺으면서 만나는 상대방의 내면적 속성을 판단한다. 그리고 판단에 근거하여 상대의 행동을 예측하고 자신의 행동을 결정한다. 이런 과정을 대인지각이라고 하는데, 대인지각은 상당히 주관적이므로, 그 기준이 명확하지 않다. 사람을 만났을 때 그 사람에 대한 인상을 받게 되는 것을 인상형성impression formation이라고 한다. 어떤 사람과의 첫 만남에서 처음 5초가 그 사람의 인상을 결정하는 시간이라고 한다. 매우 짧은 시간에 알 수 있는 한정적인 정보만으로 상대방에 대한 전반적인 인상이 형성되고, 이렇게 형성된 첫인상은 오랜 기간 지속된다. 예를 들어, 〈그림 4-10〉과 같은 펑크스타일을 한 사람들을 보면, 반사회적이고 반항적인 이미지를 떠올리게 되고, 이러한 인상은 그 사람에 대한 다른 평가나 예측에도 영향을 준다.

현대 사회에서는 일시적이고 사무적인 많은 사회적 접촉이 일어나게 되는데, 만나는 대상에 대해 다양한 방법으로 상대방에 대한 정보를 얻게 되고 그에 따른 인상을 형성한다. 주로 외적으로 나타나는 얼굴, 키, 체형과 같은 신체적인 외모뿐 아니라 목소리, 억양, 몸짓, 걸음걸이, 착용하는 옷이나 장신구 등 다양한 단서가 인상형성 시 사용된다.

인상형성은 대인행동을 결정하는 중요한 심리적 요인으로, 첫인상은 사회관계에서 중요한 요소가 되며, 의복을 포함한 전반적인 외모는 특히 첫인상 형성 과정에서 매우 큰 의미가 있다. 모르는 사람을 만났을 때 우선 상대방이 판단하는 기준은 외적으로 나타나는 단서에 의존하기 때문이다. 첫인상이 대인관계에 많은 영향을 주기 때문에, 사람들은 면접이나 다른 사람을 처음 만날 때 좋은 첫인상을 주기 위해 노력을 한다.

인상형성의 단서

① 착용자의 신체적 특성

사람을 평가할 때 그 사람이 지닌 외모의 매력은 중요한 요소로 작용한다. 사람들은 인식하든 인식하지 못하든 매력적이라고 생각되는 사람을 그렇지 않은 사람보다 더 긍정적으로 대한다. 예를 들어, 육체적으로 매력적으로 여겨지는 사람들은 성격도 좋고, 결혼 생활도 행복할 것이며, 직업적으로도 더 성공했을 것으로 평가한다. 미국 텍사스 오스틴 대학의 연구에서는 평생 수입을 비교해 볼 때, 호감형 외모를 가진 사람이 그렇지 않은 사람들보다 약 15% 이상 높게 나타나, 외모가 소득과 관련이 있음을 보여주었다(Hamermesh, 2013). 이처럼 외모가 매력적이거나 자신이 좋아하는 스타일인 경우, 더 지적이고 관대할 것이라고 평가하는데, 이는 착용자의 신체적 특성이 후광효과[4]를 갖고 있음을 보여준다.

외모는 교사의 평가나 성적에도 영향을 미쳐, 초등학교 교실에서도 매력적인 학생이 교사로부터 머리가 더 좋고 교우관계가 더 원만할 것으로 지각되었다(바이런 스와미 & 애드리언 펀햄, 2003). 외모의 매력에 따른 편견은 심지어 법정 판결에도 영향을 미친다. 범죄자의 외모 매력이 유/무죄 판단에는 영향을 미치지 않았으나, 형량에서는 매력적인 피고인은 그렇지 않은 피고인에 비해 더 낮은 형량을 받는 것으로 나타났다(Cash et al., 1977; Stewart, 1984; Castellow et al., 1990).

얼굴의 생김새와 표정도 많은 정보를 제공하며, 사람들의 얼굴 속에서 인상형성을 위한 근거를 얻는다. 예를 들어 웃고 있는 사람을 보면 '성격이 좋을 것이다', '마음이 관대할 것이다' 등을 예측하기도 한다. 또한, 상대방의 행동에서도 인상형성의 정보를 얻을 수 있다. 예를 들어, 행동이 느린 사람을 보고서는, '성격이 느긋할 것이다' 등을 생각하기도 하고, 행동이 재빠른 사람을 보고서는 '성격이 급할 것이다', '부지런할 것이다'라고 생각할 수 있다.

② 착용자의 옷차림

사람들의 옷차림은 개인의 사회·경제적 지위, 직업, 개성, 가치관 등의 단서를 제공하

---

4) 후광효과(halo effect) : 대상의 두드러진 특성이 그 대상의 다른 세부 특성을 평가하는 데에도 영향을 미치는 현상(예 얼굴이 잘생기면 왠지 성격도 좋을 것으로 생각하는 것)

여, 인상형성에 활용되기도 한다. 교사의 의복 유형에 따른 학생평가를 살펴본 연구에서, 청바지를 착용한 교사는 교사로서 적절한 복장이라고 평가하지는 않았지만 재미있고, 접근하기 쉬운 인상을 주는 것으로 나타난 반면, 정장을 입은 교사는 재미가 없고, 숙제를 많이 내줄 것 같은 인상을 주는 것으로 나타났다(Butler & Rossel, 1989). 또한, 남성복 스타일에 따라서도 인상에 차이가 있었는데, 보수적인 남성 정장은 지적인 인상을 주었으며, 트렌디한 정장이나 캐주얼 의류는 외향적이고 사교적인 인상을 주는 것으로 나타났다(Bell, 1991). 하지만, 사람들의 옷차림새는 상황적 요인이나 일시적인 기분에 의해 영향을 받을 수 있으므로, 상대방의 내면적 특성을 판단하는 좋은 단서가 되지 못할 수 있다.

③ 지각자의 개인적 특성

대인지각은 매우 주관적인 프로세스이므로, 지각자의 특성에 따라 같은 단서를 통해서도 다른 인상을 받게 될 수 있다. 지각자의 성별에 따라 매력도를 느끼는 것에 차이가 있었는데, 외모에 관한 연구에서는 여성은 남성에게, 남성은 여성에게, 즉 동성보다는 이성의 매력성에 더 관대한 것으로 나타났다. 또한, 남성이 여성보다 노출 의복을 입은 여성에게 더 호의적인 것으로 나타났다.

지각자의 고정관념이나 선입관 또한 인상형성에 영향을 준다. 고정관념이란 어떤 집단 전체에 대해 실제로 있다고 가정하고 있는 성격 특질이나 신체적 속성에 관한 일련의 지식으로 일반적으로 지나치게 단순화되고 고정된 이미지를 말한다. 고정관념은 사회 전반에 공유된 것일 수도 있고, 지각자의 과거 경험으로 형성된 고정관념일 수도 있다. 예를 들어, 노출이 심한 옷을 입은 여성에 대한 부정적인 고정관념이 있다면, 그러한 선입견은 그 여성에 대한 첫인상이나 내면적 속성을 판단할 때 부정적인 영향을 미치게 될 것이다.

④ 상황

상황이란 지각자가 인상형성을 위한 단서를 파악하고 이를 바탕으로 추론을 하는 맥락context을 의미한다. 같은 외모나 옷차림이라도 상황에 따라서 형성되는 인상은 차이가 있을 수 있다. 예를 들어, 모자와 마스크를 쓴 사람이 병원에 있을 때와 은행에 있을 때 전달되는 인상은 전혀 다를 것이다. 면접 시에도 직급이나 업무에 따라서 매력적인 외모가 면접에 긍정적인 영향을 줄 수도, 오히려 부정적인 영향을 줄 수도 있다. 따라서 상황에 맞는 적절한 의복을 착용하는 것이 호의적인 인상형성을 위해 필요하다.

3 의복과 사회

3.1 의복의 동조성

동조란 사회생활에서 집단을 따라 그들과 비슷한 행동을 하거나 조화되는 방향으로 자신의 행동이나 생각을 바꾸는 것을 말하고(강혜원 외, 2012), 의복의 동조란 한 사회 집단에서 전형적으로 받아들여진 옷차림을 따르는 것을 말한다. 특히, 청소년기에는 자신에 대한 확신이나 역할 인식이 부족하여 또래 집단의 승인을 원하게 되므로 소속된 집단에 동조하려는 경향이 높아 소속 집단의 유행을 맹목적으로 추종하기도 한다. 의복의 동조성은 크게 규범적 동조와 정보적 동조로 나누어진다.

그림 4-11 소속된 집단에 동조하려는 경향이 높은 청소년 시기

의복의 규범적 동조

규범적 영향에 따른 동조는 사람들이 집단의 일원으로 남고 싶고, 집단의 인원으로서의 혜택을 유지하고 싶을 때 다른 사람의 행동을 따라 하는 것을 말한다. 규범적 영향에 저항하여 동조하지 않으면 집단에서 웃음거리가 되거나 배척당할

수 있다. 따라서 개인이 혼자 남겨지거나 남들에게 받아들여지지 않을 수 있다는 두려움 때문에 사람들은 사실은 진정으로 동조하지 않지만, 다른 사람의 행동을 따라 하게 되는 것이다. 자신은 편한 평상복으로 출근하고 싶지만, 자신의 직장에서 전형적으로 모두 정장을 입기 때문에 자신도 정장을 입고 출근하는 것이나, 교사이기 때문에 보수적인 스타일의 옷을 착용하는 것은 규범적 동조의 예로 볼 수 있다.

의복의 정보적 동조

사람들은 무엇이 옳은가에 대해 알고자 하는 욕구가 있다. 정보적 동조는 사람들이 무엇이 옳은지 또는 가장 좋은 행동은 무엇인지 알지 못할 때, 다른 사람의 행동을 주요 정보 원천으로 여기기 때문에 다른 사람의 행동을 따라 자신도 행동하는 것을 말한다. 즉, 의복을 올바르고 적절하게 입고자 하는 욕구 때문에 다른 사람들에게 동조하는 것이다. 예를 들어, 유행을 선도하는 패션 리더의 스타일을 따르는 것이 유행에 뒤처지지 않고 트렌디하게 옷을 입는 것으로 생각해서 패션리더 스타일로 옷을 입는 것은 정보적 동조라고 할 수 있다.

의복의 비동조

대다수의 사람들은 다른 사람들과 유사한 의복을 선택하지만, 사회 안의 일부 구성원들은 그들과는 다르게 보이려고 노력한다. 비동조에는 의복 규범을 거역하거나, 독립적으로 의복을 착용하는 경우가 포함된다. 예를 들면, 스키니진이 유행이어서 대부분의 사람이 스키니진을 입을 때 그러한 유행에 반하여 통바지를 입는 경우에는 '거역'에 포함된다. 하지만, 나만의 개성을 추구하고자 기존의 유행과는 무관하게 독자적인 의복 행동을 할 때는 '독립'에 해당한다.

3.2 유행

평창동계올림픽이 개최되었던 2017년, '평창 롱패딩'으로 불리는 구스다운(거위털) 롱

그림 4-12 2018 평창동계올림픽 개막식에서 롱패팅을 입은 선수단의 모습

파카가 판매되자마자 큰 인기를 끌면서 그해 겨울 긴 패딩이 유행이 되었다. 거의 모든 브랜드에서 롱패딩을 판매하기 시작했고, 거리에는 롱패팅을 입은 사람들로 넘쳐났다(그림 4-12). 과연 이 유행은 언제까지 이어졌을까?

유행은 특정한 시기에 집단의 사람들에 의해 채택된 의복, 음식, 언어 등의 생활양식이며 하나의 사회적 집합 현상이다. 유행의 발생 동기를 살펴보면, 먼저 심리적 요인으로는 개성추구 욕구와 자기과시 욕구로 새로운 패션이 소개되고, 소속감 추구 욕구로 유행이 퍼진다고 볼 수 있다. 사회적 요인으로는 패션 선도자들의 일반인들과 구별되고자 하는 욕구에 따라 새로운 패션이 선보여지고, 일반인들이 패션 선도자의 스타일을 모방하여 동조하려는 욕구에서 패션이 확산되는 것이다.

유행의 특징과 종류

유행은 다음과 같은 특징이 있다.

- 유행은 그 시대의 경제 상황, 사회 분위기, 정치적 여건, 기술발달, 생활양식에 부합되는 특성을 반영한다.
- 다수의 사람에 의해 받아들여지는 대중의 승인이 있어야 한다.
- 유행은 계속해서 변화한다.
- 새로운 유행 스타일이 소개되고 대중의 승인을 얻어 유행된 후 점차 쇠퇴하고 새로운 유행이 나타나는 유행주기를 따른다.

유행주기는 시기별로 확산이 이루어지는 정도를 표현하는 확산 곡선으로, 새로운 스타일이 소개되고 전파되어 절정에 이른 다음 점차 쇠퇴하여 소멸하고, 다시 새로운 것이 나타나는 과정으로 다섯 단계로 나눌 수 있다(그림 4-13).

그림 4-13 유행주기

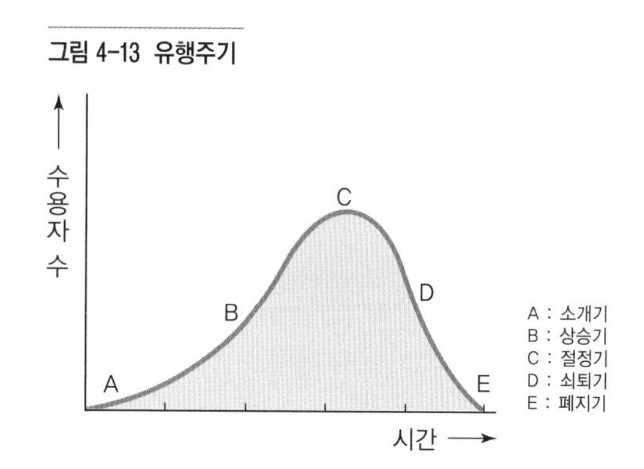

① 소개기

새로운 스타일을 시도하는 유행선도자에 의해 특정한 유행이 시작되는 단계이다. 소개되었다가도 사람들에게 수용되지 않아 그대로 사라지는 예도 있으며, 스타일을 시도하는 유행선도자의 영향력에 따라 유행이 급속하게 번지기도 한다.

② 상승기

새로운 스타일이나 신상품이 널리 알려지면서 수용하는 사람의 수가 늘어나서 가속화되는 단계이다. 상승기에 들어선 스타일은 자주 보게 되어 사회적 가시도가 높다.

③ 절정기

유행하는 스타일의 수용이 최고조에 달하는 시기로 많은 사람들이 수용하여 유행하는 스타일을 빈번하게 접할 수 있는 단계이다.

④ 쇠퇴기

사람들의 욕구가 감소되면서 한참 유행했던 스타일의 수용자가 줄어드는 단계이다.

⑤ 폐지기

사람들이 그 스타일에 대해 흥미를 잃고, 더 이상 수용하지 않는 단계이다.

유행 전파가 급격히 상승을 이루다가 곧 쇠퇴하는 짧은 유행주기 패션은 패드fad라고 하며, 이 패드는 사회 안의 일부 하위문화 집단 내에서만 확산하는 특징이 있다. 반면, 유행을 타지 않고 오랫동안 지속되는 스타일로, 디자인이 단순하고 기본적이며 보편적인 패션 경향을 띠는 패션은 클래식classic이라고 한다(표 4-1).

표 4-1 클래식과 패드 비교

구분	클래식	패드
과정	• 긴 수명주기 • 사회 전반에 확산	• 짧은 수명 주기 • 값싼 모조품으로 대량 공급 • 급격한 확산
특징	• 전통적 스타일 • 인체미 존중	• 특이한 스타일 • 의복의 일부분, 장식품

유행의 전파이론

유행의 전파란 하나의 스타일이 만들어져 소개된 후 다수의 사람에 의해 채택되는 과정을 말한다. 이러한 유행의 전파 과정에 대해 몇 가지 이론이 전개됐는데, 이를 유행의 전파이론이라고 한다.

① 하향 전파설

하향 전파설은 유행이 상류사회계층에서 시작되어 하류사회계층으로 전파되어 내려온다는 이론이다. 하류계층은 계층 상승 욕구 때문에 상류계층의 패션을 모방하고, 다른 계층이 모방해서 계층 구별이 어려워지면 상류계층은 새로운 패션을 시도하여 계속해서 새로운 패션의 소개와 모방이 이어지면서 유행이 전파된다는 것이다. 이는 17~19세기 유럽의 계급구조사회에서는 패션리더가 황실을 모방하고, 중류층은 귀족을 모방하는 유행변화를 잘 설명하는 이론이었으나, 현대 사회의 유행 현상을 설명하기에는 제한이 많다.

② 수평 전파설

20세기가 되면서 유행은 더 이상 특수한 상류층에 의해 독점되거나 전파되지 않게 되었다. 배우나 방송인, 운동선수와 같이 다양한 분야의 유명인들이 유행의 선도자로 부상되어, 상류층에서 아래로 퍼지던 유행의 흐름이 중류층의 유명인에 의해서 같은 계층으로 전파되게 된 것이다. 수평 전파설은 유행의 확산이 같은 계급 내에서 수평적으로 이루어진다는 것으로, 유행선도자가 하향전파이론처럼 상류층에 국한된 것이 아니라 모든 계층에 분포되어 있으며, 동일한 사회적 지위를 가진 동료 중에서 패션리더십이 강한 사람의 영향을 받는다는 것이다. 이는 통신수단의 발달로 사람들이 새로운 유행이 무엇인지를 알 수 있고, 대량생산으로 유행하는 제품을 다양한 가격수준으로 공급할 수 있게 된 변화에 따른 것이다.

그림 4-14 노동작업복에서 디자이너브랜드로 상향 전파된 청바지

③ 상향 전파설

상향 전파설은 낮은 사회계층이나 특정 하위문화집단sub-culture의 패션이 사회 전반에 전파되는 것을 말한다. 하위문화집단은 사회의 전반적인 행동 양식이나 가치체계와 구별되는 독자적인 행동 양식이나 가치체계를 가지고 있는데, 이러한 독특한 취향은 디자이너들에게 영감을 주어 새로운 스타일을 만들어내는 원동력이 된다. 상향 전파설의 대표적인 예로 청바지를 들 수 있다. 육체 노동자의 작업복이었던 청바지가 소득이 낮은 젊은 층 사이에서 일상복으로 착용되었다가, 다른 젊은 층에 퍼지고, 이제는 나이, 소득과 관계없이 전 세계적으로 널리 착용되고 있다(그림 4-14).

④ 집합선택이론

집합선택이론은 유행의 전파가 선도자의 영향을 받아 이루어지는 것이 아니라, 사회적 상호작용으로 소비자들의 사고나 행동이 유사해지고 취향이 동질화됨에 따라 소비자가 같은 것을 집단적으로 선택하는 집합행동collective behavior로 이루어진다는, 유행에 대한 사회의 영향을 강조한 이론이다. 다양한 새로운 스타일들이 소비자들에게 소개되고 경쟁하는데, 그중에서 소비자들의 취향을 가장 가깝게 나타내는 스타일이 경쟁에서 우세해지고 마침내 유행하게 된다는 것으로, 어떤 스타일이 유행하는 것은 그 스타일이 대중의 취향에 잘 맞았기 때문이라는 것이다.

3.3 의복과 역할

사람들은 가족 내에서는 자녀로서, 학교에서는 학생으로, 직장에서 직장인으로, 친구들 모임에서는 친구로, 동문회에서는 선배나 후배로 매일 다양한 역할을 수행한다. 역할은 어떤 지위에 있는 사람에게서 기대되는 특정한 행동을 말한다. 개인이 어떤 역할을 맡게 되면, 그 역할에 기대되는 행동을 하도록 규범적 압력이 가해진다. 예를 들어, 사람들은 경찰복을 입고 있는 경찰관에게 위험한 상황에서 시민들을 보호하는 행동을 기대하고, 경찰관은 경찰관으로서 사회에서 기대하는 적합한 행동을 수행한다.

각자가 맡은 역할을 원활하게 수행하기 위해서 그 역할에 적절한 의복을 착용하는 것은 매우 중요하다. 사람들은 의복을 포함한 상대방의 외모를 보고 착용자의 역할을 파악하게 되고, 이에 따라 사람들은 자신이 행할 행동을 결정해서 반응을 보임으로써 사회적 상호작용을 원활하게 해 준다.

의복과 성역할

성역할은 인간이 태어나면서 본인의 의지와는 상관없이 소유하게 되는 역할로 남성, 여성이라는 특정 성별의 개인이 주어진 상황에서 이행해야 하는 사회·문화적으로 한정된 기대를 말한다. 이러한 성역할에 대한 인식은 사회화 과정에서 영향을 받고 사회에서 습득되는 것으로, 성역할은 시기와 문화에 따라 다르게 나타날 수 있다.

의복은 전통적으로 성역할을 나타내는 상징으로 사용되어 왔다. 중세 이후 서구에서는 남성은 바지, 여성은 치마로 성별에 따른 다른 의복을 착용하였다. 여성의 지위가 낮았던 시기에는 코르셋[5]이나 중국의 전족처럼 여성의 신체를 인위적으로 변형 또는 과장시키는 형태의 의복을 많이 찾아볼 수 있었다.

여성의 권리가 신장되고 사회 진출이 활발해짐에 따라 고정관념적인 성역할에서 남녀차이가 점차 사라지고, 양성 간의 의복 차이도 점차 줄어들게 되었다. 1960년대에는 여성의 바지 정장이 등장하고, 1970년대에는 남녀 간 차이가 없는 유니섹스 의복[6]이 등장하면서, 성역할을 상징하는 의복의 기능은 축소되었다. 1990년대 후반에서 2000년대에 들어서면서 남성의 외모 가꾸기와 화장에 대한 인식이 변화하여 외모에 관한 관심이나 화장이 더는 여성적인 것만은 아니며, 남성에게도 자연스러운 행위로 여겨지게 되었다. 하지만 아직도 아기 옷을 고를 때 여아의 경우 분홍색 계열의 레이스 치

---

5) 배와 허리둘레를 졸라매어 체형을 보정하거나 교정하기 위해 착용하는 여성용 속옷
6) 성별의 구별이 없이 옷을 입는 스타일. 일반적으로 여성이 남성의 비즈니스웨어와 같은 스타일을 입는 남성 지향의 의미를 지닌다.

마로, 남아의 경우 푸른색 계열의 바지로 구분하여 고르는 경우가 많다(그림 4−15). 또한, 중·고등학생 교복의 경우를 보면, 최근 여학생들을 위한 교복 바지가 소개되고 있으나, 여전히 많은 학교에서는 여학생들은 치마만을 입도록 하는 등 성역할에 따른 다른 고정관념적인 의복행동을 아직도 많이 볼 수 있다.

그림 4-15 성별에 따라 여아는 분홍색, 남아는 하늘색 옷을 입은 모습

의복과 직업역할

군인들의 군복, 경찰관의 제복, 소방관의 소방복, 의사의 가운, 항공사의 승무원복 등 많은 직업에서 다양한 형태의 제복uniform을 입고 역할을 수행한다. 직업군에 따라, 또는 같은 직업군에서도 업무나 지위에 따라 다른 제복을 착용하는데, 이러한 제복은 왜 착용하는 것일까?

제복은 특정한 직업이나 집단의 소속을 나타내고, 각 개인의 역할을 구별시키며, 직장 내 개인들의 효율적인 역할 수행에 도움을 준다. 예를 들면 소방사의 소방복은 화재 현장에서 소방사를 구별해 주며, 진화 작업을 원활하게 수행할 수 있게 하고, 특수 방염 소재로 만들어져 위험한 화재 상황에서 착용자를 보호해 주는 역할을 한다. 또한, 성직자의 유니폼은 일반 사람들로부터 구별할 수 있도록 하며, 사람들에게 심리적인 안정을 제공한다. 이렇듯 소방복이나 전투복의 경우는 신체 보호가 주목적이며 신부, 의사, 판사의 제복은 직업의 능률과 안정성을 암시시키는 동일시가 목적이다. 교복의 경우는 타 학교 학생과의 구별, 가정형편에 대한 소외감을 느끼지 않게 하는 목적 외에도 학생으로서 행동하도록 행동의 자유를 어느 정도 구속하고, 집단의 규칙 내에서 행동하게 하려는 목적도 포함한다.

3.4 의복과 사회계층

사람은 사회적 동물로 태어나면서부터 사회에 소속되어 살아간다. 사람들이 속한 사회에서는 집단이나 개인 간에 지위의 차이가 있다. 사회계층은 사회의 계급체계에 개인이 속한 상대적인 위치를 말한다. 사회계층의 유형에는 태어날 때부터 지위가 정해져서 원칙적으로는 사회적 이동이 없는 카스트caste 제도, 사회 이동은 매우 어렵지만 최소한의 수직 이동만 허용되는 신분형estate 제도, 현대 산업사회에서 볼 수 있는 개인의 능력과 업적에 따라 지위가 변화하여 계층 간의 상하이동이 가능한 계급class 제도가 있다. 카스트 제도는 1947년 인도가 독립하면서 법적으로 폐지되었으나, 아직도 도시빈민가나 농촌에서는 카스트 제도의 잔재가 많이 남아 있다. 우리나라 조선시대의 계급제도는 신분형 제도의 예이다.

사회계층에 따른 의복행동

일반적으로 사회계층의 지표로 직업, 소득, 교육수준, 재산이나 소유물 등을 상중하로 구분한다. 이러한 사회계층에 따라 의복행동에도 차이가 있을까?

전통적으로 중산층은 합리적인 행동을 지향하며 유행을 따른다고 알려져 있으나, 카이저Kaiser(1996)는 중류층은 더 높은 지위를 원하고, 사회에서 상향이동을 위한 노력이 의복이나 외모에 반영된다고 하였다. 따라서 중류층은 외모나 의복 등 타인에게 보이는 면을 중요시하고 상징성을 중시하는 성향을 가지고 있다고 한다. 하류층에서도 수입이 높은 사람들은 자신이 하류층인 것처럼 보이지 않기 위해서 겉으로 남들에게 보이는 유행이나 외모에 더 신경을 쓰는 반면, 하류층 중 수입이 낮은 부류는 경제적인 어려움으로 아예 의복에 가치를 두지 않는 것으로 나타났다.

지위상징으로서의 의복

지위상징status symbol이란 소유한 사람에게 존경과 위신을 부여하는 것을 말하는데, 흔히 개인이 속한 계층을 나타내는 고급 자동차, 명품 옷, 귀금속 등과 같이 물질적인 것을 말한다(강혜원 외, 2012). 예를 들어, 고가의 외제자동차를 타거나 명품 의류를 입은

그림 4-16 우리나라에서 상류층의 지위상징으로 이용되는 외제차

사람을 보고, 그 사람이 경제적으로 부유한 상류층이라고 생각하는 경우에, 그 외제차나 명품 의류는 그 사람의 지위를 나타내는 상징이 되는 것이다.

의복은 신체에 착용되어 모든 사람이 볼 수 있는 가시성이 높은 제품이므로, 관찰자에게 착용자의 경제적·사회적 지위를 보여주는 지위상징으로 자주 이용된다. 일반적으로 명품 가방, 명품 의류, 모피, 고가의 시계 등이 상류층의 지위상징 의복의 예라고 할 수 있으나(그림 4-16), 잘 관리된 몸매 및 피부와 같은 매력적인 외모나 말투, 억양, 몸짓과 같은 개인의 행동, 문화적 취향이나 미적 안목 등과 같은 비물질적인 요소도 지위상징이 될 수 있다.

생각할 문제

1 자신이 생각하는 이상적인 신체상은 무엇이며, 그 이상적인 신체상에 영향을 미친 요인들에는 어떤 것이 있는가?

2 친구를 처음 보았을 때 첫인상이 어떠했는지 적어보고, 왜 그러한 인상을 받게 되었는지 요인을 생각해 보자.

3 현대 산업사회에서는 다양한 직종별, 여러 용도별 제복을 많이 볼 수 있다. 주위에서 볼 수 있는 제복 세 가지를 조사하여 어떤 직종 혹은 지위의 제복인지, 어떤 모양인지, 직종이나 업무에 따른 제복의 특이 사항이나 디자인이 있는지 조사해 보자.

과거에는 백화점이나 시장에서 옷을 구입할 때 내구성으로 대변되는 '품질'이 우선시되어 바느질을 살펴보고 소재를 만져보며 선택하였으나 요즘은 더 이상 내구성이 옷을 선택하는 기준이 되지 않는다. 특히 인터넷 쇼핑으로 옷을 구매하는 경우가 늘어나면서 '품질'은 브랜드와 디자인으로 대변되고 있다. 트렌드가 중시되어 유행에 뒤처지지 않으면서도 자신에게 어울리고 사회적으로도 좋은 이미지를 형성하기 위해 디자인은 의류 선택의 가장 큰 이유가 되었다. 본 장에서는 디자인과 패션디자인의 개념과 특성 그리고 패션디자인의 구성요소와 원리를 파악하고 기획에서 상품으로 나오기까지 패션디자인의 과정을 알아본다.

학습목표

- 패션디자인의 개념과 특성을 알아본다.
- 패션디자인의 요소와 원리를 알아본다.
- 패션디자인의 프로세스를 알아본다.

1
패션디자인의 개요

1.1 패션디자인의 개념 및 특성

패션디자인의 개념을 정의하려면 패션이 '유행', '풍조', '양식'이란 의미로, 어느 일정한 시기에 상당수의 사람들이 선호하여 받아들여진 사회 현상이나 생활양식이라는 넓은 의미보다 '일시적으로 많은 대중이 선택하는 스타일'이라는 좁은 의미의 패션의 개념에서 출발하여 제품디자인의 한 분야로 설명하는 것이 나을 것이다. 디자인은 목적을 가지고 문제 해결을 위해 합리적이고 계획적으로 만들어내는 실용적이고 창조적인 조형 그리고 그것을 위한 계획과정이라고 정의할 수 있는데, 이에 따라 패션디자인은 인간을 아름답게 보이기 위해 편안함이나 실용성과 기능성 등의 여러 조건을 만족시키는 의류 제품의 조형이나 생산할 의류 제품에 대한 설계 과정을 의미한다.

그러나 패션디자인은 여타 디자인 분야와 다른 특성이 있다. 다른 여타 디자인 분야는 합목적성이나 경제성·심미성 등이 그 디자인 결과물 자체로 평가된다. 그러나 패션디자인은 의복 그 자체가 아니라 그것을 입은 착용자가 얼마나 돋보일 수 있는지에 따라 평가된다. 의복의 실용적·도구적 기능과 인체와의 맞음새 외에도 개인의 취향이나 사회관습을 따르는 표현적 기능 등 많은 요인이 복합적으로 고려되어야 한다.

패션은 한 시대의 정치·경제 상황뿐만 아니라 사상과 가치관, 기술적 진보 등을 반영하므로 사람들의 옷차림을 통해 그 시대의 생활양식과 사회 모습을 유추할 수 있다. 그러나 착용자 개인으로서는 디자인된 복식 그 자체의 미감과 효용성보다 입었을 때 느끼는 맞음새, 신체적 쾌적감과 역할 및 개성에 부합하고 아름답게 보이는 심리적 만족감이 중요하다.

그리고 여타 제품디자인은 시간의 흐름에 따른 디자인의 변화가 품질 개선과 성능 향상을 담보하지만, 패션디자인은 반드시 그렇지는 않다. 새로운 부자재나 신소재 개발이 새로운 스타일을 가능하게 하지만 디자인이 바뀐다고 해서 질이나 성능이 더 좋아지는 것은 아니다. 오히려 패션디자인은 시간이 흐름에 따라 처음에 갖고 있던 특성과 가치가 변한다. 새로운 디자인이 발표된 직후의 새로움과 혁신성은 유행과 모방에 의해 금방 상실되고 또 다른 새로운 스타일에 밀려난다. 패션디자인은 새로움에 그 가치가 크고 유행의 사이클이 다른 어떤 디자인 분야보다 빠르므로 항상 트렌드를 파악하고 유행의 시간성을 염두에 두어야 한다.

1.2 패션디자인의 분류

패션디자인은 크게 생산 방식에 따라 오트쿠튀르haute couture와 프레타포르테prêt á Porter, 유행의 선도와 수용에 따라 하이패션high fashion과 매스패션mass fashion으로 구분될 뿐 아니라 착용자의 성별과 복종에 따라 다양하게 분류된다.

오트쿠튀르

오트쿠튀르는 최고급의 소재에 디자이너의 감성과 예술적 아이디어가 장인의 기술로 구현된 최고급 의상으로 소수의 고객을 위해 맞춤 형식으로 생산된다(그림 5–1). 샤넬Chanel, 크리스찬 디오르Christian Dior, 지방시Givenchy, 루이뷔통Louis Vuitton, 이브 생 로랑Yves Saint Laurent 등이 대표적인 오트쿠튀르 브랜드이며 실크, 레이스 등 고가의 소재를 사용하고 자수, 장식 전문가가 수공으로 제작하여 희소성과 함께 가장 예술적이고 독창적인 디자인으로 고가에 판매되고 있다. 그러한 이유로 구매층이 제한적이며 경제 불황에 따라 점차 고객의 감소로 어려움을 겪고 있지만, 화장품이나 기성복 브랜드로의 진출과 라이선스 비즈니스를 통해 수입원을 확보하고 그 명성을 이어가고 있다.

프레타포르테

프랑스어로 기성복을 가리키는 프레타포르테는 대량 생산을 하는 디자인을 의미하지만 저가의 기성복이 아닌, 고급 기성복을 말한다(그림 5–2). 대량 생산인 만큼 오트쿠튀르와는 가격대와 고객층이 차별화되어, 많은 오트쿠튀르 디자이너들이 자신의 맞춤복 라인을 유지하면서 상대적으로 저렴한 프레타포르테 라인을 운영하기도 한다. 대표적 브랜드로는 아르마니Armani, 프라다Prada, 질 샌더Jill Sander, 도나 카란Dona Karan, 켈빈 클라인Calvin Klein 등이 있다. 파리, 밀라노, 런던, 뉴욕, 도쿄, 서울에서 일 년에 두 번 컬렉션이 열리는데, 판매력과 독창적 감각으로 매년 패션 트렌드에 중요한 영향을 끼친다.

하이패션

하이패션high fashion은 유행을 선도하는 디자이너와 소수의 패션 리더에 의해 채택된 최첨단 혁신적 스타일의 디자인을 의미하며, 주로 디자이너 브랜드designer brand가 해당된다. 각 디자이너가 자신만의 독특한 감성으로 독자적이고 개성적인 컬렉션을 발표한다. 종종 아방가르드적인 스타일을 제시하기도 하며 고급스러움을 내세워 부가가치를 높이는 데에 주력한다. 대표적인 브랜드로 미스지 컬렉션missgeecollection, 루비나, 이상봉, 앤디앤뎁ANDY & DEBB 등이 있다.

그림 5-1 오트쿠틔르

매스패션

매스패션mass fashion은 광범위한 지역에서 다수의 대중을 대상으로 대량 생산되어 일반 소매점이나 백화점, 홈쇼핑이나 인터넷 쇼핑몰 등 다양한 유통망을 통해서 전국적으로 판매하는 브랜드로, 무난하고 베이직한 디자인이 주를 이루며 유행을 자연스럽게 받아들이는 대다수의 패션 추종자들을 위한 패션을 말한다. 대표적으로 아이잗바바, EnC, 올리비아로렌, 뱅뱅 등이 있다.

그림 5-2 프레타포르테

착용자에 따른 분류 및 기타 범주

착용자의 연령과 성별에 따라 남성복, 여성복, 아동복, 유아복 등으로 복종을 구분하기도 한다. 그 밖에 텍스타일 디자인textile design, 액세서리 디자인accessory design, 코스메틱 디자인cosmetic design 등이 패션디자인 범주에 들어갈 수 있다. 텍스타일 디자인은 의복의 재료가 되는 소재 디자인이라 할 수 있는데 문양과 직물조직 등이 주 대상이나 스카프나 넥타이 등 섬유 패션 소품 디자인에서는 독자적인 분야로 간주될 수 있다. 액세서리 디자인은 의복 외에 신발, 가방, 모자, 귀걸이, 목걸이, 브로치 등 잡화와 신체를 장식하는 장신구 디자인에 해당하는데 최근 패션업계에서 빠른 성장으로 주목받고 있다. 코스메틱 디자인에는 메이크업이나 헤어 디자인, 바디 페인팅 등이 포함된다.

2
패션디자인의 재료 및 방법

2.1 패션디자인의 요소

음식을 만들 때 필요한 재료와 조리 방법이 있듯이 패션디자인을 할 때도 그에 맞는 재료와 방법이 필요하다. 패션디자인의 요소는 디자인에 활용하는 자원이며, 패션디자인의 원리는 요소들을 활용하는 방법이다. 패션디자인의 요소를 다양한 원리에 따라 구성할 때 새로운 디자인이 만들어진다.

일반적으로 조형의 3요소는 형태, 색채, 질감이다. 형태가 다르다면 말할 나위 없지만 같은 형태에 각기 다른 색채와 질감을 부여해도 매우 다른 느낌의 결과물을 만나게 된다. 따라서 형태, 색채, 질감은 무궁무진한 조합으로 완전히 새로운 조형을 가능하게 하는 요소들이다.

형태, 색채, 질감이라는 조형의 3요소와 비교하여 패션디자인의 3요소는 선, 색채, 소재라 할 수 있다. 패션디자인 또한 조형예술의 한 분야이나 패션에서의 형태는 거의 선에 의해 좌우되며, 패션디자인에 있어서 질감은 바로 소재에 따르는 느낌이기 때문이다.

선

① 선의 종류

선은 의복에서 전체적인 형태와 이미지를 좌우하는, 디자인에 있어서 매우 중요한 요소이다. 의복에서 선은 크게 전체적인 형태를 결정짓는 외곽선, 평면의 옷감을 입체인 인체에 맞추는 과정에서 생기는 구성선, 디자이너가 디자인 과정에서 장식의 목적이나 콘셉트와 의도에 따라 만든 디자인선이 있다(그림 5−3).

- 구성선 : 구성선은 의복을 만드는 과정에서 필요불가결하게 반드시 생기는 기능적인 선으로 솔기선과 다트선으로 구분된다. 솔기선은 옷본에 따라 자른 부분들을 연결하는 과정에서 생기는 선으로 어깨선, 옆선, 소매 봉합선, 앞뒤의 중심선, 네크라인선 등이 이에 속한다. 다트선은 입체적인 인체의 곡선에 맞추기 위해 남는 여유 부분을 접으면서 생기는 봉제선으로 가슴 다트선, 등 다트선, 어깨 다트선, 프린세스 라인, 허리 다트선 등이 해당한다.
- 디자인선 : 디자인선은 디테일선과 장식선으로 나눌 수 있다. 디테일선은 커프스나 라펠과 같이 의복의 구조적인 부분 요소로 인해 생기는 선이고, 장식선은 주름이나 바인딩, 스티치선 등 주로 의복의 문양이나 미적인 효과를 위해 생기는 장식에 의한 선 등이 해당한다.

그림 5-3 디자인선과 구성선

② 선의 성격

- 선의 종류와 성격 : 선은 곡률과 방향, 두께에 따라 각기 다른 느낌을 준다. 선에는 직선과 곡선이 있는데 솔기, 다트, 끝단, 주름, 줄무늬, 핀턱 등에서 찾아볼 수 있는 직선은 단순하고 강한 남성적 느낌이며 개더, 프린세스 라인에서 보이는 곡선은 부드럽고 우아한 여성적 느낌이다. 곡선 중 프릴 등에서 나타나는 곡률이 큰 로코코 곡선은 발랄하고 활동적이며 젊고 귀여운 느낌으로 매우 장식적이다.
- 선의 방향 및 두께와 성격 : 선은 방향에 따라서도 시각적 느낌이 다른데, 수직선은 위엄과 힘을, 수평선은 평안과 휴식을, 사선은 변화와 활동감을 느낄 수 있는 선이고, ∨사선은 경쾌하고 밝은 느낌인 반면, ∧사선은 어둡고 처지는 느낌을 준다. 선의 두께에 따라서도 느낌이 다른데 벨트나 바인딩에서 보이는 굵은 선은 적극적이고 확실한 느낌을 주며, 솔기나 다트에서 나타나는 가는 선들은 섬세하고 온화한 느낌을 준다.
- 선의 성격을 결정하는 요소 : 의복에서 선의 성격을 결정하는 요소에는 소재와 문양, 구성 방법 등이 있다. 같은 디자인이라도 소재의 두께와 유연성, 표면 재질감에 따라 전혀 다른 느낌을 준다. 모피나 앙고라 스웨터 같이 질감이 두드러지거나 복잡한 문양이 있는 소재는 바느질선이 잘 보이지 않으므로 디자인선이나 구성선이 명확히 드러나지 않는다. 의복을 구성할 때 안쪽에 뻣뻣한 심지나 두꺼운 안감을 대면 두꺼워지면서 힘이 생겨 직선적인 느낌을 준다. 그리고 솔기 처리를 할 때 바인딩이나 장식 상침을 하면 솔기선이 강조되는 효과가 있다. 선은 선들의 간격, 굵기, 위치, 각도에 따라 더 길어 보이거나 짧아 보이는 착시효과가 있으므로 이를 고려하여 다양한 느낌의 선들을 조화 있게 조합하면 의도한 좋은 디자인 결과물을 얻을 수 있다.

색채

① 속성과 톤

- 삼속성 : 색은 검은색, 회색, 흰색처럼 색감이 없이 명도만 존재하는 무채색과 색감을 가지고 있는 유채색으로 구성되어 있다. 지각된 색의 속성에는 색상hue, 명

도value, 채도chroma가 있으며 이를 색의 3속성이라 한다. 색상은 빛의 파장으로 결정되는, 다른 색과 분간될 수 있는 색의 속성이며, 명도는 색의 밝고 어두운 정도, 채도는 색의 선명함과 탁함의 정도를 말한다. 색의 삼속성은 색을 체계화시키는 방법으로도 사용되는데 색상환과 색입체가 색의 삼속성을 설명하는 데에 활용되고 있다. 색상환은 아이작 뉴턴Isaac Newton이 프리즘으로 분리된 색을 빨강과 보라 사이에 붉은 보라를 넣어 원형의 띠 형태로 배열한 것이 시초로, 디자인 교육 분야에서는 요하네스 이텐Johammes Itten의 12색상환이 가장 기본적인 것으로 활용되고 있다(그림 5−4).

그림 5-4 요하네스 이텐의 12 색상환 (1961년)

그림 5-5 먼셀의 색입체

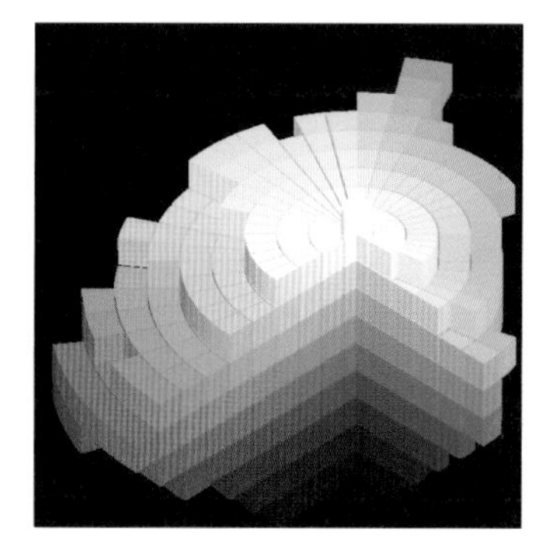

색입체는 삼차원의 공간에 색상, 명도, 채도의 삼속성에 따라 색을 규칙적으로 배열한 것으로 색입체의 모양은 색체계에 따라 다소 차이가 있으나 근본적인 구성 개념은 비슷하다. 일반적으로 세로축은 명도, 가로축은 채도, 원주 상에는 색상이 배열된다. 다시 말하면 중심의 명도축은 위로 갈수록 밝아지는 명도단계를 나타내고, 그 축을 중심으로 둥근 원형으로 색상이 배치되며, 중심축에서 밖으로 뻗어 나갈수록 해당 색의 채도가 높아지는 채도 단계가 배치되어 있다. 먼셀의 색입체가 대칭적이지 않고 울퉁불퉁한 것은 각 색의 채도 값이 다르기 때문이다(그림 5−5). 채도가 가장 높은 색은 순색이라 하며 순색에 무채색이 혼합되면 채도가 낮아지게 된다.

- 톤tone : 일반적으로 색을 선택할 때는 삼속성을 구분하여 분석하기보다는 색의 감정과 효과, 이미지를 우선 고려하게 되는데, 최근에는 삼속성보다 톤을 많이 사용한다. 톤은 명도와 채도를 합한 개념으로 색조로도 불리는데 동일한 색의 명암이나 강약, 농담 등 상태의 차이를 구분하기에 적합하다. 순색에 대한 흰색, 회색, 검은색의 혼합량에 따라 다양한 명도와 채도를 지닌 톤으로 변화된다. 우리나라 디

그림 5-6 IRI 톤 시스템

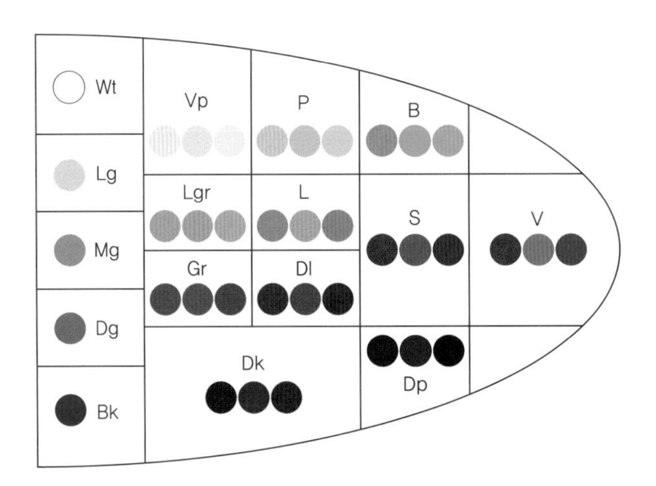

자인 교육에 활용되는 IRI 톤 시스템은 채도가 높은 선명한vivid, 강한strong 톤과 밝은 톤인 밝은bright, 연한pale, 흰very pale, 수수한 느낌의 톤인 밝은 회색의light grayish, 흐린light, 회색의grayish, 탁한dull 톤과 어두운 톤인 진한deep, 어두운dark의 11개 색조로 구성되어 있다(그림 5–6). 배색에서도 이 색조는 매우 중요하다. 색은 단색으로 사용되기도 하지만 다른 색과 함께 어우러지는 배색으로 활용되는 경우가 더 많다.

① 계절과 목표 고객층에 따른 색의 적용

패션디자인에 있어서 색을 선택할 때에는 계절과 함께 목표 고객층의 성과 연령 또한 중요하게 고려되어야 할 점이다. 여름에는 흰색을 비롯한 밝은 색상들이, 겨울에는 검은색을 비롯한 어두운 색상들이 많이 선호된다. 유아들은 베이비 블루baby blue, 베이비 핑크baby pink라는 색이름이 있듯이 엷고 자극이 적은 색이 좋으며, 어린이들은 고명도와 고채도의 색상들이 경쾌하고 발랄한 느낌을 준다. 젊은 세대들을 위한 브랜드에서는 밝은bright, 연한pale 톤의 생동감 있는 색상이, 30~40대들의 브랜드에서는 무난하고 차분한 느낌의 밝은 회색의light grayish, 흐린light, 탁한dull 톤이 자주 사용된다. 그리고 중후한 느낌의 남성 브랜드에서는 어두운 톤인 진한deep 톤과 어두운dark 톤을, 스포츠웨어 브랜드에서는 색상이 화려하고 명도 대비가 큰 색들을 많이 사용한다. 그러나 이것은 일반적인 흐름일 뿐 각 브랜드가 추구하는 콘셉트나 이미지, 유행색과 트렌드의 흐름에 따라 달라진다.

② 유행색과 기본색

유행색trend color은 한 사회에서 일정 시기 특정한 색채에 대해서 많은 사람이 선호하는 색상으로 유행의 특성과 같이 변화한다. 디자이너는 유행색이라고 무조건 따르고 수용하는 것이 아니라 유행색의 경향을 파악하고 브랜드의 콘셉트와 목표 고객의 연령층 등 브랜드 고유의 특성에 따라 유행하는 색상과 톤을 적절히 조절하여 담아내도록 한다.

유행색 외에 유행의 흐름과 관계없이 매 시즌 출시되는 색상들이 있다. 이를 기본색basic color이라 하는데 검은색, 흰색, 회색의 무채색 외에 네이비, 베이지, 브라운 컬러 등이 해당하며, 이들 기본색은 대부분의 사람들에게 무난하게 어울릴 뿐 아니라 어떤 색과도 배색을 이루기 쉬운 장점이 있으므로 소비자들이 항상 찾는 색이다.

소재(재질)

① 소재의 구성요소

각 소재는 고유의 재질감을 가지고 있고 이 재질은 시각과 촉각으로 다양한 느낌을 주므로 계절이나 용도, 스타일에 따라 적절하게 선택해야 한다. 소재를 이루는 구성요소는 섬유, 실, 직물이며 재질의 결정인자는 섬유의 성분, 실의 구조, 직물의 조직, 가공 방법의 네 가지이다. 각각의 특징을 살펴보자.

- 섬유 : 실과 직물을 만드는 재료로 실크나 레이온, 폴리에스테르 등의 장섬유는 광택이 있고 차가운 촉감이며 면이나 모섬유 같은 단섬유는 따뜻한 느낌을 준다.
- 실의 구조 : 실의 굵기, 꼬임과 꼬인 방법을 말하는데 꼬임이 많거나 여러 종류의 실이 결합될 경우 재질감이 두드러진다.
- 직물의 조직 : 짜는 방법에 따라 재질감이 달라지므로 직물의 조직도 영향이 크다. 씨실과 날실의 교차 방법에 따라 표면에 독특한 결이 생기고 다양한 재질감이 만들어진다.
- 가공 방법 : 옷감의 성질뿐 아니라 외형과 재질감에 변화를 주게 되는데 특히 주름을 만드는 플리세 가공이나 요철 효과를 주는 엠보싱 가공은 표면 질감에 직접적인 변화를 준다.

이 네 가지 구성요소 중 하나의 변화로도 완전히 다른 새로운 직물로 바뀔 수 있으므로 이들 결합의 결과는 무궁무진하다.

② 재질감에 따른 디자인

재질감은 소재에서 느낄 수 있는 질감으로 디자인에 따라 적절한 소재를 선택해야 한다.

- 입체감이 있는 소재 : 모피나 시어서커처럼 표면에 잔털이 있거나 울퉁불퉁하여 재질감이 두드러지는 직물은 단순한 실루엣과 구성으로 소재의 표면 특성을 살리는 디자인이 좋다. 표면 특성으로 디자인선과 구성선이 잘 보이지 않으므로 장식적인 이유로 디자인선을 두지 않는 편이 낫다.
- 평면감이 있는 소재 : 표면이 반듯한 평면적인 소재는 구성선이 눈에 띄므로 다양한 디자인선을 두어 구성의 묘미를 살리거나 플리츠나 개더, 셔링, 퀼팅 등의 디테일을 활용하여 다양한 디자인으로 변화시킬 수 있다.
- 얇고 비치는 소재 : 레이스, 오간자, 보일 등의 얇고 투명한 소재는 안감이나 심지를 대어 비치는 것을 막기보다 그 특성을 살려 시스루의 효과를 이용하는 디자인이 좋다. 옷감을 통해 피부가 비쳐 보이면 섹시하고 때로는 드레시한 느낌을 준다. 투명한 소재를 여러 겹 겹치게 하는 디자인도 매우 아름답다.
- 두꺼운 소재 : 모직물과 같이 겨울에 주로 사용하게 되는 두꺼운 소재는 침착하고 안정된 느낌을 준다. 소재의 두께 때문에 프릴이나 플리츠, 개더가 표현되기 어려우므로 많이 두꺼운 소재일수록 이런 디테일은 적용하지 않는 것이 좋다.
- 힘 있는 소재 : 힘 있는 소재는 푸새한 직물이 가지고 있는 딱딱하고 빳빳한 느낌 때문에 드레이프성을 표현하기가 어렵다. 신체의 선이 드러나지 않고 옷의 태를 유지시켜주는 장점도 있으나 실제보다 체형을 커 보이게 한다. 일반적으로 스포티한 느낌을 주나 스커트나 드레스에 사용하게 되면 풍만하게 퍼지는 스커트 형태를 만들 수 있다.
- 부드러운 소재 : 실크나 저지 등이 해당되며 주로 여성스러운 느낌의 디자인에 많이 사용된다. 부드러운 소재를 바이어스 방향으로 마름질하면 더 부드럽게 늘어지면서 우아하고 자연스러운 드레이프와 플레어를 만들 수 있다.
- 광택 있는 소재 : 금속적인 광택을 가진 소재나 비닐 코팅, 에나멜 소재 등이 해당되며, 광택 있는 소재는 그 특징을 살려 단순한 실루엣과 디자인으로 표현하면 고급스러운 느낌을 줄 수 있다. 그러나 광택 있는 소재는 빛을 반사하므로 신체가 커 보이고 움직임에 따라 광택의 음영이 실루엣을 강조시키므로 주의한다. 미

래적이거나 아방가르드한 느낌의 패션에서도 많이 사용된다.

- 신축성 있는 소재 : 스판덱스가 대표적이며 몸매를 드러내어 여성미를 표현하기 적합한 소재이다. 신축성이 있는 소재는 활동성이 좋으므로 스포츠웨어 등에도 많이 사용된다. 체형을 그대로 드러내므로 주의하여 사용한다.

일반적으로 연약한 재질은 심리적으로 섬세하고 여성스러운 느낌을 주며 튼튼한 재질은 남성적이고 스포티한 느낌을 준다. 디자인 콘셉트에 따라 자수나 비즈, 스팽클을 첨가하여 재질감에 변화를 줄 수도 있다. 나일론, 기모원단, 네오플렌 등 새로운 소재가 색다른 디자인의 출발점이 되어 트렌드를 이끌기도 하므로 새로운 소재 개발은 패션디자인에 직접적인 영향을 미치며, 패션산업 발전에 중요한 요인이 되고 있다.

③ 문양

문양은 옷감의 여러 가지 무늬를 말한다. 무늬의 기본 단위를 모티프motif라 하고 모티프를 다양한 방법으로 배열한 것을 패턴pattern이라 하는데 무늬는 일반적으로 패턴을 말한다. 문양은 자카드jacquard[1)]나 다마스크damask[2)]처럼 색이 다른 실을 이용하여 직조 과정에서 만들어지기도 하고 직조된 직물 위에 수를 놓거나 스크린 날염 등의 방법으로 문양을 만들기도 한다. 문양은 표현 방법에 따라 사실적 문양과 약화 문양[3)], 기하학적 문양, 추상적 문양으로 구분한다. 줄무늬나 격자무늬, 물방울무늬 등은 현대적인 느낌으로 폭넓게 사용되며 에스닉, 에콜로지, 로맨틱, 히피 등의 스타일이 유행할 때는 꽃무늬 등 자연을 표현한 사실적 문양이 유행한다.

2.2 패션디자인의 원리

패션디자인의 원리란 디자인 요소들을 어떻게 사용할 것인지에 대한 미적 형식원리로 비례, 균형, 조화, 율동, 강조 등이 있다.

---

1) 브로케이드나 태피스트리 등 자카드직기로 짠 매우 복잡한 문양의 직물
2) 시리아의 다마스커스를 통해 유럽에 소개된 올이 치밀한 자카드직의 천으로 앞뒤의 바탕과 무늬가 반대로 짜지는 직물
3) 구상적인 사물의 형태를 양식화하거나 생략시켜 만든 문양

그림 5-7 상의와 하의의 황금분할 비례

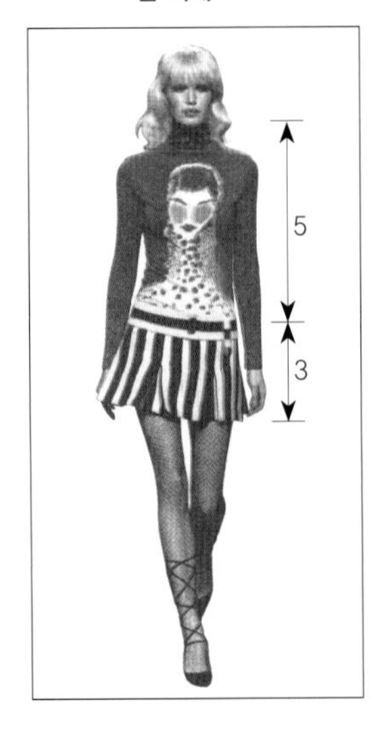

비례

비례proportion는 길이나 면적 등 크기가 두 개 이상 존재할 때 그 차이에 대한 개념, 즉 '상대적 관계'에 대한 수량적 비율의 개념이다. 관계의 종류에는 '의복 전체 : 스커트' 혹은 '의복 전체 : 무늬 있는 면'처럼 전체와 부분의 관계가 있고 '상의 : 하의 혹'은 '색이 다른 두 면의 관계' 등 부분과 부분의 관계가 있다. 비례의 기본 원리로 1 : 1.618이라는 황금분할 비례가 있으나 절대적인 것이 아니므로 인체의 비례와 유행을 고려하여 적용하도록 한다(그림 5-7). 일반적으로 여러 면이 있을 때는 엇비슷한 크기보다 주면과 부면의 크기가 확실하게 차이 나게 하는 것이 좋다.

그림 5-8 비대칭 균형의 드레스

균형

균형은 하나의 축을 중심으로 무게와 힘이 기울거나 치우치지 않는 상태이며, 패션디자인에서는 물리적 균형이 아닌 시각적 균형을 의미하므로 디자인 요소, 즉 선, 색채, 재질이 균등하게 눈의 힘을 끄는 상태를 말한다. 균형감은 안정감, 평온감을 주며 균형이 깨지면 불안정감을 느끼게 되나, 이를 활용하면 활동적인 느낌을 강조할 수 있다. 균형에는 대칭에 의한 균형, 비대칭에 의한 균형이 있는데 대칭균형은 보수적이고 안정감을 주어 제복이나 근무복 등에 적용되나 변화가 없고 단조로워 시각적 흥미를 끌기는 어렵다. 비대칭 균형은 중심선을 기준으로 선, 색채, 재질 중 어느 하나의 요소라도 차이가 있어 대칭적이진 않으나 시선을 끄는 힘이 비슷하여 시각적 균형을 이루는 것으로 예술적인 아름다움을 느낄 수 있다(그림 5-8). 대칭균형일 경우 좌측이나 우측의 어느 한쪽에 브로치나 코사지 등 액세서리로 포인트를 주는 것도 균형감을 살짝 깨뜨리며 안정감에 변화를 꾀하는 방법이 된다.

조화

그림 5-9 색상과 소재에 유사조화를 둔 디자인

조화란 두 개 이상의 서로 다른 부분이나 요소의 상호 관계에 대한 미적 효과를 말한다. 조화에는 크게 유사조화와 대비조화가 있다. 유사조화는 비슷한 선, 색이나 소재 등 유사한 느낌의 요소들로 이루어진 조화로, 무난하고 쉬우나 단조로울 수 있다(그림 5-9). 대비조화는 느낌이 다른 소재와 색채, 실루엣 등을 대비시키는 것으로 주목받을 수 있으나 이질적인 요소들을 조화시키려면 숙련된 미적 감각이 필요하다. 한편 서로 전혀 어울리지 않는 요소들을 조합시켜 고정 관념을 벗어난 또 다른 미적 현상을 만들어내는 부조화가 있다. 부조화는 파격적이나 의외의 느낌으로 예술성을 드러내기도 한다.

율동

그림 5-10 디테일과 색상의 단순반복으로 율동감을 준 드레스

율동은 형이나 색채 등이 반복되었을 때 발생하는 시각적인 움직임을 말한다. 의복에서의 율동감은 디자인, 소재, 문양 등에 선, 형태, 색채, 재질 등이 의도적으로 여러 부분에 반복적으로 사용되었을 때 느낄 수 있다. 반복으로 인한 율동감은 시선을 자연스럽게 유도하는 힘이 있어 의복에 변화와 흥미를 더한다. 율동의 원리에는 단순반복, 교차반복, 점진, 방사 등이 있다(그림 5-10). 단순반복은 줄무늬 셔츠나 플리츠 스커트처럼 한 종류의 선, 형태, 색채, 재질이 규칙적으로 반복될 때 나타나며, 교차반복은 선의 두께나 색 등을 변화시켜 두 종류의 단위가 번갈아 반복되는 것을 말한다. 강한 운동감이 느껴지는 점진은 반복 단위가 점점 강해지거나 약해지는 그러데이션 효과를 말하며, 방사는 중심점이 있어 밖으로 퍼져나가는 느낌을 주는 것이다.

그림 5-11 리본 벨트로 강조점을 둔 드레스

강조

강조는 주목성에 대한 주, 종의 원리로, 의복의 특정 부분이나 디자인 요소가 시각적으로 흥미를 끌고 시선을 집중시킬 수 있도록 만드는 것이다. 좋은 디자인은 시선을 끄는 중심점이 필요한데 그 강조점은 하나인 것이 좋고 너무 많으면 혼란스럽고 산만해 보인다(그림 5-11). 강조의 목적은 착용자를 돋보이게 하기 위함이므로 체형에 약점이 있는 곳은 강조점을 두지 않고 또한 겨드랑이나 엉덩이 등 행동에 불편을 주거나 동작에 따라 보이지 않는 부분은 피하는 것이 좋다.

2.3 의복의 전체와 부분 : 실루엣, 디테일과 트리밍

의복의 형태는 선으로 결정이 되며, 의복의 선에는 전체 형을 결정하는 실루엣silhouette과 실루엣 안의 부분을 결정하는 요소들, 즉 디테일과 트리밍선이 있다.

의복의 전체형 : 실루엣

의복의 전체형은 착용 상태에서 만들어지는, 의복의 가장자리 윤곽을 따라 흐르는 외곽선, 즉 의복의 실루엣을 말한다. 허리선이나 헴 라인hem line[4]의 위치와 넓이, 허리의 몸에 맞는 정도, 어깨에서 아래로 내려가며 넓어지거나 좁아지는 정도 등이 실루엣을 결정하는 주요 요인이다. 실루엣선에 따라 의복의 분위기가 달라진다.

실루엣의 종류로는 허리를 중심으로, 허리를 강조한 아워글라스 실루엣hourglass silhouette과 허리를 강조하지 않은 직선적인 느낌의 스트레이트 실루엣straight silhouette, 허리 부분이 풍성한 오벌 실루엣oval silhouette으로 구분할 수 있으며, 알파벳 모양을 따서 아래로 갈수록 넓어지는 A라인 실루엣A-line silhouette, 반대로 어깨를 강조하고 아래로 내려가

4) 의복 아랫부분의 가장자리선, 즉 단선을 말한다.

그림 5-12 여러 실루엣의 모습

며 좁아지는 Y라인 실루엣Y-line silhouette 등으로 구분하기도 한다(그림 5-12).

부분형

의복의 부분형은 의복을 구성하고 장식하며 만들어진 부분적인 요소들을 말하는데 전체 실루엣과 조화를 이루는 것이 중요하다. 부분형에는 크게 디테일detail과 트리밍trimming이 있다. 디테일은 의복의 전체적인 윤곽선인 실루엣과 대조되는 의미로 옷을 만드는 봉제 과정에서 생성된, 실루엣 안에 있는 여러 부분의 세부 장식을 의미한다. 디테일은 네크라인, 칼라, 소매, 커프스, 포켓, 헴 라인처럼 의복의 구성에 필요한 구조적 디테일과 의복을 구성하는 과정에서 장식을 목적으로 만든 장식적 디테일로 구분할 수 있다. 그러나 구조적 디테일이라 할지라도 평이한 형태가 아니라 특이하게 변화시켜 독특한 형태로 디자인되었다면 장식적 디테일로 볼 수도 있다.

① 구조적 디테일

구조적 디테일은 네크라인, 칼라, 소매 등 의복을 구성하는 구분적인 부분들을 말하며 기본적인 디테일의 종류와 이름을 알면 내게 어울리는 옷차림을 위한 스타일링에도 도움이 된다. 기본적인 네크라인과 칼라, 소매의 형태와 명칭은 〈그림 5-13〉, 〈그림

5–14), 〈그림 5–15〉와 같으며 각각의 기본적인 형태에서 각도와 길이, 넓이 등의 변화가 가능하고 변화의 정도에 따라 디자인 포인트가 되기도 하며 소재에 따라서도 느낌이 달라진다.

② 장식적 디테일

장식적 디테일은 온전히 장식의 목적을 위해 부가된 것으로 이 부분이 디자인 포인트가 되는 경우가 많으므로 문양이 있거나 재질감이 독특한 소재보다는 평면감이 있는 소재를 사용하는 것이 적합하다. 장식적 디테일의 종류는 다음과 같다.

- 프릴frill : 폭이 좁은 단을 개더로 주름잡은 것이며 네크라인, 소매, 스커트 밑단에 덧붙여 여성스럽고 귀여운 느낌을 준다.
- 플라운스flounce : 형태는 프릴과 비슷하나 만드는 방법은 달라서 주름을 잡지 않고 둥근 띠 형태로 재단하여 길이가 짧은 안쪽 부분을 의복에 붙여 물결과 같은 리플ripple이 생기게 한 것으로 부드럽고 여성스러운 분위기를 연출한다.
- 보우bow : 리본 형태로 묶어 장식하는 것으로 보우 칼라를 비롯하여 네크라인이나 소매 등에 활용한다.
- 스캘럽scallop 곡선 : 반원의 곡선을 이어 만든 선으로 네크라인, 칼라, 앞 여밈, 스커트 밑단 등에 활용 가능하며 여성적이고 귀여운 느낌을 준다.
- 파이핑piping : 칼라, 포켓, 소매의 끝이나 분할 면의 솔기 사이에 바이어스테이프를 끼워 박아 형태를 강조한 것으로, 테이프 안쪽에 파이핑 코드를 넣어 입체감 있게 표현되기도 한다.
- 장식 상침top stitching : 구성선을 따라 한 줄, 또는 여러 줄의 박음질선으로 장식 효과를 주는 것으로 청바지 등에서 많이 볼 수 있으며, 바탕색과 상침실의 색을 대비시켜 장식 효과를 높일 수 있다.
- 프린징fringing : 밑단이나 소매를 따라 옷감의 올을 풀거나 가죽 등을 가늘고 길게 잘라서 찰랑거리는 효과를 주며 장식하는 것이다.
- 파고팅fagoting : 네크라인이나 소매뿐 아니라 옷 중간 부분 등에 옷감을 잘라 벌리고, 그 사이를 테이프나 굵은 실 등으로 연결하여 장식하는 것으로 테이프나 실 사이로 피부가 노출되는 효과가 있다.

그림 5-13 네크라인의 종류와 명칭

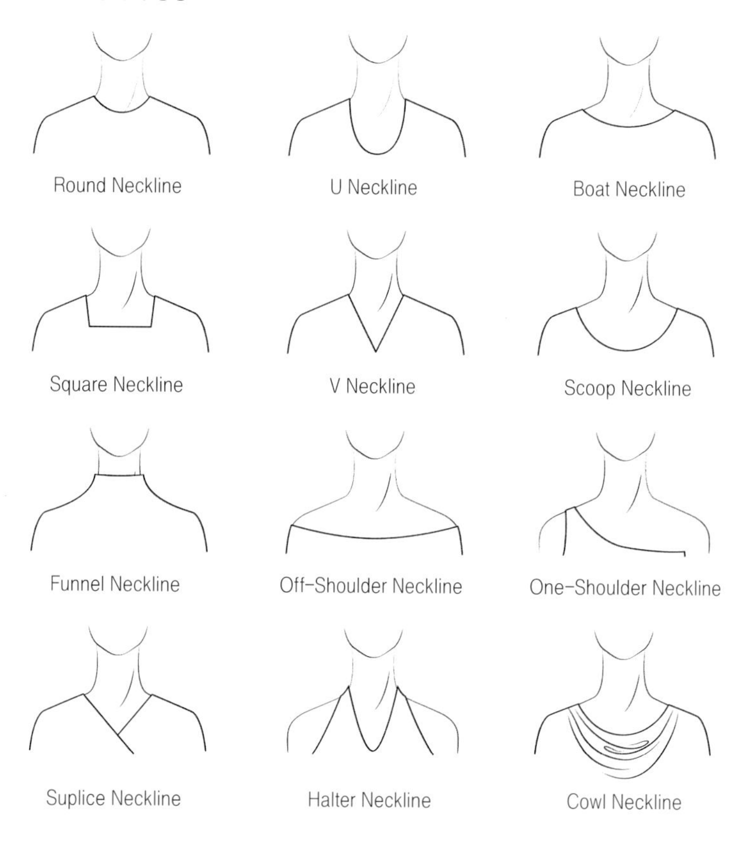

- 바인딩binding : 구성선이나 의복의 가장자리를 바이어스 옷감으로 둘러 박아 장식하는 것으로 바인딩의 폭과 배색에 따라 다양한 효과를 줄 수 있다.
- 턱tuck : 주름을 겉으로 박아 고정된 주름선을 강조한 것으로 옷감의 두께와 디자인에 따라 턱의 간격이나 개수를 조절해야 한다. 턱시도 셔츠의 가슴 부분에 장식적으로 많이 사용한다.
- 스모킹smoking : 규칙적인 방법으로 만든 마름모 형태의 주름 무늬로 표면을 장식하는 방법으로 여아복의 요크에서 가장 많이 볼 수 있다.
- 셔링shirring : 의복의 부분을 열을 맞춰 바느질하고 잡아당겨 오그라진 잔주름을 만들어 장식하는 것으로 한 줄 또는 여러 줄 모두 가능하다. 힘이 없는 얇은 옷감이 표현하기에 적당하다.

그림 5-14 칼라의 종류와 명칭

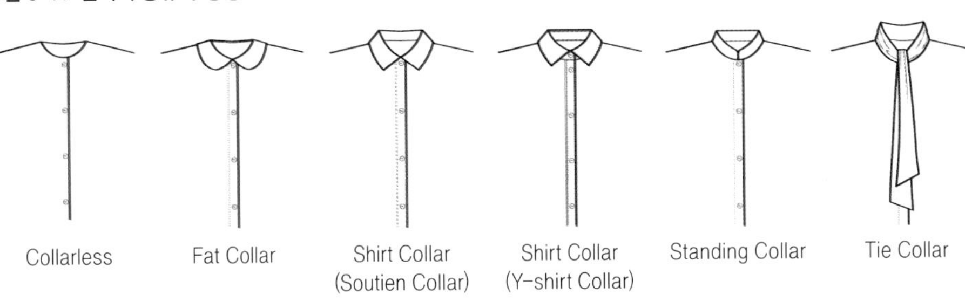

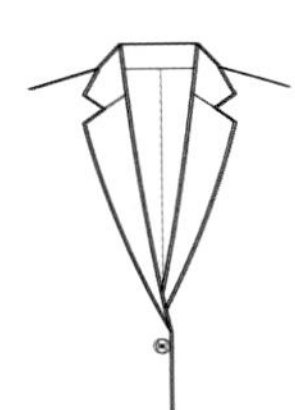

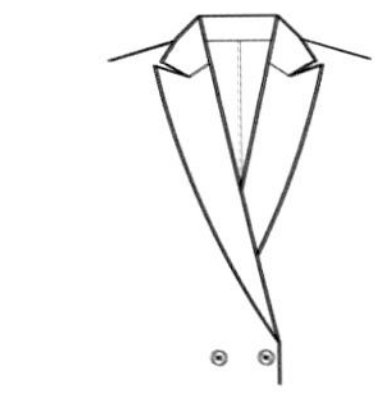

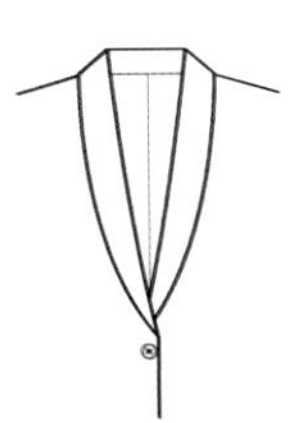

그림 5-15 소매의 종류와 명칭

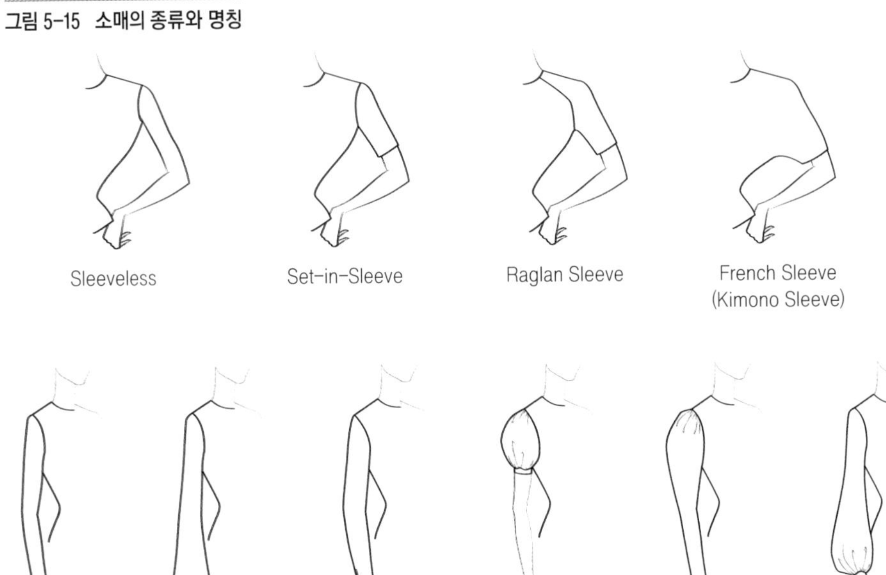

그림 5-16 장식적 디테일

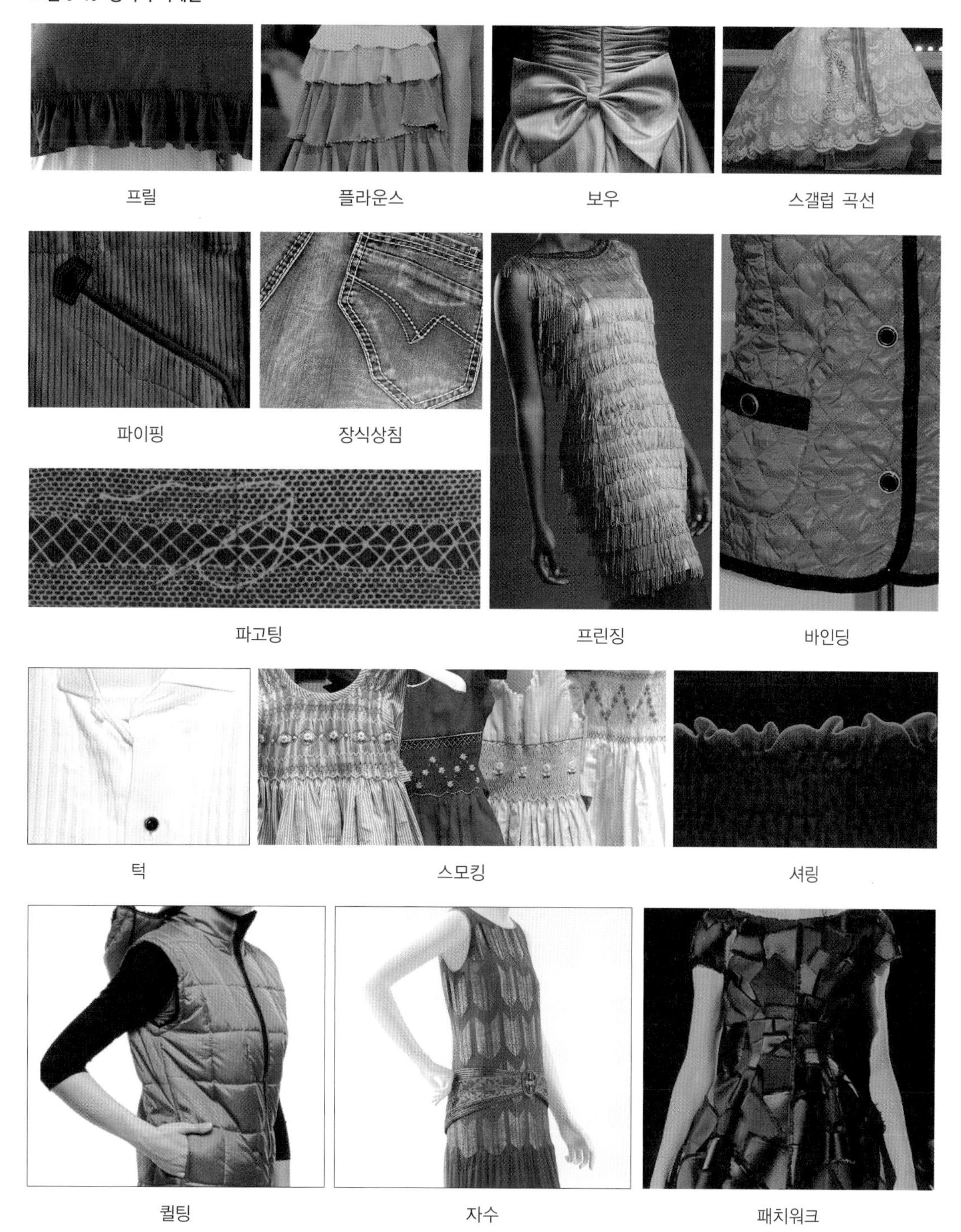

- 퀼팅quilting : 겉감과 안감 사이에 충전재를 넣고 무늬를 만들어가며 누비는 것으로 충전재의 두께에 따라 음영효과가 다르게 나타난다. 충전재로는 융, 스펀지, 합성 솜 등이 쓰인다.
- 자수embroidery : 다양한 기법의 수와 장식을 말하며, 수의 종류와 색채에 따라 화려한 분위기가 연출된다. 한복에도 많이 사용되며 요즘에는 컴퓨터에 의해 다양한 형태의 자수 장식이 가능해졌다.
- 패치워크patchwork : 패치는 '이어 붙이기'란 뜻으로, 다양한 색상이나 무늬, 크기와 모양이 다른 작은 천 조각들을 이어 붙인 것으로 배색 효과를 살릴 수도 있으며, 기하학적이거나 자유로운 형태의 무늬가 만들어질 수도 있다.

③ 트리밍

트리밍trimming은 '장식하다', '다듬다' 등의 의미의 트림trim에서 나온 말로, 만들어진 의복에 미적 효과를 위하여 장식을 별도로 만들어 부착하는 것을 말한다. 장식적 디테일과 미적 목적은 같으나 디테일이 봉제 과정에서 만들어지는 것이라면 트리밍은 이미 만들어 놓은 장식 요소를 부분적으로 덧붙인다는 차이가 있다. 트리밍의 종류는 다음과 같다.

- 브레이드braid : 여러 가지 색채와 재질의 실이나 옷감을 좁게 짜거나 헝겊 테이프에 수를 놓거나 꼬아 만든 끈이다.
- 스팽글spangle과 비즈beads : 반짝이는 금속조각과 작은 구슬을 말하며, 다양한 크기와 모양이 있다. 광택에 따라 무광과 유광이 있으며, 고급스럽고 매우 화려한 느낌을 준다.

그림 5-17 트리밍의 종류

브레이드

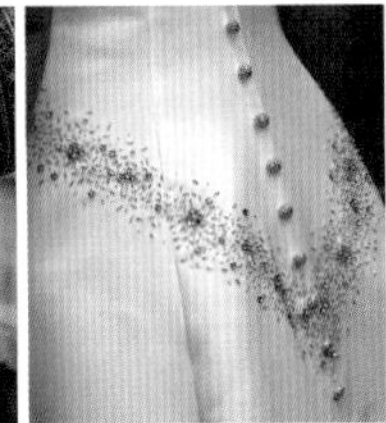
비즈와 스팽글

모피

단추

벨트

- 모피fur 트리밍 : 천연 모피나 인조모피를 띠 형태로 만들어 의복의 가장자리에 두르거나 장식한다.
- 단추button : 기능적 이유에서 사용하나 배열 방식이나 크기, 색상, 디자인에 따라 장식 효과가 클 수도 있다.
- 벨트belt : 허리를 조이는 기능적 이유에서 착용하나 벨트의 모양이나 개수에 따라 장식성을 위해 사용하기도 한다.

2.4 패션디자인 프로세스

패션디자인의 과정은 크게 디자인기획 과정과 생산기획 과정으로 구분될 수 있다. 디자인기획은 목표 고객층에 따라 상품기획 콘셉트를 잡고 시장 조사와 트렌드 조사를 통해 전체적 패션 트렌드를 파악하여 디자인 콘셉트와 그에 따른 테마를 설정하고 자료조사를 통해 정보를 수집한 후 디자인 과정을 거쳐 샘플 제작과 품평회에 이르는 과정까지를 말한다. 생산기획은 품평회 후 대량 생산 여부 및 색상과 치수별 생산량을 결정하고 그레이딩 단계를 거쳐 시제품을 확인하고 대량 생산에 필요한 원·부자재 확충과 생산지시의 단계까지 해당한다.

목표 설정 및 상품기획

상품기획은 상품의 구성부터 생산, 유통 및 판매에 이르기까지 상품의 제반 계획을 세우는 일이다. 옷을 디자인하기에 앞서 누가, 언제, 어느 상황에서 입을 것인지 생각해야 한다. 모든 패션 브랜드들은 목표하는 특정 소비자군과 시장이 설정되어 있다. 주 고객층의 성별과 연령대, 학력, 직업, 소득 및 기호와 취향 등 라이프 스타일 분석이 필요하며 이는 각 브랜드가 추구하는 디자인 방향을 결정하는 주요 요인이 된다. 목표 시장 설정뿐 아니라 상품기획에는 디자인할 옷의 복종 및 특성, 계절과 트렌드 등 디자인 특성과 가격대, 생산 및 판매 시기, 생산량, 포장이나 디스플레이, 광고 등 판매 촉진 계획 등을 포함한다.

패션 정보 수집 및 분석

패션 정보 수집 활동에는 크게 시장 조사와 트렌드 조사가 있다. 시장 조사는 소비자의 구매력에 따라 구매 욕구와 특성을 파악하여 보다 좋은 상품이나 서비스 제공을 위해 자료를 만드는 일로 상품 조사, 소비자 조사, 판매경로 분석 등의 조사를 시장 분석, 실태 조사, 시장테스트의 세 가지의 방법으로 진행하게 된다(패션전문자료사전, 1997). 트렌드 조사는 현재의 사회·문화적 이슈와 세계 패션 유행의 흐름을 관찰하고 분석하는 일이다. 유행의 변화를 예측하고 이를 반영하여 디자인해야 하므로 패션 정보 수집과 분석은 각 시즌의 콘셉트와 테마 선정을 비롯하여 컬렉션의 성패에 큰 영향을 미치는 주요 요인이다.

디자인 콘셉트와 테마 설정

디자인 콘셉트는 추상적인 개념에서부터 구체적인 스타일까지 포함되며 사회·문화적 이슈와 트렌드를 반영하여 결정하게 된다. 목표하는 고객층과 브랜드가 추구하는 방향에 따라 인터넷과 패션전문지, 그리고 국내외 패션 전문 정보기관에서 제공하는 유행 경향을 참조하여 디자인 콘셉트를 선정한다. 테마는 디자인 전개를 위한 구체적인 주제로 추상적인 개념이 될 수도 있고 개념적이거나 혹은 스토리텔링 같은 전개도 가능하다. 어떤 주제든 실루엣과 형태, 소재, 디테일, 재질감, 색상 등 컬렉션의 전반적인 방향과 디자인의 근원이 된다.

디자인 과정에서 콘셉트를 명확히 하고 주제와의 연관성을 잃지 않도록 콘셉트 맵 또는 테마 이미지 맵을 작성하게 된다. 테마 이미지 맵은 주제와 관련된 이미지, 스타일, 컬러와 소재 등의 컬렉션의 구성요소를 담고 있는 시각 자료로 컬렉션의 전개 방향을 제시하는 것이다. 이를 바탕으로 디자인을 한다.

주제를 위한 자료조사

자료조사는 디자인에 있어 영감을 주는 자료들과 디자인을 위한 재료를 모으는 과정으로 매우 중요한 작업이다. 자료조사는 원단 스와치, 장식 재료, 단추 등 원·부자재로 사용될 실제 재료를 모으는 것과 영감을 얻기 위해 주제와 관련된 그림, 사진 등의 시각적 자료를 수집하는 두 가지 측면이 있으며, 창의적 디자인 과정에 있어 모두 중요하다. 영감을 주는 자료들은 전문서적이나 웹사이트뿐 아니라 박물관이나 거리 등 다양한 곳에서 찾을 수 있다. 전문잡지와 웹사이트는 다음과 같다.

- 패션 전문 잡지 : 보그Vogue, 콜렉션Collections, 모다북Moda Book, 텍스타일 뷰Textile View 등
- 패션 전문 웹사이트 : www.style.com / www.costumes.org / www.promostyle.com / www.samsungdesign.net / www. premierevision.fr 등

이렇게 수집한 자료들을 주제와 관련도와 중요도에 따라 크기를 조절하여 테마 이미지 맵을 만든다. 테마 이미지 맵에는 색채와 소재를 포함하도록 한다.

디자인과 발상

설정한 콘셉트와 테마에 맞게 이미지 맵이 완성되었다면 이를 토대로 상품기획에 따라 아이템별 디자인을 전개한다. 소재를 먼저 정하고 디자인을 전개하기도 하지만 디자인 전개 후에 소재를 적용하기도 한다. 테마에 따라 디테일과 실루엣 등을 정하고 구성요소에 변화를 주며 디자인을 전개한다. 아이템별 디자인 전개가 끝나면 많은 디자인 가운데 샘플 제작할 디자인을 선별한다.

샘플 제작과 그 이후 과정

샘플 제작을 위해서 샘플 작업 지시서를 작성하는데 도식화[5]와 도식화에서는 미처 표현하지 못하는 세부 중요한 사항을 꼼꼼히 기록하도록 한다. 평면재단 또는 입체재단으로 패턴을 만든 후 원·부자재를 구입하여 마름질하고 재단, 봉제, 프레싱 등의 과정으로 샘플을 제작한다. 제작한 샘플은 피팅 모델에게 입혀 기능성과 활동성, 미적 측면과 콘셉트의 부합성 등 평가 사항을 점검한다. 또한 여러 샘플들을 모아 품평회를 거쳐 대량 생산할 것을 선정하게 된다.

대량 생산할 디자인이 결정되면 국내나 해외 등 기술력과 단가 등의 제반 사항을 검

5) 패턴 제작을 위해 디자인의 세부 사항까지 그린 의복의 평면도

토하여 생산 공장을 알아보고 다양한 치수를 제공할 수 있도록 그레이딩[6]하는 등 대량 생산을 위한 준비를 하여 생산 의뢰를 한다.

그림 5-18 패션디자인 프로세스

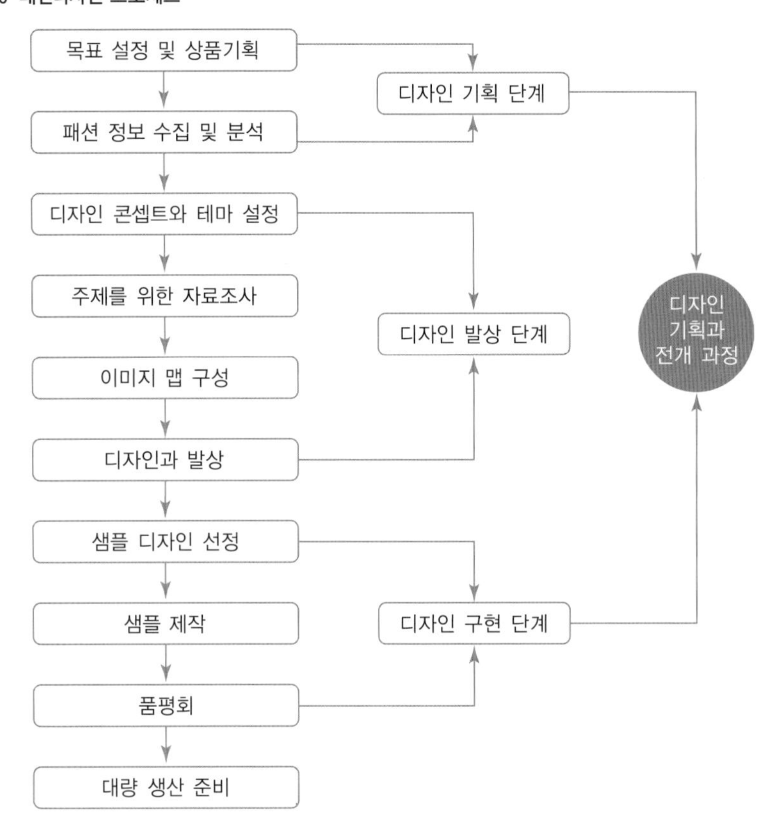

6) 입체재단 또는 평면재단으로 만든 표준 사이즈의 패턴을 확대하거나 축소하여 여러 사이즈로 만드는 작업

생각할 문제

1 인터넷과 패션전문지를 이용하여 최근의 트렌드에 대해 조사해 보자.

2 인터넷이나 패션전문지에서 비례, 균형, 조화, 율동, 강조 등 각각의 디자인 원리가 잘 드러나는 사진을 찾아보자.

3 최근 트렌드와 관련된 주제를 하나 선정하여, 자신의 컬렉션을 전개한다는 가정하에 주제와 관련된 이미지 자료들을 모으고 컬렉션에 사용할 색상을 5~6가지로 정리하여 테마 이미지 맵을 만들어 보자.

PART 2 의복과 산업

CHAPTER 6

섬유의류산업

TEXTILES AND CLOTHING INDUSTRY

세계 역사에서 근대화의 기점을 제1차 산업혁명으로 보는데 이 산업혁명을 이끈 산업이 바로 섬유의류산업이었다. 한국 경제 근대화를 이루는 데 가장 크게 기여한 산업 중의 하나도 섬유의류산업이다. 섬유의류산업은 시대의 변곡점에서 그 변화를 이끌어간 리더였던 것이다. 우리는 또다시 시대의 변화를 경험하고 있다. 제3차 산업혁명을 기반으로 정보통신 기술과의 융합을 통해 생산성이 급격히 향상되고 제품과 서비스가 지능화되면서 경제, 산업 및 사회 전반에 혁신적인 변화가 예고되는 제4차 산업혁명일지도 모르는 새로운 시대를 마주보고 있다. 이러한 변화 속에서 섬유의류산업이 지속적으로 발전하기 위해서는 이에 대한 논의가 필요하며, 섬유의류산업의 과거와 현재에 대한 이해를 바탕으로 미래에 대해 예측해 보아야 할 것이다. 따라서 본 장에서는 섬유의류산업의 특성 및 현황을 파악하고 미래 섬유의류산업에 대한 전망을 알아본다.

학습목표

- 섬유의류산업의 정의, 범위 및 특성을 알아본다.
- 한국과 세계 섬유의류산업의 역사와 현황을 파악한다.
- 미래 섬유의류산업의 전망에 대해 공부해 본다.

1
섬유의류산업의 이해

1.1 섬유의류산업의 정의 및 범위

섬유의류산업은 섬유산업과 의류산업의 합성어이다. 산업 또는 무역 관련 부분에서 섬유산업을 정의할 때는 광의의 의미로 보는 경우가 많다. 즉, 섬유를 원료로 제조되는 실, 직물과 의류 완제품에 이르기까지 섬유를 원료로 한 제품의 기획, 생산, 판매 및 유통과 관련된 모든 산업을 섬유산업이라고 정의한다. 그러나 의류학에서는 섬유를 원료로 하여 제조되는 제품 중에서 특히 의류제품에 초점을 맞추고 있어, 본 장에서는 섬유를 원료로 제조되는 실과 직물의 기획, 생산, 판매 및 유통과 관련된 산업이라는 협의의 의미로 섬유산업을 정의하고, 의류산업은 의류제품의 기획, 생산, 판매 및 유통과 관련된 산업이라고 정의한다. 이런 의미에서 섬유의류산업을 다시 정의한다면 섬유를 원료로 하여 제조되는 실, 직물에 관련된 부분과 의류제품 제조에 관련된 부분의 기획, 생산, 판매 및 유통과 관련된 모든 산업을 의미한다.

그러므로 섬유의류산업이 다루는 범위는 섬유산업의 경우 섬유원료 제조업, 방적업, 직·편물 제조업, 염색가공업 분야가 속하고, 의류산업에서 본다면 의류 제조업, 판매 및 유통 관련 산업들이 그 범위에 속한다고 할 수 있다(그림 6-1).

그림 6-1 섬유의류산업의 구성요소와 범위

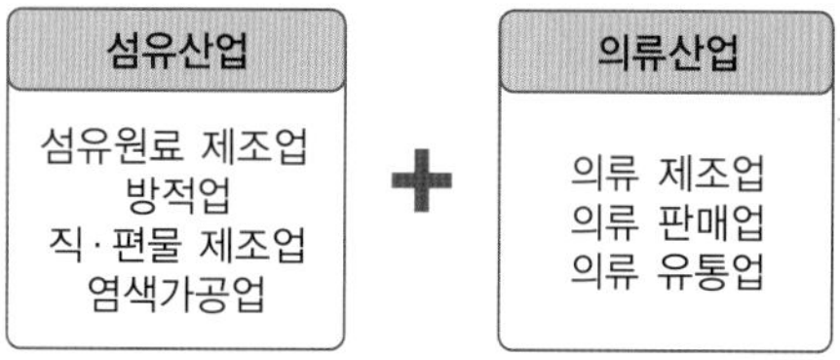

섬유산업		의류산업
섬유원료 제조업 방적업 직·편물 제조업 염색가공업	+	의류 제조업 의류 판매업 의류 유통업

1.2 섬유의류산업의 특성

산업은 무형물, 무생물이지만 살아 있는 생물처럼 발생, 성장, 쇠퇴의 과정을 거치며 인간의 삶에 매우 큰 영향을 미친다. 섬유의류산업도 가내 수공업 형태로 시작되어 산업혁명을 통해 성장했으며 세계 경제 상황과 맞물려 성장과 쇠퇴를 반복하면서 경제, 사회, 문화 등 다양한 측면에 영향을 미치고 있으며 다음과 같은 특성을 갖는다.

첫째, 노동집약도가 커 고용유발 효과가 큰 산업이다. 섬유 제조 관련해서는 섬유원료와 방적 분야가 장치산업적인 성격이 강하지만 다른 제조업에 비해 직물, 염색가공업이나 의류제조업의 경우 노동집약도가 높아 고용유발 효과가 크다. 그러므로 섬유의류산업은 개발도상국이 국가 발전을 이루려할 때 경제진흥정책을 통해 육성하는 경향이 있다. 다른 산업에 비해 기술 장벽이 높지 않고, 큰 자본이 필요 없으며, 무엇보다 고용 창출 효과가 커 경제 활성화에 기여하는 바가 크기 때문이다.

둘째, 연관산업이 많고 전후방 연쇄효과가 큰 산업이다. 한 산업의 발전이 다른 산업에 미치는 효과를 연쇄효과라 하는데 이는 전방 연쇄효과와 후방 연쇄효과로 나뉜다. 전방 연쇄효과는 섬유의류산업의 생산물이 중간 투입물로 사용되어 다른 산업을 발전시키는 효과를 의미하며, 후방 연쇄효과는 섬유산업의 생산물에 대한 최종수요가 한 단위 발생할 때 전체 산업부문에 미치는 효과를 의미한다. 즉, 섬유산업의 생산물을 위해 타 산업의 제품을 얼마만큼 사용하는 가를 나타낸다(박광희 외, 2000).

다시 말해, 경제에서 차지하는 섬유산업의 위상이 매우 높고, 섬유와 관련된 산업까지 포함시키면 경제에 미치는 영향이 대단히 크다는 의미이다. 예를 들어 면섬유, 마섬유와 같은 천연섬유는 농업과 관련되고, 양모섬유의 생산은 축산업 분야, 폴리에스테르 섬유나 나일론 섬유 등의 제조에 사용되는 원료들은 석유정제산업이나 화학산업과 직접 관련되어 있으며(그림 6—2) 방적, 제직·편성, 염색, 가공, 의류 분야는 기계, 화학, 유

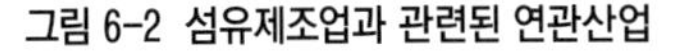

그림 6-2 섬유제조업과 관련된 연관산업

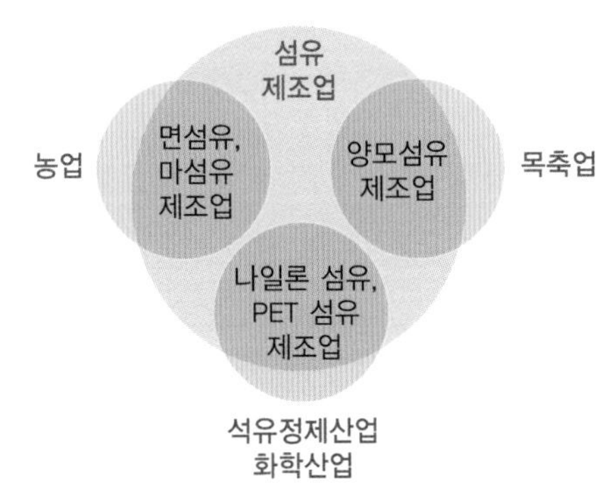

그림 6-3 생필품산업이면서 패션산업인 섬유의류산업

통 등과 같은 여러 산업과 유기적으로 결합되어 있어 산업 전반에 미치는 영향이 크다.

셋째, 섬유의류산업은 생필품산업이면서 패션산업이다(그림 6-3). 의복은 생활필수품으로 수요가 영구적이고 인구 및 소득 증대에 따라 수요가 증가하지만, 인구 및 소득에서 변화가 없다 하더라도 새로운 트렌드가 형성되어 유행이 바뀌면 그에 따라 수요가 발생하는 품목이다. 따라서 의복은 생필품이므로 제품의 강도 또는 형태안정성 등 물리적 특성이 나빠지면 폐기되지만, 유행 변화에 의해 제품의 기능성 또는 외관과 무관하게 폐기되기도 한다. 이러한 특성으로 인해 생활필수품적인 특성을 갖는 베이직 상품군은 꾸준한 수요가 있어 생산되고, 동시에 그 시즌의 새로운 유행 선도 상품들도 제조되어 산업이 움직이는 특성을 갖는다.

넷째, 다단계로 이루어진 산업이고 각 단계별 고른 수준이 필요한 산업이다. 섬유의류산업은 원료인 섬유와 실 제조 후 직물을 짜고 이를 염색가공한 후 의류와 기타 섬유제품을 제조한다. 즉, 이 단계들이 일관된 공정으로 이루어져 제품이 만들어진다. 그러나 한 기업에서 이 공정을 모두 다루기는 어려워 이들 단계들은 각각 별도 업종으로 독립적으로 운영되고 있다. 하지만 최종 제품인 의류 제품의 품질은 앞 단계에서의 품질과 분리될 수 없으며, 모든 단계가 상호 유기적으로 협력하고 각 공정별로 기술 성과가 복합되어야 우수한 제품이 되므로, 이들 각 단계의 수준이 고르게 발전되어야 한다.

다섯째, 소규모 중소기업의 비중이 높은 산업이다. 2016년 현재 섬유의류산업은 19인 이하의 소규모 영세기업이 72.7%, 300인 이상의 대기업이 2.4%에 불과하다(한국섬유산업연합회, 2018). 또한 생산 단계별 비교를 해보면 섬유제조업은 대기업 비율이 높으며 의류봉제업으로 내려올수록 소규모 기업이 대부분이다. 이는 화학섬유 제조는 장치산업 성격이 강해 대기업이 할 수밖에 없으며, 아래로 내려올수록 자본과 기술의 높은 수준을 요구하지 않고 노동집약적 특성이 강하기 때문이다. 더욱이 이러한 특성은 섬유의류산업의 특성과 연결해 볼 때 장점이 될 수도 있다. 즉, 섬유나 실 제조와 같은 높은 단계에 있는 기업들은 대기업들로 이루어져 있기 때문에 고부가가치의 새로운 섬유 개발 등을 통해 섬유의류산업의 기초를 다지는 데 힘쓸 수 있으며, 아래로 갈수록 소규모 기업으로 되어 있어 시장반응에 더 민감하게 반응해 대응할 수 있고 상대적으로 창업하기 수월하다.

여섯째, 감각을 자극하여 감성을 움직이기 위해 이론과 기술이 합쳐져야 하는 생활문화산업이다. 최종제품인 의복 구매 욕구를 자극하기 위해서는 시각뿐만 아니라 촉각, 청각 등의 감각을 자극하여 인간의 감성에 호소해야 하는데, 이를 위해 의류학 이론을 바탕으로 관련 기술들을 활용해 의복의 미적 완성도와 제품의 매력도를 최대로 끌어올려야 한다. 이렇게 이론과 기술이 융합하는 과정과 그 과정을 통해 완성된 의복 제품은 우리 의생활을 결정하므로, 결국 섬유의류산업은 의복을 통해 우리의 생활문화에 큰 영향을 주고 방향을 결정하는 생활문화산업이라고 할 수 있다.

2
섬유의류산업의 발전과정과 현황

고대 문명 발상지에서 발견된 직물들은 그 위치에 따라 달라, 인도에서는 5,000년 전에 사용된 것으로 추정되는 면직물이, 이집트에서는 4,000년 전에 사용된 것으로 보이는 아마직물이, 중국에서는 4,500년 전의 것으로 보이는 견직물이 발견되었다. 그 지역의 기후와 토양조건에 따라 성장하는 식물이나 동물이 다르고, 고대인들은 그 지역에서 얻은 섬유들을 사용해 직물을 짜고 의복을 만들어 입었기 때문이다.

따라서 지역에 따라 생산되는 직물들이 다르고 기술수준도 차이가 나 특화된 직물이 생겨나게 되었으며, 점차 다른 지역의 우수한 직물에 관심을 갖게 되었다. 인도의 우수한 면직물에 대한 유럽인들의 동경은 결국 제1차 산업혁명을 일으키는 계기가 되었으며 가내 수공업에 의해 직물이 생산되던 방식에서 기계 생산으로 바뀌면서 직물산업은 근대화된 공업의 형태를 갖게 되었다. 이후 1938년에 나일론이 개발되면서부터는 자연에서뿐만 아니라 실험실에서도 섬유를 만들게 되었으며, 이로 인해 천연섬유뿐만 아니라 지금과 같은 다양한 인조섬유들이 의복재료로 사용되었고 섬유의류산업은 크게 성장하였다.

2.1 한국의 섬유의류산업

발전 과정

1953년 한국 전쟁이 휴전된 후 국가 재건을 위해 정부가 제당, 제지, 합성 섬유 등 소비재 생산에 역점을 두는 경공업 우선 정책에 힘입어 섬유의류산업이 발전하기 시작하였다.

한국의 인조섬유 시장은 1959년 미진화학섬유(주)의 PVA 섬유 생산을 시작으로 1963년에는 한국나이롱(코오롱의 전신), 1965년에는 제일모직(제일모직의 패션사업부문이 2013년 삼성에버랜드에 양도되었고, 2015년 삼성에버랜드가 삼성물산에 합병되면서 제일모직 브랜드는 삼성물산 패션사업 부문으로 이관됨)이, 1966~1967년에는 한일합섬, 태광산업, 제일화섬이, 1968년에는 동양나이론과 고려합섬이, 1969년에는 선경합섬과 삼양사가 화학섬유공장 가동에 나섰다(손병문·강한기, 2015). 이후 한국 섬유의류산업은 1960~1970년대를 통해 가격경쟁력을 기반으로 한 수출전략으로 홍콩, 대만과 함께 아시아의 3대 섬유수출국으로까지 불리면서 급성장하였다. 그러나 1961년에 체결된 STA[Short Term Arrangement on Cotton Textile](국제 단기면직물협정)가 1974년 MFA[Multi Fibre Arrangement]로 바뀌면서 선진국들과의 쌍무협정 체결로 섬유수출은 규제되기 시작하였다. 1980년대 들어서면서 정부의 중화학공업 우선정책, 후발개도국의 시장 참여 증가, 급격한 임금 상승, 부족한 노동력 등에 의해 가격경쟁력이 떨어져 수출 경쟁력을 잃기 시작하였고, 그로 인해 수출기업들이 내수시장에 관심을 가지면서 의류산업은 패션산업으로서 변모하기 시작하였다. 그럼에도 불구하고 1987년 11월 단일 업종으로서는 최초로 연간 100억 달러의 수출 실적을 올렸다. 그러나 지속적인 인력난과 가파른 임금 상승은 국내 생산을 어렵게 하여 1990년대에는 해외투자가 급증하였다. 이후 1999~2003년까지 6,800억 원을 지원하는 '밀라노 프로젝트'인 섬유산업 진흥책이 실시되기도 하였으나, 중국을 비롯한 후발개도국의 급속한 추격으로 가격경쟁력을 상실하여 고부가가치 제품으로의 전환을 모색하였다(박광희 외, 2000). 최근 들어서는 섬유산업의 경우 고기능성 첨단소재와 산업용 섬유소재 개발에 역점을 두고 있으며, 의

표 6-1 한국 섬유의류산업의 연대별 특징과 주요 사항

연도	특징	주요 사항
1960년대	• 섬유의류산업의 기틀 마련	• 화학섬유 생산시설 확충 • 저임금 노동력 확보 • 맞춤복 중심의 양장점 인기
1970년대	• 의류산업의 틀 마련 • 가격경쟁력에 기반한 수출 산업으로 성장	• 대기업의 기성복 생산에 참여 및 기성복 비율 급신장 • 1974년 MFA 협정으로 인한 섬유수출규제 • 홍콩, 대만과 아시아의 3대 섬유수출국으로 불림 • 1979년 「섬유공업 근대화 촉진법」 제정
1980년대	• 수출산업의 구조 고도화 • 의류산업의 내수시장 공략	• 인건비 상승, 정부의 중화학육성정책 • 봉제품보다 직물의 수출비중 증가 • 1987년 국내 최초 단일품목 100억 달러 수출 달성 • 국내시장의 의류소비 증가와 패션산업으로서의 의류산업 양적 성장
1990년대	• 해외 진출 확대 • 직물 수출 성장 • 대형 유통센터 등장에 의한 신 상권 형성	• 중국을 비롯한 동남아로 기업 진출 확대 • 1997년 외환위기로 섬유의류산업 타격과 내수시장 급감 • 1990년 이후 매년 120억 달러 이상의 무역수지흑자로 IMF 경제체제 극복에 가장 크게 공헌 • 의류 포함 제품 위주의 수출에서 직물 중심으로 섬유수출구조 변화 • 1996년 유통시장 전면개장으로 인해 외국 대형유통업체가 국내에 진출하였고 동대문시장을 중심으로 밀리오레, 두타 등 대형 유통센터 등장
2000년대	• 글로벌 경쟁시대 돌입 • 고부가가치 제품으로의 전환 모색	• 무역수지 흑자 폭 감소 • 고부가가치 제품 및 고유 브랜드 확립 노력 • 한류를 중심으로 대규모 중국 진출 본격화 • 2003년 이후 '프리뷰 인 상하이 전시회' 매년 개최
2010년대	• 첨단기술과의 융·복합을 통한 고부가가치제품 개발 • 동시다발적 FTA 체결로 신 무역질서 형성	• 첨단기술을 활용한 신소재 및 산업용 소재 개발 • 다른 분야와의 융·복합을 통한 스마트웨어 개발 • 섬유패션 교역이 선진국 중심에서 다자간 경쟁체제로 전환되면서 국가 간 FTA가 확산되고 에코라벨 제정 등 수입규제 강화

출처 : 한국섬유산업연합회.

류산업의 경우에도 고품질과 브랜드 가치 상승에 의한 고부가가치 제품에 중점을 두고 변화를 모색하고 있는 중이다(표 6-1).

산업 현황

한국의 섬유의류산업은 수출주도형 산업이다. 1960년대에 정부가 수출전략산업으로 적극 육성한 이후 섬유의류산업은 큰 폭으로 성장하였다. 그러나 원자재의 국산 비율은 낮아 섬유산업의 경우 원자재의 1/3을 해외에서 수입하여 제품을 만들고 있으며, 제품의 2/3를 해외로 수출하는 해외의존형, 수출주도형 산업구조를 갖고 있다.

한국의 경제 기틀을 다진 섬유의류산업의 현재 모습을 살펴보기 위해 섬유류 생산액(10인 이상 사업체)을 보면 2012년 45조 2,540억 원을 나타내었고, 2016년은 40조 9,980억 원을 나타내 감소경향을 보였는데, 제조업 생산액도 2012년에 1,511조 4,950억 원이었고 2016년도에 1,415조 8,100억 원이어서 제조업 대비 비율은 2012년에 3.0%에서 2016년도에 2.9%로 거의 변동이 없었다(한국섬유산업연합회, 2018). 생산에서 이런 감소를 나타낸 것은 지속되는 세계 경제 불황으로 수요 감소와 판매 부진에 따른 것으로 보이나 제조업 대비 섬유의류산업의 비중이 3%대를 유지하는 것으로 나타나 제조업 전체로 경제 불황의 영향을 받고 있어 섬유의류산업도 그에 따른 결과로 보여진다. 내수를 알아보기 위해 의류소매판매액을 살펴보면 2012년에 47조 7,834억 원에서 2017년에 58조 6,542억 원으로 연평균 4.5%씩 증가한 것으로 나타났다(그림 6-4).

수출에서는 2000년에 188억 달러를 기록한 이후 감소 추세를 보이다 2010년부터 회복세를 나타내기도 하였다. 이는 지속적인 구조조정과 기술개발 등을 통해 나타난 결과이나 2017년은 전년 대비 0.5% 감소한 137억 달러를 기록하였다. 이는 세계 경기 불황에 의한 전 세계적인 교역량 감소와 함께 세계의 공장이라 불리는 중국의 수요 감소, 원료가격 하락에 따른 수출단가 하락 등으로 섬유소재 수출이 크게 감소하였기 때문이다.

수입은 수출과는 달리 꾸준한 증가세를 나타내고 있는데 이는 해외 투자 확대로 섬유기업들이 해외에 많이 나가있는데다 국내 생산의 어려움으로 인해 해외 소싱 증가로 수

그림 6-4 한국 섬유의류산업의 수출액, 수입액 및 생산액과 의류소매판매액

출처 : 한국섬유산업연합회(2018. 4).

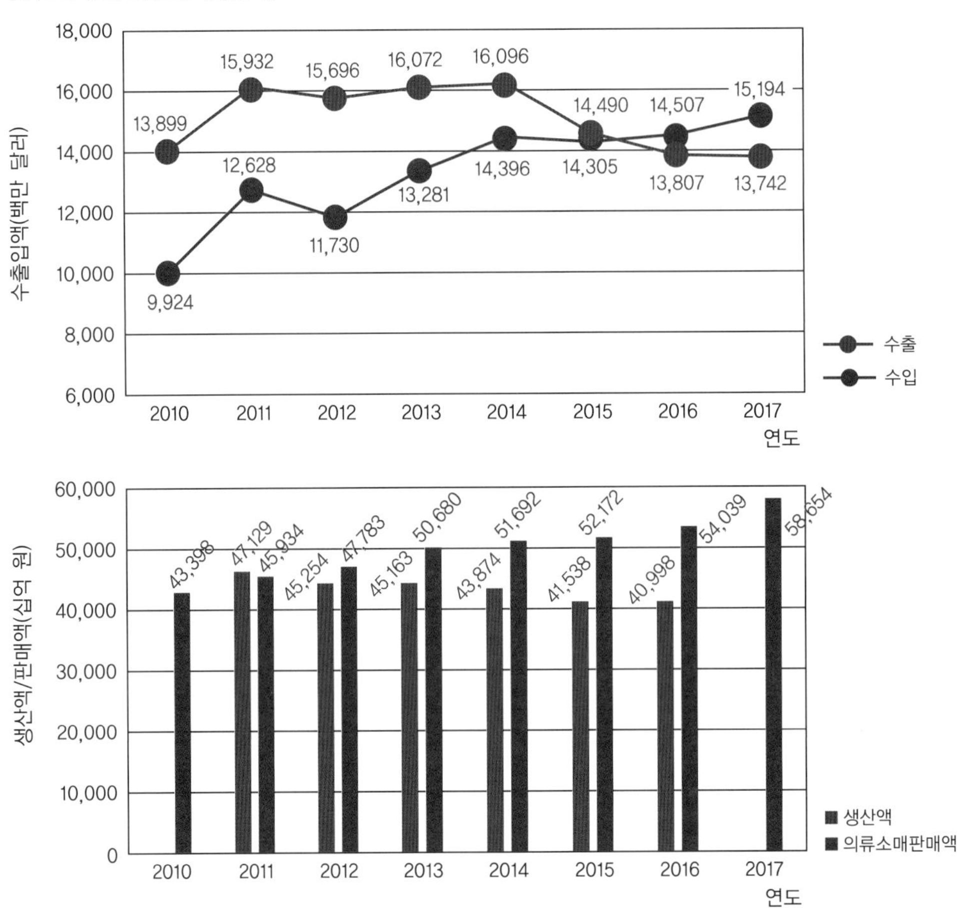

입이 늘었기 때문이다. 2017년도에도 전년 대비 4.7% 증가한 151억 달러를 기록하였다.

생산, 수출 상황 등을 종합해 보면 2000년 이후 이전과는 달리 한국 섬유의류산업의 성장률이 크게 둔화되고 있는 것으로 보인다.

현재 한국 섬유의류산업은 선진국과 기술 격차를 좁히지 못하고 있으며 중국이나 인도 등 후발개도국에게는 가격경쟁력을 상실한 상태이다. 더욱이 국내 섬유산업의 매출액 대비 연구개발 투자비율은 2013년 현재 1.59%로 국내 제조업 평균인 3.41%에도 미치지 못하고 있는 실정이다. 이와 같은 상황은 새로운 기술 개발이나 고부가가치를 갖는 제품 생산 등을 기대할 수 없게 하여 선진국과의 기술 격차는 갈수록 더욱 벌

표 6-2 상대국가에 대한 한국 섬유의류산업의 기술수준

(단위 : 한국=100)

품종 \ 국가·연도	중국		대만		일본		이탈리아		미국	
	2015	2020	2015	2020	2015	2020	2015	2020	2015	2020
의류	76.2	95.1	89.7	102.6	112.5	116.4	112.5	117.6	103.6	108.9
산업용 섬유	81.1	99.2	94.1	100.3	105.6	111.4	103.1	108.1	104.4	110.3
생활용 섬유	82.0	99.6	90.9	103.3	99.5	106.1	103.2	110.5	100.7	107.8
의류용 섬유	81.4	98.0	92.0	100.7	112.6	116.3	108.1	111.0	103.6	107.2
전체	80.2	98.0	91.7	101.7	107.6	112.6	106.7	111.8	103.1	108.6

출처 : 박훈(2016. 6).

어질 것이고 후발 개도국과의 기술 격차는 줄어들 것이다(표 6–2). 국내 업체들을 대상으로 기술수준을 설문조사한 결과, 2015년 현재 일본보다는 7.6%, 이탈리아보다는 6.7% 낮다고 응답했으며, 2020년에는 12.6%, 11.8%로 그 차이가 더 클 것으로 보고되기도 하였다(박훈, 2016). 또한, 중저가품 시장에서는 중국에 비해 세계시장 점유율이 크게 하락하고 있는 것으로 보고되고 있다. 더욱이 최근 중국이 고부가가치 제품과 첨단산업용 섬유산업화 등을 통한 산업구조고도화 정책을 펴고 있어 우리 섬유산업과의 기술 및 품질 격차를 빠른 시일 안에 좁힐 것으로 예상되고 있다.

2.2 세계 섬유의류산업

세계 섬유의류산업은 인구 증가와 경제력 향상, 사회 발전 등에 의해 섬유 및 의복 수요가 꾸준히 증가하여 전 세계 섬유 생산량은 증가하였다(표 6–3). 그러나 각국이 차지하는 생산에서의 비중은 차이가 나타났다. 합성섬유 생산량을 예로 들어 보면(표 6–4), 한국을 비롯한 미국, 일본, 대만 등은 2000년도 대비 2016년에는 생산량이 감소했으나 중국은 2000년 615만 톤에서 2016년에는 무려 41,27만 톤으로 6.7배가 증가하였다.

세계 섬유의류산업은 2005년 WTO 섬유협정의 실효로 2005년부터 섬유무역이 자유화됨에 따라 저임금과 노동력을 바탕으로 한 중국, 베트남, 인도 등 후발 개도국의

표 6-3 세계 주요 섬유 생산량

(단위 : 천 톤)

섬유 \ 연도	2012	2013	2014	2015	2016	2017
화학섬유	54,828	59,393	62,102	64,627	64,981	66,936
천연섬유	24,348	27,603	27,522	22,371	24,614	26,777
계	79,176	86,996	89,624	86,998	89,595	93,713
전년 대비 증감률(%)	4.7	9.9	3.0	△2.9	3.0	4.6

출처 : 한국섬유산업연합회(2018. 4).

표 6-4 2000~2016년 주요 국가별 합성섬유 생산량 추이

(단위 : 천 톤)

연도 \ 국가	세계	한국	미국	일본	중국	대만
2000	26,219	2,645	3,149	1,308	6,158	3,123
2006	37,277	1,487	2,479	924	18,383	2,294
2010	44,104	1,567	1,848	623	27,908	2,206
2015	59,481	1,736	1,960	561	41,242	1,845
2016	59,686	1,651	1,962	507	41,271	1,798

출처 : 한국섬유산업연합회(2018. 4).

섬유산업은 크게 성장하였고 앞으로도 이런 추세는 계속될 듯하다. 이는 수출실적에서도 나타나 2016년 세계 섬유류 수출액은 전년 대비 2.4% 감소한 7,263억 달러였으며, 이 중 섬유 수출액은 2.4% 감소한 2,842억 달러, 의류 수출액도 2.4% 감소한 4,420억 달러라고 보고되었다. 2012~2014년까지 세계 섬유의류 수출실적은 증가하였으나 2015년에 감소하기 시작하더니 2016년에도 감소한 것으로 나타났다. 상위 10위국 중 많은 국가들이 2012년도에 비해 최근 들어 감소를 나타낸 데 비해 인도, 베트남과 방글라데시는 여전히 수출이 증가한 것으로 나타나 후발 개도국의 성장은 분명해 보인다(표 6-5). 또한, 중국은 압도적인 비율로 1위를 고수하고 있어 앞으로도 중국의 독주 현상은 지속될 것으로 보인다.

표 6-5 세계 주요 국가별 섬유의류 수출실적

(단위 : 백만 달러, %)

순위 (2016)	연도 / 국가명	2012	2013	2014	2015	2016		
						실적	전년 대비 증감률	비중
	세계	698,060	755,087	794,737	744,122	726,302	△2.4	100.0
1	중국	255,253	284,154	298,425	283,635	262,24	△7.3	36.2
2	인도	29,276	32,959	36,082	35,543	34,177	△3.8	4.7
3	이탈리아	35,333	37,209	39,135	32,994	33,425	1.3	4.6
4	베트남	18,337	21,761	25,504	27,576	30,756	11.5	4.2
5	독일	32,005	33,554	35,258	30,209	30,655	1.5	4.2
6	방글라데시	21,226	25,152	26,945	28,229	30,424	7.8	4.2
7	터키	25,344	27,572	29,184	26,073	25,960	△0.4	3.6
8	홍콩	33,119	32,636	30,295	27,523	23,589	△14.3	3.2
9	미국	19,086	19,795	20,463	20,055	18,552	△7.5	2.6
10	스페인	13,986	15,934	17,066	15,683	16,954	8.1	2.3
15	한국	18,880	14,143	14,157	12,763	12,092	△5.3	1.7

출처 : 한국섬유산업연합회(2018. 4).

3
미래 섬유의류산업에 대한 전망

3.1 첨단기술과 융·복합에 의한 의복의 기능 강화

웨어러블 컴퓨터의 출현은 의복에 대한 새로운 인식을 하게 하였다. 지금까지 의복은 인체 위에 걸쳐 외부환경에 대한 차단막 또는 미적 표현 도구로서의 기능을 주로 해왔다. 그러나 이제 의복은 의류학뿐만 아니라 전자공학, 화학공학, 의학 등 관련 학문분야 및 첨단기술과의 융·복합에 의해 이전에는 가져 보지 못한 특수한 기능을 가져 보다 적극적으로 인체를 보호하고 특별한 기능들을 수행하게 될 것이다.

3.2 첨단산업용 섬유, 컴퓨터와 로봇에 의한 생산, ICT와 패션의류를 결합한 신산업 중심으로의 산업구조 재편

이제 의류용 범용 제품의 생산은 한국 내수뿐만 아니라 수출 시장에서도 경쟁력을 상실한 것으로 보인다. 그러나 섬유의류산업은 여전히 경제에 큰 기여를 하고 있으며 고용 유발 효과나 전후방 연쇄 효과가 크고 기술 수준도 세계적이므로 이에 대한 지속적인 정책적 고려가 필요하다. 이에 정부는 2022년까지 세계 5대 섬유패션강국 재진입을 목표로 첨단산업용 섬유 집중 육성 및 섬유패션산업 생태계 강화를 위한 정책을 추진한다는 방침이다(최신웅, 2018). 이를 위해 컴퓨터와 로봇에 의한 스마트 공장 기술개발 및 시범공장 구축을 통해 의류용 섬유의 경쟁력을 강화하고(그림 6−5), 정보통신기술과 패션의류를 결합한 신산업 분야의 시장 확대를 위해 노력할 것이라고 발표하였다. 따라서 미래 섬유의류산업은 첨단산업용 섬유, 컴퓨터와 로봇에 의한 생산, 정보통신기술과 패션의류가 결합한 새로운 산업분야 중심으로 산업구조가 개편될 것으로 보인다.

3.3 온라인시장의 성장과 소호 상공인 영향력 증대

갈수록 인터넷을 기반으로 한 온라인 시장의 중요성이 커지고 있으며 최근에는 모바일에 의한 시장이 매우 가파르게 성장하고 있다. 이로 인해 소호 상공인이나 개인사업자

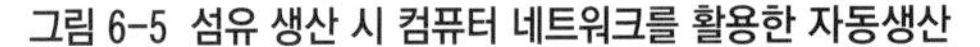

그림 6−5 섬유 생산 시 컴퓨터 네트워크를 활용한 자동생산

의 시장 접근이 수월해졌고, 성장 가능성도 커졌으며, 시장에 대한 영향력도 증가하고 있다. 세계 경기 불황에 의해 청년 창업을 독려하고 있는 현 세태에 비추어 볼 때 의류산업에서 창업 비율은 증가할 것으로 보인다.

3.4 유행 개념 변화와 증가되는 기획의 어려움

섬유의류산업은 예측을 기반으로 새로운 유행 창조를 통해 성장해왔다. 잘못된 예측은 사업을 실패로 이끌게 되므로 예측력의 정확도를 끌어올리기 위한 다양한 방법들이 사용된다. 특히 최근의 빅데이터 분석기술을 포함한 정보통신기술은 시장 예측력을 증가시키고 있는데, 이러한 정보는 기업뿐만 아니라 개인의 정보 수집력도 증가시켜 개인들이 많은 정보를 갖고 그중에서 선택하게 되었다. 또한 정보통신을 비롯한 첨단기술 발전으로 개인주의 성향이 더 짙어지면서 동조성의 개념을 바탕으로 하는 유행의 파급력이 약화되고 있는 것으로 보이며, 따라서 '유행' 개념에서 변화가 나타날 것으로 보인다. 정보예측력이 증가함에도 불구하고 보다 개인화되는 사회적 특성으로 인해 어떤 특정 트렌드가 유행 경향으로 전체 시즌 또는 시장을 장악하기는 어려워 다양한 주제라인을 갖는 브랜드, 특정 고객을 타깃으로 하는 브랜드, 작은 소집단 중심의 패스트 패션이 더욱 증가될 것으로 보인다.

3.5 친환경성 강조

지구 위에 존재하는 생물체의 공존을 위해 갈수록 친환경성 요구는 증가할 것이다. 따라서 미래 패션의 키워드 중의 하나는 친환경성으로 보인다. 아날로그 시대에서 디지털 시대로 넘어오면서 시간과 재료의 낭비를 줄여 사회 전체적으로 친환경적인 체제가 구축되었으며 의복에도 그러한 시도들이 끊임없이 나타나고 있다. 먼저 의복 소재에서부터 친환경성이 강화되어 생분해가 가능한 옥수수를 이용한 섬유와 폐폴리에스테르

그림 6-6 3D 프린터를 이용한 작업

를 이용한 축구복을 만들기도 하였다. 또한, 생산 방식에서도 친환경성을 추구하는데, 대표적인 사례가 3D 프린터이다(그림 6—6). 3D 프린터의 등장은 나만을 위한 옷을 가능하게 하여 3D 프린터에 의한 개인 맞춤 생산은 의류업에서 고질적으로 제기되고 있는 재고 문제를 해결할 것이고 이런 의미에서 이는 친환경적인 생산 방식으로 볼 수 있다.

3.6 가속화되는 글로벌 경쟁

국가별 시장 경계가 사라지며 각 나라의 소비자 기호가 점점 비슷해져 가고 있다. 대표적 예가 10대 청소년 제품 시장으로, 전 세계 청소년 신발시장 지배 브랜드는 나이키, 아디다스, 컨버스 등의 모두 글로벌 브랜드들이다. 이제 시장은 국내시장과 해외시장으로 구분할 수 없으며 글로벌 시장 안에서 전 세계 기업들과 경쟁해야 하는 상황이 된 것이다. 글로벌 경쟁 속에서 시장을 선점하면 글로벌 브랜드로 성장할 수 있어 갈수록 글로벌 경쟁은 더욱 치열해질 것이다(한국마케팅연구원, 2001).

생각할 문제

1 섬유의류 관련 기업 중 대기업에 속하는 다섯 개 기업의 이름과 이들이 주로 생산하는 제품은 무엇인지 알아보자.

2 국내 의류 브랜드 중 여성복, 남성복, 스포츠웨어, 아웃도어웨어 제조 브랜드를 한 개씩 찾아보고 이들 기업의 연간 매출액과 시장 점유율을 알아보자.

3 미래 섬유의류산업의 전망이 긍정적인지 또는 부정적인지 생각해 보고 그 이유는 무엇인지 토론해 보자.

CHAPTER 7

패션산업 윤리

ETHICS IN FASHION INDUSTRY

최근 사회 전반의 윤리적 문제에 대한 관심이 높아지면서, 패션산업의 윤리적 문제에 대한 실효성 있는 대응과 패션기업의 사회적 책임에 대한 요구가 높아지고 있다. 패션산업은 노동집약적인 산업의 특성상 노동자의 열악한 작업환경, 아동 노동, 저임금 문제와 같은 노동 문제로부터 자유롭지 못하다. 또한, 최근 패스트패션의 성장으로 인한 자원 낭비와 의류폐기물의 양산, 생산, 염색 및 후처리 과정에서 발생하는 환경오염 등 환경문제도 패션산업에서 다루게 되는 주요 윤리적 문제에 포함된다. 본 장에서는 패션산업의 환경문제, 노동자 인권문제, 디자인 윤리문제 등 사회적 책임 있는 패션기업이 고려해야 하는 윤리적인 주제를 다루어 보도록 한다. 또한, 소비자가 윤리적 패션산업을 위해 어떠한 소비 행동을 해야 하는지도 살펴본다.

학습목표

- 패션산업에서 발생하는 환경문제와 인권문제에 대해 알아보고, 그러한 문제를 개선하기 위한 방안을 살펴본다.
- 패션산업의 디자인 윤리와 관련 법규를 알아본다.
- 패션의 윤리적 소비와 비윤리적 소비에 대해 알아본다.
- 패션기업의 사회적 책임에 대해 알아본다.

1
패션산업과 환경

패션 제품은 원재료 생산, 염색 및 가공, 제품의 생산과정, 폐기 등 단계별로 다양한 환경문제를 일으킨다. 따라서 소재, 생산, 폐기 단계에서 발생하는 환경문제와 이러한 환경문제의 개선하려는 노력을 살펴보도록 한다.

1.1 패션산업의 환경문제

최근 패스트 패션[1]이 크게 성장하면서, 의류도 패스트푸드처럼 유행하는 것은 한 시즌만 입고 버리는 소비자가 많아지고 있다. 소비자 입장에서는 유행하는 옷을 비교적 저렴한 가격에 구매할 수 있고, 기업의 경우에도 상품이 빨리 회전되고 판매가 잘 이

표 7-1 패션 상품의 라이프사이클 단계별 발생하는 환경문제

라이프사이클 단계	환경문제
원재료의 생산	• 식물 재배 과정에서 사용되는 농약 및 화학비료로 인한 오염 • 동물 사육 과정의 분뇨로 인한 오염
원사	• 표백제로 인한 오염
원단	• 화학적 염색, 프린트, 폐수로 인한 오염 • 인조가죽, 인조모피 생산 시 화학물질 사용으로 인한 오염 • 화학적 후가공으로 인한 오염
의류	• 생산 과정에서의 유해물질 방출, 탄소 발생
판매/유통	• 과대포장, 물류 이동 시 에너지 사용 및 탄소 배출
소비	• 세탁 시 합성세제 사용, 드라이클리닝 시 오염물질 발생 • 건조, 다림질 시 에너지 사용 및 탄소 발생
폐기	• 토양오염, 대기오염

출처 : 신혜영(2010).

1) 비교적 저렴한 가격대에 최신 유행을 반영한 상품을 빠르게 공급해 상품 회전율이 빠른 패션브랜드. 대표적인 패스트패션 브랜드로는 미국의 갭, 스페인의 자라, 일본의 유니클로, 스웨덴의 H&M 등이 있고 국내 브랜드로는 미쏘, 스파오 등이 있다.

루어지므로 패스트 패션은 전 세계적으로 각광받고 있다. 하지만 패스트 패션 옷은 최신 유행을 반영한 것이다 보니, 한 시즌이 지나면 유행에 맞지 않아 폐기되는 경우가 많아, 자원 낭비와 의류 폐기물의 양산으로 인한 환경문제도 제기되고 있다.

이 외에도, 면과 같은 원자재 생산으로 인한 수질 및 토양오염, 생분해가 어려운 합성섬유의 사용 증가, 염색 및 가공 과정에서 발생하는 환경오염 등 패션 상품의 생산에서 폐기에 이르기까지 단계별로 다양한 환경문제가 발생한다(표 7-1).

소재

① 면

면과 같은 셀룰로스 섬유를 얻기 위해 식물을 재배하는 과정에서 비료, 농약, 살충제 등이 많이 사용된다. 알려진 바로는 전 세계 작물 재배지 중 2.4%에서 목화가 재배되는 반면, 전 세계 살충제 판매의 24%, 농약 판매의 11%가 목화 재배에 사용된다고 한다. 이러한 살충제와 농약 사용은 심각한 토양오염뿐만 아니라 수질오염을 일으킨다(WWF, 1999).

더욱 심각한 환경문제는 면화 재배에 사용되는 물이다. 면화 재배에는 많은 물이 사용되는데, 1kg의 면화를 생산하기 위해서는 약 20,000L의 물이 필요하다. 이 때문에 중국, 인도, 중앙아시아 등에서는 면화 재배를 위해 물을 공급하다 강의 수량이 줄어들어 강 하류에서 사막화가 일어나기도 한다. 실제로 한때 세계에서 네 번째로 큰 호

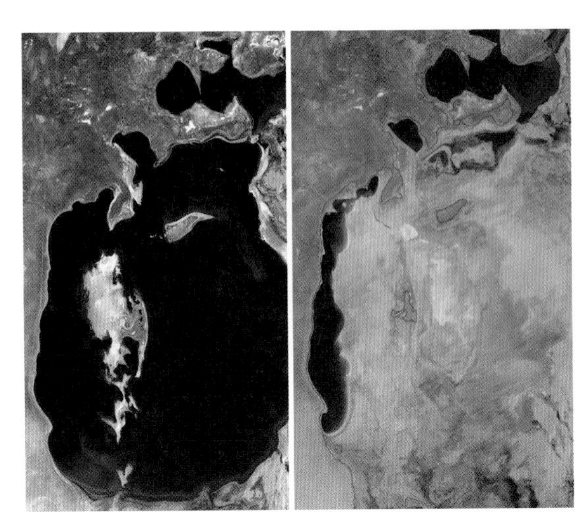

그림 7-1 NASA에서 촬영한 아랄 해의 모습(좌 : 1989년, 우 : 2014년). 중앙아시아 지역의 목화 재배로 인한 심각한 수량 부족 상황을 볼 수 있음

수인 아랄 해는 카자흐스탄과 우즈베키스탄의 목화 재배로 인해 수량이 급격히 줄어들어 심각한 환경문제를 일으키고 있다(그림 7—1).

② 양모

양모와 같은 단백질 섬유를 얻기 위해 동물을 사육하는 과정에서 많은 탄소가 발생하고, 동물들의 분뇨 처리 시 수질오염 등 환경문제가 일어난다.

③ 가죽과 모피

패션산업에서는 구두와 가방뿐 아니라 일반 의류에서도 가죽이 자주 사용된다. 소, 말, 돼지, 양을 포함하여 타조, 악어, 도마뱀, 뱀 등과 같은 다양한 동물들이 가죽 생산을 위해 희생된다. 고급가죽으로 이용되는 타조와 악어 농장의 사육 환경이나 가죽 채취 과정의 비인간적인 모습이 동물보호단체와 언론에 의해 알려지면서, 친환경적인 가죽 사용 방안에 대한 요구가 높아졌다. 이러한 방안의 일환으로 식용으로 사용되는 소나 돼지의 부산물인 가죽을 이용하거나, 인조가죽이 활용되고 있다.

그림 7-2 2010년 홍콩 패션위크에서 진행된 PETA의 반모피 데모

모피의류를 생산하기 위해서 토끼, 족제비, 밍크, 다람쥐, 너구리, 담비, 여우 등이 희생된다. 예전에는 야생동물을 사냥하여 모피로 활용하였는데, 수요가 많아지면서 이제는 대부분 모피 생산을 위해 농장에서 동물을 사육한다(이유리 외, 2009). 그런데, 이 농장들의 사육 환경이 열악하고 모피 채취 과정이 가학적이어서 동물 학대 문제가 심각하게 대두되었다. 이러한 모피산업과 패션업계의 모피 이용에 대해 PETA[People for the Ethical Treatment of Animals]와 같은 단체에서는 지속적으로 문제를 제기하였고, 이에 항의하는 캠페인을 진행하고 있다.

④ 합성섬유

패스트 패션은 주로 값이 저렴한 합성섬유나 혼방섬유를 사용한다. 특히, 저렴하고 쉽게 구할 수 있는 폴리에스테르는 총 생산 섬유의 60%를 차지할 정도라고 한다. 합성섬유는 제조하는 과정에서 화석연료를 훨씬 많이 사용하기 때문에, 천연섬유인 면섬유와 비교할 때 거의 세 배에 달하는 탄소를 배출시킨다. 또한, 생분해가 되지 않아 썩지 않는 쓰레기를 남기게 되어 매립 시에는 토양오염, 소각 시에는 대기오염에 영향을 미친다.

그 외에도 합성섬유는 옷을 세탁할 때 평균 1.7g의 미세섬유 조각(미세플라스틱)이 떨어져, 세탁기를 한 번 돌릴 때마다 수십만 개의 미세섬유가 하수구로 흘러 들어가 바다를 오염시킨다(Paddison, 2016).

생산과정

① 염색, 가공 중 발생하는 유해물질

의류는 생산과정 중 염색 및 촉감이나 광택 개선을 위한 다양한 가공이 행해진다. 이 공정 중에 많은 양의 화학물질들을 사용하게 되고, 그중 많은 양이 폐수로 배출되어 수질오염을 일으켜 환경문제를 발생시킬 수 있다. 또한, 청바지 한 벌을 만들기 위해서는 물 1,500L가 사용되는 것과 같이 염색 과정에서 많은 양의 공업용수가 사용된다. 이를 개선하기 위해 DTP Digital Textile Printing와 같은 친환경적인 염색 방법을 활용하는데, DTP의 경우 염액 100%가 염색에 사용되어 염료의 미염착으로 인한 폐수 발생이 일어나지 않는다(이유리 외, 2009).

② 작업 환경

염색 및 가공 공정 중 인체에 해로운 물질들이 많이 사용되므로, 관련 공장에서 근무

그림 7-3 친환경적인 염색 방법인 DTP

하는 작업자들에게 직업병이 발생할 수 있다. 또한, 섬유로부터 발생한 먼지들로 인해 호흡기 질환이 발생하기도 하고, 작업 중 화학물질 접촉을 통한 피부 질환, 시끄러운 소음으로 인한 청력 이상이 발생할 수 있다.

폐기

환경부의 발표에 따르면 하루에 발생하는 의류 폐기물은 2008년 162톤(연간 5만 4,700톤)에서 2014년 214톤(연간 7만 4400톤)으로 약 30% 이상 증가했다. 이러한 의류 폐기물은 대부분 재활용되지 않고 매립되거나 소각된다. 의류는 한 종류의 섬유로만 이루어지지 않고, 혼방되거나 다양한 의류 소재가 같이 사용되는 경우가 많아 이를 재활용하기란 쉽지 않다. 매립이나 소각 처리할 경우 생분해가 되지 않아 토양오염을 일으킬 뿐 아니라, 이산화탄소와 다이옥신 등 각종 유해물질을 발생시켜 대기오염을 일으키게 된다.

재사용이란 물리적 수명이 다하지 않은 상태의 의복을 본인 또는 타인이 다시금 착용하도록 하는 것으로 재활용보다 더욱 친환경적인 방법이다. 자신의 옷을 리폼하여 착용하거나, 타인에게 판매 혹은 기부를 통해 재사용할 수 있다. 우리나라에서는 아직 중고의류 시장 규모가 크지 않으며, 기업 규모도 매우 영세한 편이지만, 아름다운 가게에 의류를 기부하고 또 중고의류를 구매할 수 있으며, 동묘나 동대문 광장시장에서 구제 의류나 빈티지 의류를 구매할 수 있다. 최근에는 온라인 카페 '중고나라' 등을 통해 중고의류제품의 거래가 진행되는 경우도 많다.

폐의류를 비롯한 폐섬유를 모아 일련의 과정을 거쳐 새 제품으로 만들어내는 것을 재활용이라고 한다. 천연섬유는 합성섬유와 조합하여 강화플라스틱과 같은 형태의 건

그림 7-4 재활용 폴리에스터를 이용한 의류 생산 과정

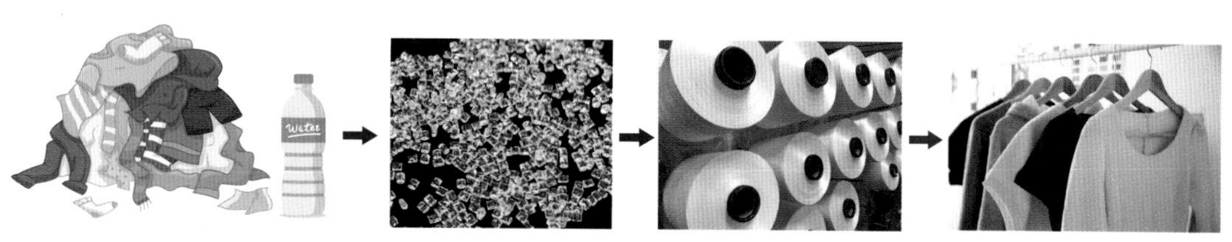

축자재로 활용하거나, 펠트나 부직포의 형태로 재생산되는 예도 있다. 나일론과 폴리에스터와 같은 합성섬유는 화학적 리사이클링을 통해 필라멘트로 재생산되기도 한다(그림 7-4).

1.2 패션산업의 친환경 트렌드

환경오염과 자원남용으로 인한 지구온난화의 문제가 날로 심각해지는 가운데 패션산업에서도 친환경이 트렌드로 꾸준히 부각되고 있다. 유명 디자이너들과 패션브랜드들이 친환경 소재를 활용하거나 메시지를 담은 디자인을 선보이고 있으며, 글로벌 패션브랜드들도 유기농 섬유와 염료의 사용을 늘리고 있다.

건강과 환경에 대한 관심이 높아지면서 친환경 의류 소재의 인기도 급상승하고 있는데, 그 대표주자는 유기농 면organic cotton이다. 유기농 면은 3년 이상 농약이나 화학비료를 사용하지 않은 건강한 토양에서 살충제·화학비료·제초제 등 화학물질을 쓰지 않고 재배한 면을 말한다. 양모, 실크와 같은 천연소재인 경우에도 친환경적으로 재배되거나 수집된 소재에 대한 소비자들의 관심이 높다.

이러한 유기농 천연소재 외에도 생분해성 섬유를 개발하기 위한 다양한 노력이 이루어져, 셀룰로스 친환경 섬유에는 바나나 줄기 내피를 이용한 바나나 섬유, 코코넛 열매 껍질을 이용한 코코넛 섬유, 대나무 섬유소를 이용한 대나무 섬유, 닥나무 펄프를 이용한 한지 섬유 등이 있으며, 단백질 섬유에는 우유의 단백질을 이용한 우유 섬유, 땅콩 단백질 아라킨arachin을 이용한 땅콩 섬유, 제인zein 단백질을 이용한 옥수수 섬유, 대두 단백질 글리시닌glycinin을 이용한 대두 섬유 등이 있다. 이 외에도, 옥수수 전분으로부터 폴리젖산 수지를 추출하고 이 수지로부터 섬유를 뽑은 PLApolylactic acid 섬유[2)]가 있다. 생분해성이 높은 PLA는 일회용 플라스틱이나 비닐봉지로 활용되기도 하고 섬유용으로는 유아용 및 노인용 의복, 내의류, 부직포, 자동차 매트 등으로 활용된다.

---

2) PLA 섬유는 옥수수 전분을 발효해 저분자량화합물로 변환한 다음, 화합물을 통해 고분자 화합물로 바꿔 이를 섬유로 뽑아낸 것으로, 일반 플라스틱이나 합성섬유와 달리 토양에서 최적의 조건으로 30일 이상 방치 시 90% 이상이 분해된다.

의류 생산 공정 측면에서도 친환경 움직임이 일어나고 있다. 청바지 업체인 리바이스는 '2020년까지 환경 유해 화학물질 방류 완전히 없애기Zero Discharge of Hazardous Chemicals by 2020'란 기업 목표를 위해 기업 제품 공급망 내 일부 과정을 자동화시키고, 이와 함께 생산 시 사용되는 화학약품의 종류 및 수를 많이 감소시켜 보다 친환경적인 청바지를 생산한다고 한다. 기존에는 데님 후처리와 가공 과정에서 많은 화학약품과 노동력이 사용되었는데, 이를 개선하기 위해 청바지 제조 과정을 새롭게 개발한다는 것이다("Future-led execution", n.d.). 이 외에도 패션기업들은 지속적으로 원단 폐기물과 공업용수를 줄이는 노력을 하고 있다.

2
패션산업과 인권

패션산업에서는 노동집약적인 산업의 특성상 노동자의 열악한 작업 환경, 저임금, 아동노동 문제와 같은 노동자의 인권문제가 계속 야기되어 왔다. 패스트 패션이 최신 유행을 반영한 디자인의 의류를 비교적 저렴한 가격으로 소비자에게 성공적으로 다가간 이면에는, 저렴한 가격대로 제공하기 위한 제3세계 노동자들의 열악한 근무환경과 저임금의 문제가 있다. 이러한 노동자의 인권문제는 반도체나 전자, 건설, 서비스 등 다른 산업 분야에서도 심각하게 논의되는 주제로, 패션산업만의 문제는 아니다. 본 장에서는 제3세계 패션산업 노동자의 인권문제 중심으로 살펴보았다.

2.1 패션산업의 인권문제

초기 산업단계 패션산업은 제품 생산에 고도의 기술이 필요하지 않고 산업 설비 등에 대한 고정 자본의 비중이 적어, 적은 자본으로 시장에 진출할 수 있는 산업이다. 또한,

그림 7-5 의류산업계 상위 25 의류 수출국의 월 최저임금(2014년 1월 1일, US$ 기준)

출처 : Leubker, M.(2014)

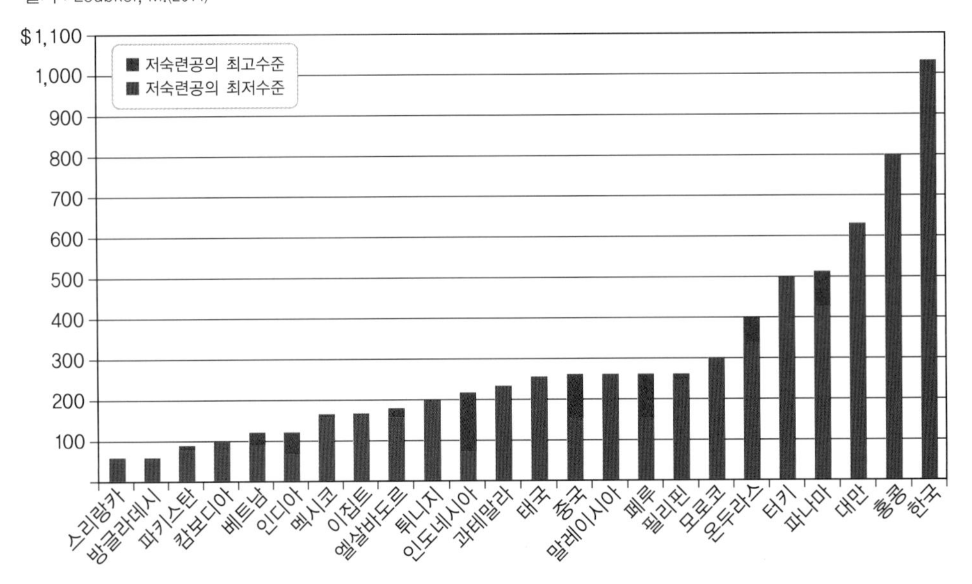

패션산업은 타 제조업과 비교하면 노동생산성이 낮고, 제조원가에서 노무비가 차지하는 비중이 크다는 특징을 가지고 있다. 이러한 특징 때문에, 저개발 국가에서 초기 산업단계에 의류를 생산하는 봉제산업이 크게 일어나는 것이다. 우리나라의 경우에도 1970~1980년대에 세계 최대 규모의 글로벌 패션 생산기지 역할을 수행하였으며, 지금은 우리나라보다 낮은 임금체계를 가지고 있는 베트남, 방글라데시, 인도 등과 같은 국가가 새로운 패션 생산기지로 부상하며 그 역할을 대신하고 있다.

상당수의 국내 패션기업은 상승된 국내 인건비로 인해 의류제품의 가격 경쟁력이 약화되자, 값싼 노동력을 찾아 생산기지를 해외로 이전했다. 〈그림 7-5〉는 세계 상위 25개 의류 수출국의 월 최저임금을 보여주는데(2014년 기준), 스리랑카의 경우 월 66달러로 한국 최저임금의 1/15임을 알 수 있다(Leubker, 2014). 패션산업에서는 생산직 노동자의 인권문제가 많은 쟁점이 되었는데, 이를 세부 주제별로 살펴보면 다음과 같다.

근무 환경

열악한 근무 환경에서 적은 돈을 받고 일하는 작업장을 스웨트숍이라고 하는데, 많은 제3세계 의류생산공장들이 이러한 스웨트숍의 형태로 운영된다. 2013년 붕괴된 방글라데시 라나플라자 사고 후, 희생된 여성 노동자들의 열악한 근무 환경과 낮은 임금수준이 언론에서 크게 다루어졌다. 낮은 임금, 열악한 근로 환경, 심한 노동강도, 공장주의 부도덕한 경영으로 운영되는 스웨트숍이 여전히 존재하고, 세계적으로 유명한 패션기업들이 이러한 생산공장에서 상품을 생산하고 있다. 하지만, 이러한 여러 문제들은 부도덕한 공장주의 문제로만 보기보다는, 패스트 패션 업계의 원가절감을 위한 기업의 글로벌 의류 생산 전략, 하청-재하청 구조로 이루어진 의류 생산, 가격에 민감한 소비자의 저가격선호 소비 행태와 같은 패션산업의 구조적인 측면에서 살펴보아야 한다.

강제노동

강제노동forced labor은 중앙아시아 면화 재배지역에서 가장 많이 발생하고 있다. 예를 들면, 투르크메니스탄Turkmenistan에서는 정부에서 할당한 면화를 수확하기 위해, 학생들과 노동자들이 임금도 받지 못하고 면화 수확에 동원된다. 서아프리카의 베냉Benin과 부르키나파소Berkina Faso, 아시아의 중국, 인도, 카자흐스탄, 파키스탄, 타지키스탄, 투르크메니스탄, 우즈베키스탄에서 전 세계의 65%에 해당하는 면화를 생산하는데, 이들 나라가 강제노동이 발생하는 주요 국가이다(Know The Chain, 2016).

아동노동

국제노동기구 ILOInternational Labour Organization의 정의에 의하면, 아동노동은 어린 시절의 잠재성과 인간 존엄성을 박탈당해 신체적·정신적 개발에 지장을 주는 강제성 노동으로, 5~17세 사이의 전 세계 어린이 2억 1,800만 명이 고용되어 일하고 있는데, 이 중에서 152만 명이 아동노동의 피해자라고 한다("Child labour", n.d.).

그림 7-6 면화를 수확하는 어린이

의류 공급 사슬 대부분은 저기술 노동력을 필요로 하여 기술이 없는 아동이 일할 기회가 많고, 업무에 따라서는 성인보다 어린이들에게 훨씬 더 적합한 일이 있기 때문에 아동노동 문제가 자주 발생한다. 예를 들면, 농작물에 피해를 주지 않는 작은 손가락 때문에, 패션산업에서 면화 수확 시에는 고용주들이 어린 아이에게 일을 시킨다고 한다.

2.2 패션산업의 인권문제 개선을 위한 노력

패션산업의 인권문제 개선을 위해 패션기업들을 그들의 윤리강령에 강제노동이나 아동노동을 금지하고, 근로자들의 근무환경이나 임금수준에 관한 규정을 명시하고 있으며, 협력업체와의 계약 시에도 이러한 조건을 요구한다. 하지만, 여전히 근로자들의 노동 환경과 낮은 임금, 아동노동 문제는 이어지고 있는데, 이는 패션업계의 복잡한 공급망 때문이다. 패션기업이 공급업체에 대한 엄격한 지침을 가지고 있다 하더라도, 실제 제품이 패션기업이 알지 못하는 하청, 재하청 공장들에게서 생산되는 경우가 많아 실질적인 관리가 어려운 것이다. 또한, 극심한 빈곤지역에서는 생계를 위해서 낮은 보수를 받고 열악한 환경일지라도 기꺼이 일하려고 하는 여성, 아이들이 있기 때문이다.

패션산업의 인권문제의 심각성을 알리고, 이 문제를 개선하고자 많은 비정부 기구 및 단체들이 활동하고 있는데(표 7-2), 그중 ETI[Ethical Trading Initiative]에서는 노동자 권리를 위한 기본 규정 9개를 제시하고 있으며("ETI base code", n.d.), 많은 기업이 이러한 규

표 7-2 윤리적 패션을 위한 비정부 기구 및 단체

단체 이름(웹사이트)	활동 내용
Clean Clothes Campaign (https://cleanclothes.org)	• 1989년 네덜란드에서 설립된 의류산업의 최대 노동조합 및 비정부 기구 연합 • 의류 및 스포츠의류산업 근로자들의 작업 환경을 개선하고 근로자들에게 권리를 부여하는 데 노력
Ethical Trading Initiative (https://ethicaltrade.org)	• 1998년에 영국에서 설립 • 영국에서 60만 명의 이주 노동자들을 위한 법적 보호를 도입하여 세계 공급망의 윤리적인 무역을 지원해 왔고, 방글라데시 일부 지역의 실질 임금 인상 운동을 지원 • 협력 업체를 통해 공급 체인에 ETI 기준 코드를 구현함으로써 윤리적 거래를 구축하기 위해 노력
PETA (https://www.peta.org)	• PETA(People for the Ethical Treatment of Animals)는 650만 명의 회원과 지지자를 가진 세계에서 가장 큰 동물권리단체 • 식품 산업, 의류산업, 실험실, 연예산업에서 고통받는 동물들의 문제에 대해 공교육, 잔인성 조사·연구, 동물 구조, 법률, 항의 캠페인 등을 진행

ETI 노동자 권리를 위한 기본 규정

- 근로자의 고용은 자유롭게 선택되어야 한다.
- 결사의 자유와 단체 교섭권이 존중되어야 한다.
- 작업 환경은 안전하고 위생적이어야 한다.
- 아동 노동력을 사용해서는 안 된다.
- 생활 가능한 임금이 지급되어야 한다.
- 근무 시간은 과도하지 않아야 한다
- 어떠한 차별도 행해지지 않아야 한다.
- 정규직이 보장되어야 한다.
- 가혹하거나 비인간적인 대우는 허용되지 않아야 한다.

출처 : ETI 홈페이지(www.ethicaltrade.org)

정들을 기업의 윤리강령에 명시하여 패션산업에서의 인권문제를 개선하고자 노력하고 있다(읽어보기 참조).

3
패션산업의 디자인 윤리

패스트 패션이 성장하면서 큰 문제로 대두된 것이 디자인 표절 문제이다. 다수의 패스트 패션 기업이 의류디자인 표절의 주범으로 지목받고 있지만, 실제로 혐의가 인정된 경우는 매우 드물다. 오히려 고가 브랜드 제품을 모방한 저가의 녹오프knock off 제품은 불티나게 팔린다.

사실, 패션업계에서는 디자인 모방이 '샘플 따먹기' 등의 이름으로 묵인되고 있는 것이 현실이다(이유리 외, 2009). 의류제품의 '디자인'도 특허청에 등록된 경우에는 법의 보호를 받을 수 있지만, 디자인 등록을 위해선 6개월~1년에 달하는 기간 동안 10단계의 심사를 거쳐야 하며, 신진 디자이너가 감당하기엔 많은 비용이 발생하고 절차도 복잡하다. 또한, 시즌별로 다수의 새 디자인을 소개해야 하는 패션업계의 특성상 모든 제품을 매번 디자인 등록하는 것은 현실적으로 어렵다. 그리고, 라이프사이클이 빠른 상품의 경우는 오랜 시간이 소요되는 등록 과정이 실질적으로 불가능하다. 또한, 디자인 등록을 한다 하더라도, 표절의 의미가 모호해서 표절 여부를 판단하기도 쉽지 않기 때문에 현실적으로 상표가 아닌 디자인을 등록하는 패션디자이너나 패션기업은 흔치 않다. 그렇다면 패션산업의 지적재산권 보호에 대해 살펴보자.

3.1 패션산업의 지적재산권 보호

지적재산이란 '인간의 창조적 활동 또는 경험 등에 의하여 창출되거나 발견된 지식·정보·기술, 사상이나 감정의 표현, 영업이나 물건의 표시, 생물의 품종이나 유전자원, 그 밖에 무형적인 것으로서 재산적 가치가 실현될 수 있는 것'을 말한다(「지식재산 기본법」, 2011). 패션산업에서 생산되는 의류디자인이나 아이디어 등도 이러한 무형적 가치에 해당하며, 패션 상품의 특징상 생산주기가 짧아 디자인 아이디어가 유행할 경우 도용 또한 빠르게 발생하는 특징을 가진다.

지적재산권은 크게 산업재산권, 저작권, 신지식재산권으로 나누어지는데, 패션산업의 지적재산권은 이 중 산업재산권에서 다루어진다. 산업재산권은 상표권, 특허권, 실용신안권, 디자인권으로 나누어진다(그림 7–7).

그림 7-7 지적재산권의 분류

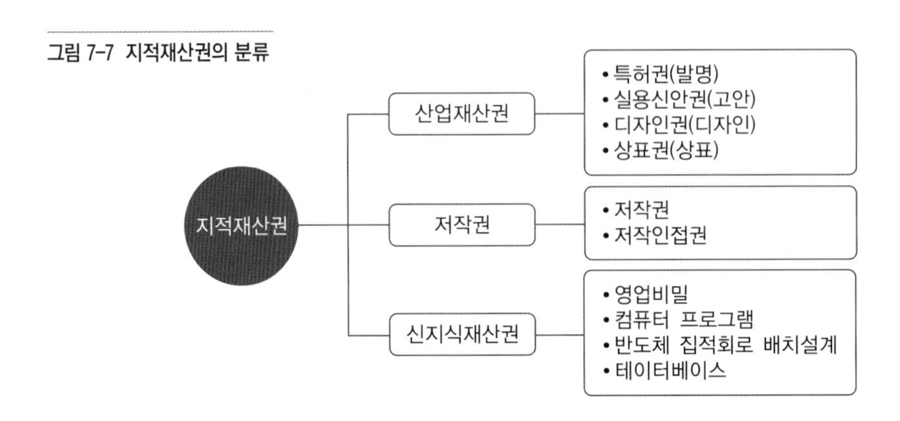

상표권

상표는 '자기의 상품과 타인의 상품을 식별하기 위하여 사용하는 표장'을 말하는 것으로 표장은 '기호, 문자, 도형, 소리, 냄새, 입체적 형상, 홀로그램·동작 또는 색채 등으로서 그 구성이나 표현방식에 상관없이 상품의 출처를 나타내기 위하여 사용하는 모든 표시'를 말한다(「상표법」, 2017). 상표는 다른 상품과는 다르다는 식별을 가능하게 하며, 출처표시 기능을 하고, 품질을 보증하는 기능을 하여 소비자가 물건을 선택할 수 있는 지표로 흔히 사용된다. 타인의 상품을 표시하는 것이라고 수요자 간에 현저하게 인식된 상표와 동일 또는 유사한 상표로서, 그 타인의 상품과 동일 또는 유사한 상품에 사용하는 상표는 「상표법」에 위배된다. 위조상품을 제조 및 유통할 경우 「상표법」과 「부정경쟁방지 및 영업비밀보호에 관한 법률」에 위배된다.

복제품은 복제 정도에 따라 모조품과 녹오프로 나누어 볼 수 있다. 모조품counterfeit goods은 브랜드 의류를 그대로 복사하고 원 브랜드명과 상표까지 복제하여 붙인 것이다. 이 경우에는 「상표법」과 「부정경쟁방지 및 영업비밀보호에 관한 법률」에 위배된다. 녹

표 7-3 국내 상표분쟁 사례

원고	피고	결정
E·LAND	ÅLAND	외관, 호칭, 관념의 차이로 인하여 식별표지로서의 서로 오인·혼동의 우려가 없으므로 동일하거나 유사한 상표라고 할 수 없다[특허법원 2011허8426 판결].
웨스트우드 WestWood	Vivienne Westwood	Westwood만 보면 인용상표와 외관, 호칭, 관념에 있어서 글씨체를 제외하고는 모두 동일하여 Vivienne Westwood와 유사한 상표이고 상품도 동일하고 수요자의 범위가 일치하므로 웨스트우드(우)는 등록될 수 없다[특허법원 2003허2942 판결].
		전체적으로 볼 때 유사하여 일반 수요자나 거래자가 그 상품 출처에 대하여 오인·혼동을 일으킬 우려가 있으므로 우측 피고는 등록 취소해야 한다[특허법원 2010허8719 판결].
		좌측 등록의장은 'C'자 도형 2개의 대칭형 결합부분이 의장의 구조적 특징을 가장 잘 나타내는 부분으로 이 부분이 우측 샤넬(CHANEL)의 등록의장과 유사하고, 대상물품도 '가방용장식구'이고, 지정상품이 '가방류'로 오인, 혼동의 우려 있음. 좌측이 등록할 때 이미 우측 샤넬(CHANEL) 의장이 사람들에게 알려져 있었으므로 좌측 등록을 무효화한다[특허법원 2003허557 판결].

출처 : 한국의류산업현협회(2014).

오프는 유행하는 유명제품의 값싼 유사상품을 말하는 것으로, 다른 브랜드명으로 판매되기 때문에 상표권에 위배되지는 않는다. 최근 문제가 되는 패스트 패션 업체의 럭셔리브랜드 디자인 도용사례가 이러한 녹오프 제품에 해당한다. 이 경우에는 「디자인보호법」에 해당하여 위배 여부를 검토해야 한다.

상표 보호를 강화하는 것이 세계적인 추세지만, 상표권 판결은 상표가 사람들에게 얼마나 잘 알려진 상표인지에 따라 달라지고, 진품의 상표와 사용형태가 다른 경우에는 상표권 침해로 보지 않은 판결도 있으며, '상표의 사용'으로 인식될 수 없는 경우는 상표권 침해로 보지 않을 수도 있다(표 7-3).

특허권

특허권을 받기 위해 갖추어야 할 특허요건은, ① 산업상 이용가능성이 있어야 하며 출원하기 전에 이미 알려진 선행기술이어서는 안 되고, ② 선행기술로부터 쉽게 생각해 낼 수 없는 진보성을 가져야 한다는 것이다. 특허권의 경우 존속기관은 20년이며 권리를 획득한 국가 내에서만 효력이 발생한다. 특허권의 경우 '발명'에 해당하므로, 패션상품 중에서도 주로 기술적으로 진보된 전문적인 물품이 대상이 된다.

실용신안권

특허가 발명에 의한 법적 조치라면 이보다 낮은 단계의 소발명은 실용신안권으로 보호할 수 있다. 실용신안권은 실용적 고안이나 유용한 기술을 대상으로 하며, 특허와 비교해 기술적 진보가 낮고 보호 기간도 짧다. 보통 실용신안은 이미 발명된 것을 개량해서 보다 편리하고 유용하게 쓸 수 있도록 한 물품에 해당하는데 한국, 일본, 독일, 프랑스 등을 포함한 전 세계 26개국의 소수 나라에서만 인정되며, 법적 보호 기간은 등록일로부터 등록출원 후 10년이다.

그림 7-8 미국관세국경보호청에 압수된 명품브랜드 불법복제 모조품 신발

표 7-4 산업재산권의 정의와 존속기간

구분	특허	실용신안	디자인	상표
정의	자연법칙을 이용한 기술적 사상의 창작으로서 발명수준이 고도화된 것(대발명)	자연법칙을 이용한 기술적 사상의 창작으로서 물품의 형상·구조·조합에 관한 실용성 있는 고안(소발명)	물품의 형상·모양·색채 또는 이들이 결합한 것으로서 시각을 통하여 미감을 느끼게 하는 것	자기의 상품과 타인의 상품을 식별하기 위해 사용하는 표장
존속기간	설정 등록일로부터, 출원일 후 20년까지	설정등록일로부터, 출원일 후 10년까지	설정등록일로부터, 출원일 후 20년까지	설정등록일로부터 10년(10년마다 갱신 가능, 반영구적 권리)

디자인권

디자인은 물품의 외관에 대한 창작을 보호대상으로 하는 지식재산권을 의미하며, 디자인권자에게는 등록디자인에 대한 독점적 실시권이 부여된다. 설정등록일로부터 출원일에서 20년까지의 독점 기간과 고의적인 침해자에게 7년 이하의 징역 또는 1억 원 이하의 벌금을 부과할 수 있다. 유명 브랜드 디자인을 카피한 후 저렴한 재료를 사용하여 저가로 유사하게 생산하는 녹오프의 경우 「디자인보호법」에 따라 위배 여부를 살펴볼 수 있다(「디자인보호법」, 2018).

디자인으로 등록되기 위해서는 「디자인보호법」상의 디자인 개념에 적합해야(디자인으로서의 성립성) 하는데, ① 공업상 이용가능성(공업적 생산 방법에 의해서 동일 물품을 양산할 수 있을 것), ② 신규성(출원하기 전 일반 대중에게 공개되지 않을 것), ③ 창작 비용이성(이미 잘 알려진 형상이나 모양, 색체 또는 이들의 결합에 의해서 용이하게 창작될 수 없는 디자인일 것)의 세 가지 요건을 갖추어야 한다.

3.2 윤리적 패션디자인

윤리적인 패션디자인이란 무엇일까? 표적 소비자들의 니즈와 제품특성에 따른 트렌드를 반영하는 것은 패션디자인의 기본이므로, 윤리적인 패션디자인도 이러한 기본 요건은 충족해야 할 것이다. 그렇다면, 윤리적인 패션디자인을 하기 위해서는 그 외에 어떤 점을 고려할 수 있을까?

독창적인 디자인

윤리적인 패션디자인의 첫째 요건은 무엇보다도 다른 디자이너를 흉내 내거나 따라 하지 않는 독창성일 것이다.

친환경·재활용 소재의 사용

유기농 면이나 생분해성 소재, 재활용이 가능한 소재, 인체에 유해하지 않은 소재 등 친환경 소재를 선택하여 디자인하는 것이다. 중금속을 사용한 염색이나 후처리 프린트와 자수를 가능하면 사용하지 않거나, 폐기되는 의류를 재활용하는 디자인도 포함된다.

물리적 자원의 낭비를 최소화하는 디자인

소재 사용을 절감하거나 버려지는 원단을 최소화하는 디자인을 하는 것이다. 단순한 라인의 클래식한 디자인이나 디테일을 최소화하는 디자인, 유행에 민감하지 않아 오랜 기간 착용할 수 있는 디자인이 포함된다.

에너지 사용을 최소화하는 디자인

제품의 생산, 유통, 사용 시에 에너지 사용과 탄소 발생을 최소화하는 것도 윤리적인 디자인이다. 오염이 쉽게 되지 않아 관리가 쉽고, 세탁 시에도 빨리 건조되는 디자인이나 상품의 이동이나 배송이 쉬운 디자인이 포함될 수 있다.

그림 7-9 코오롱의 리코드(RE;CODE)는 폐기되는 의류를 업사이클하여 판매함

사용의 극대화가 가능한 디자인

다양한 목적과 기능이 통합된 제품으로 사용자가 상황이나 필요에 따라 제품의 기능 및 사용법을 변형할 수 있도록 하는 디자인을 말한다. 양면 사용이 가능한 리버서블reversible 디자인, 소매를

탈부착하거나 긴 바지에서 반바지로 길이 변형이 가능한 디자인 등이 그 예이다. 최근에는 원피스에서 스커트 등 다양한 형태의 의복으로 변형되는 디자인도 소개되고 있다.

4
윤리적 소비

지금까지는 기업과 디자이너가 윤리적이고 지속가능한 패션비즈니즈를 위해 고려해야 하는 점들을 살펴보았다. 그렇다면, 소비자는 어떤 점을 고려하고 행동해야 할까?

4.1 윤리적 소비 행동

윤리적 소비를 크게 자원배분 행동, 구매 행동, 사용 행동, 처분 행동으로 나누어 살펴보자. 자원배분 행동은 소비자 소득의 지출 시에 사회적 책임을 고려하여 행동하는 것으로, 윤리적인 투자, 나눔, 기부행동이 이에 포함된다. 윤리적 구매 행동은 상품 선택 시에 환경친화적인 상품인지, 공정무역fair trade [3]을 통해 생산된 상품인지, 탄소 배출이나 에너지를 고려하여 로컬상품인지를 살펴보고 이를 고려하여 구매결정을 내리는 것이다. 또한, 윤리적인 패션기업이 아닌 경우 불매운동을 통해 기업에게 윤리적 패션을 향한 소비자의 메시지를 전할 수 있다. 윤리적 사용 행동은 패션제품을 사용하고 관리할 때, 물이나 에너지 소비, 환경오염(예 세제 사용) 및 탄소 발생을 줄이도록 노력하는 행동이 포함된다. 윤리적 처분 행동은 재활용하거나, 중고시장을 이용하여 자신이 필요 없는 옷을 팔고 필요한 옷을 사거나, 필요한 사람들과 바꾸어 입는 등으로 폐기

3) 가난한 나라의 생산자들이 당하는 억울한 착취를 줄이기 위해 여러 지역에서 사회와 환경 표준뿐만 아니라 공정한 가격을 지불하도록 촉진하는 등 국제무역에서 공정을 실현하기 위한 사회운동

표 7-5 소비과정에 따른 윤리적 소비 행동

소비과정	윤리적 소비 행동
자원배분 행동	윤리적 투자, 나눔과 기부
구매 행동	환경친화적 상품 구매, 공정무역상품 구매, 로컬 상품 구매 윤리적이지 않은 상품에 대한 불매운동
사용 행동	에너지 절약, 물 절약, 탄소 발생 줄이기
처분 행동	분리수거, 재활용, 중고용품 사용, 쓰레기 줄이기

출처 : 유태순 · 조은정(2013), p.115.

물로 처리되는 쓰레기의 양 줄이는 것 등이 포함된다(유태순·조은정, 2013).

4.2 비윤리적 소비 행동

윤리적인 소비 행동에는 무엇이 있을까? 패션업계에서 자주 언급되는 비윤리적 소비 행동 몇 가지를 살펴보자.

복제품의 구입

복제품은 타인의 상표를 불법으로 도용하여 생산, 판매되는 상품으로 진품과 비교하면 외양이나 품질이 떨어지는 가짜 상품을 말한다. 소비자들은 불법 복제품임을 인식하고 사는 예도 있고, 불법 복제품임을 모르고 진품으로 생각하여 구매할 수도 있다. 이러한 불법 복제품이 만연하게 되면, 진품 브랜드는 브랜드 인지도와 이미지가 실추되고, 제품에 대한 소비자의 신뢰도가 낮아지게 되는 등 큰 피해를 볼 수 있다.

의도적 환불 및 반품

소비자의 권리가 향상되면서, 대부분의 의류소매점에서 소비자가 구매한 상품이 만족스럽지 못한 경우 상품을 교환하거나 반품할 수 있다. 의도적 반품이란, 상품을 사용한 후 반품할 의도로 구매하는 것으로, 졸업식이나 면접, 집안 행사 등에 착용하기 위해 옷을 구매하여 착용한 후에 반품하는 것이 그 예이다. 착용했다 반품된 의류는 사용 흔적이 있거나 오염되어 재판매가 어려우므로, 판매자에게 손실이 되고 이는 추후 다른 제품의 가격에 반영되어, 결과적으로 소비자에게 피해가 돌아가게 된다. 오랜 기간 착용 후 터무니없는 이유로 반품을 요구하거나, 온라인 상품 수령 후에 받지 못했다고 하는 등의 악의적인 과도한 반품요구 행위, 백화점 등에서 판매사원들에 폭언이나 폭행을 가하는 소비자의 경우는 패션유통기관에서 블랙컨슈머[4]로 간주하여 대처하게 된다.

상점 절도

상점 절도란 소매점에서 값을 내지 않고 물건을 가지는 것, 즉 물건을 훔치는 것을 말한다. 특히 친구들과의 관계가 중요한 10대들은 친구가 사용하는 문구류, 화장품, 의류 등을 쓰고 싶거나, 친구들과 함께 어울리기 위해 상점에서 절도 행위를 하는 것으로 나타났다. 상점 절도로 인한 손실은 결국 판매점의 손실이 되고, 이러한 손실을 충당하기 위해 물건값을 올리거나 다른 비용을 줄이게 되므로, 결국에는 소비자의 부담이 증가하게 된다.

5
패션기업의 사회적 책임

5.1 사회적 책임의 개념

기업의 사회적 책임을 뜻하는 CSR은 'Corporate Social Responsibility'의 줄임 말로, 원래 '기업이 지속적으로 존속하기 위한 이윤추구활동 이외에 법령과 윤리를 준수하

---

4) 악성을 뜻하는 블랙(black)과 소비자를 뜻하는 컨슈머(consumer)의 합성 신조어로, 악성 민원을 고의적·상습적으로 제기하는 소비자를 의미

고, 기업의 이해관계자의 요구에 적절히 대응함으로써 사회에 긍정적 영향을 미치는 책임 있는 활동'을 말한다(기획재정부, 2017). 국제표준화기구인 ISO는 ISO 26000을 통해 사회적 책임에 대한 세계적인 표준을 제공하고 있는데, ISO 26000에서는 사회적 책임의 핵심 분야로 조직 거버넌스, 인권, 노동 관행, 환경, 공정운영 관행, 소비자 이슈, 지역사회의 참여와 발전 등 7가지를 제시하고 있다(표 7–6).

5.2 패션기업의 사회적 책임

패션기업의 사회적 책임활동

기업이 이윤을 추구하는 과정에서 다양한 사회적 문제들이 야기되면서 기업의 사회적 책임을 호소하는 목소리가 높아졌고, 국제기구에서는 1980년대 후반부터 전 세계의 지속가능한 발전과 사회 문제 해결을 위한 수단으로써 기업의 역할을 강조해 왔다. 글로벌 패션기업들은 자사 이미지 제고 및 위기관리를 위해 CSR을 경영 활동에 적극적으로 반영하고 공급망 전체에 CSR을 적용하기 시작하였다.

국내 패션기업들의 사회공헌 활동은 장학사업, 문화·예술사업 지원, 불우이웃 돕기 등 단순한 봉사 및 지원 형태에 머물러 있었으나 요즘은 기업 특성을 살린 비즈니스 측면의 이윤에 긍정적인 영향을 미칠 수 있는 활동으로 점차 진화하고 있다.

표 7-6 ISO26000의 CSR 7대 핵심 분야

핵심 분야	세부 내용
조직 거버넌스	사회적 책임 원칙을 존중하고 이를 기존의 시스템, 정책과 관행에 통합하는 활동
인권	조직 내와 조직의 영향권 내의 인권을 존중 · 보호하고 준수하며 실현하는 활동
노동 관행	조직 내와 협력업체를 대상으로 근로자의 노동 환경에 영향을 미치는 정책과 관행
환경	환경에 미치는 조직의 영향을 줄이기 위해 조직의 결정과 활동의 의미를 고려하여 통합적으로 접근하는 활동
공정운영 관행	조직과 파트너, 공급자 등 조직과 타 조직 간 거래의 윤리적 행동에 관심을 두는 활동
소비자 이슈	소비자교육, 공정하고 투명한 마케팅 정보와 계약, 지속가능한 소비 촉진 등 소비자 권리 보호 활동
지역사회의 참여와 발전	지역사회의 권리를 인식하고 존중하며, 그 자원과 기회를 극대화하려고 노력하는 활동

출처 : ISO(2010).

국내 50개 패션기업과 다국적 글로벌 럭셔리 50개 기업의 웹사이트 조사를 통하여 패션기업의 사회적 책임활동을 ISO 26000의 7가지 핵심 분야에 따라 분류하고 이를 비교한 김지은 외(2016)의 연구에 따르면, 국내기업의 사회적 책임활동은 지역사회의 참여 및 발전(70.9%)에 가장 높은 비율로 치중되어 있었으며, 노동 관행 및 소비자 이슈와 관련된 활동은 전혀 없는 것으로 조사되었다. 반면 글로벌 패션기업은 지역사회의 참여 및 발전(39.0%)이 가장 높은 비율을 차지하였지만 비중이 국내기업보다는 작았고, 국내기업에서는 찾아볼 수 없었던 노동 관행(11.6%), 인권(2.5%), 소비자 이슈(1.7%)의 활동도 많이 하고 있음을 알 수 있었다. 이는 국내 패션기업의 사회적 책임활동은 기부나 후원 중심의 자선활동 중심으로 기업 홍보를 위한 외부활동에 치중되어 있으며, 인권이나 노동 관행 등 기업의 내부적 문제 개선을 통한 사회적 책임에는 소홀함을 단편적으로 보여주는 결과이다.

1990년대 후반 나이키 하청 공장의 아동노동 현장이 언론에 노출되면서, 글로벌 기업의 공급망 내 비윤리적 운영 형태에 대한 문제가 제기되었다. 이후 글로벌 기업들은 공급망에도 CSR을 요구하고, 협력업체 선정 시 CSR을 중요한 요소로 고려하는 것으로 나타났다(김진우, 2017). 해외에 진출하거나 해외 기업과의 협력을 위해서는 글로벌 표준을 준수하는 것뿐 아니라, 국가별 법규나 요구사항도 충족해야 한다. 특히, 미국이나 유럽계 기업과 협력 시에는(예 공급망에서의 상품 생산 등) 해외 기업이 요청하는 사회적 책임 조건을 충족하는지 보여주는 CSR 인증이 거의 필수적으로 요구된다(표 7-8).

표 7-7 국내외 주요 패션기업의 사회적 책임활동 비교

핵심 분야	국내 패션 기업 사례 수 (%)	글로벌 패션 기업 사례 수 (%)
조직 거버넌스	10 (5%)	16 (4%)
인권	1 (0.5%)	10 (2.5%)
노동 관행	–	47 (11.6%)
환경	28 (14.1%)	141 (34.8%)
공정운영 관행	19 (9.5%)	26 (6.4%)
소비자 이슈	–	7 (1.7%)
지역사회의 참여와 발전	141 (70.9%)	158 (39.0%)
총계	199 (100%)	405 (100%)

출처 : 김지은 외(2016), p.63.

표 7-8 패션산업 관련 SCR 인증

인증명	특징
WRAP 인증 (Worldwide Responsible Accredited Production)	• 세계 최대 규모의 노동 및 환경인증 프로그램 • 의류, 신발 등 섬유 · 의류업계에서는 거의 필수적 인증 • 기준 : 윤리적 제조에 대한 12가지 원칙은 다음의 요소로 구성됨 ① 법규 및 작업장 규정의 준수 ② 강제 · 아동노동 금지 ③ 아동노동 금지 ④ 희롱 또는 학대 금지 ⑤ 보수 및 혜택 ⑥ 근로 시간 ⑦ 집회 및 단체협상의 자유 ⑧ 보건 및 안전 ⑨ 차별 금지 ⑩ 환경 ⑪ 세관 규정 준수 ⑫ 보안
Fair Wear Foundation (FWF) Label	• FWF는 회원사의 공급하는 공장 샘플에서 '검증 감사'를 실시 • 기준 ① 강제노동 금지 ② 고용 차별 없음 ③ 아동노동 금지 ④ 결사의 자유 및 단체 교섭권 ⑤ 생계 급여 지급 ⑥ 과도한 작업 시간 없음 ⑦ 안전하고 건강한 작업 환경 ⑧ 법적 구속력이 있는 고용 관계
World Fair Trade Organization(WFTO) Label	• 의류를 생산하는 회사가 WFTO 기준을 충족하는지 인증 • 기준 : WFTO 및 ILO 표준에서 정한 10가지 공정 거래 원칙 ① 경제적으로 낙후된 생산자를 위한 기회 창출 ② 투명성과 책임감 ③ 공정 거래 관행 ④ 공정 가격의 지불 ⑤ 아동노동 및 강제노동 금지 ⑥ 차별 없는 정책에 대한 약속, 성별의 형평성 및 결사의 자유 ⑦ 올바른 작업조건 보장 ⑧ 역량 구축 · 제공 ⑨ 공정 거래 활성화 ⑩ 환경 존중
SA8000 인증	• 1989년 SAI(Social Accountability International)에 의해 개발 • 기준 : 아동노동, 강제노동, 건강 및 안정, 차별, 근무 시간, 징계관행, 보수, 결사의 자유와 집단 투표권 • SAAS(Social Accountability Accreditation Services)에 의해 인증되고 감독되는 독립적인 인증기관에 의해 부여
ISO 26000 평가	• 국제표준기구(ISO)에서 제정한 기업의 사회적 책임을 인증하기 위한 국제 표준(약칭으로 ISO SR) • 2010년 국제 표준으로 발간되어, 기업 경영 평가에 중요한 기준으로 이용됨 • 기준 : 환경, 인권, 노동, 지배 구조, 공정한 업무 관행, 소비자 이슈, 지역 사회 참여의 7개 분야에 대한 지침

생각할 문제

1 여러분이 생각하는 윤리적인 패션디자인은 무엇인가? 사례를 찾아보고, 왜 윤리적인 패션디자인이라고 생각하는지 정리해 보자.

2 일반적으로 사회적 책임이 있는 기업에서 윤리적으로 생산된 의류제품의 가격은 일반 의류보다는 비싼 편이다. 여러분은 사회적 책임을 다하는 기업의 제품을 사기 위해, 비싼 가격을 주고 의류를 구입할 용의가 있는가? 그 이유는 무엇인지 설명해 보자.

3 국내 패션기업의 홈페이지나 연차보고서를 참고하여, 그 기업이 기업의 사회적 책임이나 지속가능 경영을 위해 어떠한 노력을 했는지 살펴보자.

패션 제품의 특성을 무엇일까? 패션 제품의 소비자는 누구인가? 패션 제품은 어떻게 소비자에게 판매될까? 패션 제품은 트렌드를 반영한 제품이 기획·제작되고, 적절한 가격이 매겨진 뒤, 광고나 다양한 판매촉진 활동을 통해 소비자에게 소개된다. 소비자들은 이러한 광고를 보거나 주변의 추천, 개인적인 필요 때문에 패션 제품을 살펴보고, 비교해 본 뒤 모바일 쇼핑몰이나 백화점 등 편리한 패션 점포에서 제품을 구입한다. 이렇듯 패션 상품은 소비자들이 원하는 제품 및 서비스를 제공하기 위한 기업의 체계적인 마케팅 노력의 결과로, 패션 시장의 경쟁이 심화됨에 따라 패션 마케팅 능력의 중요성은 더욱 커지고 있다. 본 장에서는 패션 마케팅의 개념과, 시장 및 소비자 조사, 패션 마케팅 믹스 관리에 대해 살펴본다.

학습목표

- 패션 마케팅의 개념에 대해 알아본다.
- 패션 소비자의 구매결정 과정을 알아본다.
- 패션 시장 및 소비자 조사의 필요성을 살펴본다.
- 마케팅 믹스인 제품, 가격, 유통, 촉진이 무엇이며, 패션기업에서 마케팅 믹스가 어떻게 관리되는지 살펴본다.

1
패션 마케팅의 개념

우리는 매일 많은 제품을 사용한다. 그 제품들은 어떻게 구입해서 사용하게 되었는지 생각해 보자. 스마트폰으로 할인쿠폰을 받아서, TV를 보다가 드라마 속 주인공이 입은 옷을 보고, SNS 뷰티 유투버의 동영상을 보고 좋아 보여서 등... 이는 소비자의 관심을 끄는 제품을 제공하기 위한 패션기업의 다양한 마케팅 전략의 결과로, 패션 제품이 기업의 마케팅을 통해 소비자들에게 알려지면 소비자는 관심을 가지고 제품을 살펴본 후 구매 여부를 결정하게 되는 것이다.

1.1 패션 마케팅의 개념

패션 마케팅이란 소비자와 패션 업체의 목표를 충족시키기 위한 교환이 일어날 수 있도록 패션 제품, 서비스 및 아이디어를 설계하고 가격 결정, 촉진 그리고 유통을 계획하고 실행하는 과정이다(안광호 외, 2010). 기업은 마케팅 전략을 통하여 소비자의 욕구를 잘 반영한 상품을 적절한 가격으로 유통망을 통해 제공하려고 노력한다. 기업에서 효과적인 패션 마케팅 전략을 수립하기 위해서는 먼저 패션기업이 목표로 하는 소비자를 잘 이해하고 소비자들이 어떤 패션 상품을 필요로 하고 원하는지 파악해야 한다.

1.2 패션 소비자

패션 마케팅의 핵심은 소비자의 욕구를 잘 파악하여 그 욕구를 적절히 충족시키는 것이다. 어떤 사람들은 가성비를 중시하여 다이소에서 생필품을 구입하면서도, 면세점에서 몇 백만 원대의 명품을 구입을 하기도 한다. 왜 이 소비자들은 어떤 제품은 다이소에서 저렴하게, 또 다른 제품은 면세점에서 고가로 구입하는 것일까?

소비자가 어떻게 특정 상품을 구매하기로 결정하는지, 왜 그 상품을 구매하는지 등을 알아야 패션 마케팅 전략을 수립한 수 있다. 소비자들은 욕구인식, 정보탐색, 대안평가, 구매결정, 구매 후 행동의 5단계를 거쳐 상품 구매결정을 한다.

욕구인식

소비자들은 가지고 있던 옷이 낡아 새 옷이 필요하다고 느끼기도 하고, 생각하지 않고 있었는데 할인쿠폰을 받고서 갑자기 구매 욕구가 생기기도 한다. 이렇듯 소비자들은 다양한 내·외부적 자극에 의해 패션 제품에 대한 필요와 사야겠다는 욕구를 인식하게 된다.

정보탐색

욕구를 인식한 소비자는 자신이 이전에 사거나 사용했던 제품이 어떠했었는지 떠올려 보기도 하고(내적 정보탐색), 인터넷을 통해 검색해 보며 상품가격이나 브랜드를 찾아보기도(외적 정보탐색) 한다.

대안평가

소비자들은 정보탐색 과정을 거쳐서 수집한 정보를 바탕으로 마음에 드는 3~4개 제품을 선정해서 비교하게 되는데, 이렇게 선정된 제품을 대안alternative이라고 한다. 소비자에 따라 대안평가 시 이용하는 기준이나 평가 방법은 다양하다.

구매결정

소비자들은 대안평가 단계를 거쳐 가장 좋은 평가를 받은 상품에 대한 구매결정을 하게 된다.

구매 후 만족/불만족

구매 후에는 구매한 상품을 사용하면서 만족 또는 불만족을 경험하게 된다. 불만족한 경우에는 원하는 상품으로 교환하거나, 반품하는 경우도 있다. 불만족한 소비자 중에는 주변 사람들에게 그 제품에 대한 불만의견을 전하기도 하고, 인터넷 쇼핑을 이용한 경우에는 불만의견을 댓글에 제시하기도 한다.

그림 8-1 다이소는 합리적인 가격의 제품을 판매하여 가성비를 추구하는 소비자들이 자주 이용하는 브랜드임

2 패션시장 조사

패션시장 조사는 패션 마케터의 전략 수립을 위해 다양한 자료를 바탕으로 유용한 정보를 수집하고 분석하는 과정이다. 패션시장 내 경쟁이 심해지고 소비자의 욕구가 다양해짐에 따라, 패션시장을 세분화하고 목표로 하는 표적시장의 욕구를 정확히 파악하기 위해서 다양한 방법을 이용한 마케팅 조사가 이루어진다.

2.1 시장 조사

사회 변화나 경제적 요인에 대한 정보는 기업의 생산성과 사업 운영에 영향을 미치는 중요한 요인이다. 시장 조사의 첫 단계는 이러한 환경적 요인에 대한 분석이다. 패션 수입업체의 경우에는 환율의 영향을 많이 받을 것이며, 해외에 생산 공장을 가지고 있는 업체의 경우에는 환율뿐 아니라 생산 공장이 위치한 지역의 정치적 상황이나 임금 변화에 대한 정보도 알고 있어야 한다. 또한, 국가 간의 무역조약에 따라 원자재의 가격,

수출상품의 가격, 해외 진출 전략이 영향을 받게 되므로, 경제적·정치적·법적·사회/문화적 환경의 변화를 알고 있어야 한다.

패션 마케팅 전략 수립을 위해서는 패션 트렌드 조사도 선행되어야 한다. 브랜드에 따라서 트렌드를 반영하는 정도는 차이가 있겠지만, 전반적인 패션 트렌드, 유행 색상, 소재 등에 대한 정보를 알고 상품기획에 반영하여야 소비자들의 욕구를 충족시킬 수 있다.

또한, 자신과 같은 소비자층을 목표로 하는 경쟁 브랜드의 활동과 전략에 관해 알고 있어야 한다. 나의 경쟁자는 누구인지, 경쟁사의 장단점은 무엇인지, 경쟁사와 비교해 우리가 우위에 있는 점은 무엇인지, 경쟁사의 상품기획 방향이나 가격대는 어떠한지 등을 조사함으로써 경쟁사와 차별되는 효과적인 패션 마케팅 전략을 수립할 수 있다.

2.2 소비자 조사

소비자들의 욕구 변화와 소비트렌드의 변화를 제대로 읽어내는 것은 매우 중요하다. 전반적인 소비자 트렌드뿐 아니라, 구체적으로 기업이 목표로 하는 표적 고객이 누구인가, 그들의 나이, 수입, 교육수준은 어느 정도인가, 그들의 관심분야나 취미는 무엇인가,

그림 8-2 AR, VR을 이용한 매장 내 고객들의 시선추적데이터를 통해 소비자조사와 매장 개선을 위한 자료를 수집함

구매습관은 어떠한가 등 소비자들의 인구통계학적·사회심리학적 특성, 구매행태에 대한 다양한 조사를 통해 소비자를 이해하고, 이를 바탕으로 마케팅 전략을 수립한다.

소비자 조사는 모바일설문과 같은 설문지법, 소비자들의 구매행태나 쇼핑 패턴을 살펴보는 관찰법(그림 8—2), 소비자들의 의견을 인터뷰를 통해 수집하는 면접법 등 다양한 방법을 통해 이루어진다. 최근에는 구글 검색, GPS 신호, 거래기록, 소셜미디어 데이터 등 많은 온라인상의 빅데이터를 이용해 실시간으로 바뀌는 소비자의 구매패턴을 분석하여 패션상품의 생산이나 공급에 반영하기도 한다.

3
패션 마케팅 믹스

패션 마케팅은 구체적으로 패션 제품product, 가격price, 유통place, 촉진promotion 활동을 통해 전개된다. 우리는 이러한 네 가지 요소(4Ps)를 마케팅 믹스marketing mix라고 하며, 기업의 패션 마케터들은 이러한 마케팅 믹스를 적절히 결합하여 마케팅 환경 변화에 대응하며 회사의 목표를 수행한다(그림 8—3).

그림 8-3 4P 믹스

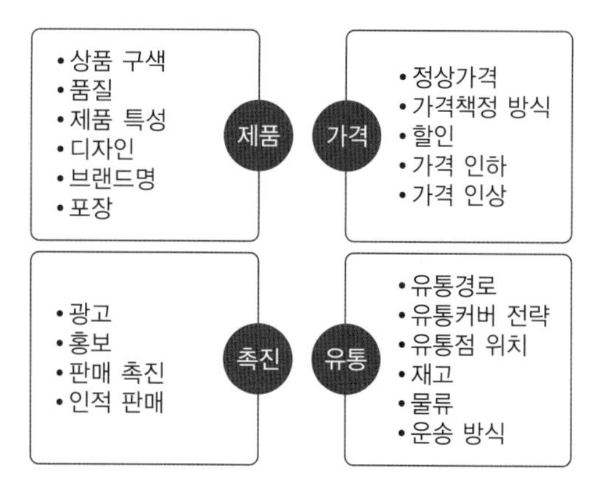

3.1 제품

패션 제품의 특징

패션 제품의 특징을 살펴보면 다음과 같다.

첫째, 패션 제품은 유행을 반영하는 제품이므로 시간 제한적인 특성이 있다. 계절적인 특성을 갖기 때문에 다른 제품에 비해 제품의 수명이 짧고, 유행이 지나서 소비자들이 제품에 싫증을 느끼게 되면 패션 제품으로서의 가치가 줄어들게 된다. 따라서 패션기업은 매 시즌마다 지속적으로 트렌드와 소비자의 변화에 맞는 제품개발을 통해 소비자의 요구에 대응해야 한다.

둘째, 소비자들은 실용성이나 뛰어난 성능을 기준으로 패션 제품을 구매하는 것만은 아니다. 소비자들은 브랜드 상품을 구매하여 착용함으로써 자기 이미지와 권위 등을 표현하기도 한다. 예를 들면, 명품가방을 구입하는 사람들은 품질이 좋아서 명품가방을 선택하는 것만은 아니다. 명품 브랜드가 나타내는 사회적·경제적인 지위와 자기 이미지를 표현하기 위한 측면도 있다. 따라서, 패션마케터들은 패션 상표 등을 이용하여 소비자들이 원하는 이미지와 요구에 맞도록 지속적으로 개발·관리해야 한다.

패션 제품의 분류

패션 제품을 분류하는 방법은 여러 가지가 있으나, 쇼핑 습관과 패션성 정도에 의한 분류가 흔히 사용된다. 패션 제품은 쇼핑 습관에 따라 편의품, 선매품, 전문품으로 분

그림 8-4 베이직한 제품 중심으로 상품구색을 하는 유니클로

그림 8-5 명품 브랜드의 제품은 상표 식별을 쉽게 할 수 있고 우수한 품질과 독특한 특성을 가지고 있어 전문품으로 분류됨

SAP 기업의 베이직 vs. 유행상품 전략

- **유니클로** : 베이직한 상품 중심
  유니클로는 단기적인 패션 트렌드보다 여름철 '에어리즘', 겨울철 '히트텍'과 같이 독창적인 소재를 개발해 장기적인 트렌드를 만든다. 또한, 기본 상품인 청바지, 속옷, 티셔츠, 아동복 등 캐주얼하면서도 품질이 좋은 제품을 선보이기 위해 노력한다.
- **ZARA** : 트렌디한 패션 제품을 선보이는 자라
  스페인의 자라는 전 세계 1,700여 개 매장에 새로운 디자인의 옷을 매주 최소 2벌씩, 매년 1만 벌씩 공급한다. 특히, 전체 생산량 중 15~20%만 미리 생산하고 80~85%를 시장 반응에 따라 만들어 내놓는다. 자라가 SPA 업체 중에도 트렌드에 가장 빠르고 민감하게 반응하며, 제품당 재고율이 20%가 채 안 될 정도로 회전율이 빠르다.

류된다. 편의품은 소비자가 자주 구매하고, 구매 시 최소한의 시간과 노력을 투입하는 제품으로 양말이나 스타킹류, 일반 속옷 등이 그 예이다. 선매품은 고객이 여러 상표의 적합성, 품질, 가격, 스타일 등을 기준으로 비교 선택하는 제품으로 소비자가 구입 전에 쇼핑 시간과 노력을 투입하는 제품을 말한다. 대부분의 패션 제품은 선매품에 해당된다. 전문품은 우수한 품질과 독특한 특성을 보유한 제품으로, 성능이 매우 우수한 기능성 의류나 고가의 모피코트, 명품 등이 이에 해당된다.

패션성의 정도에 따라서 패션 제품은 베이직 제품과 트렌디한 유행제품으로 나뉜다. 베이직 제품은 스타일이 잘 변하지 않으며 꾸준하게 수요가 있어 판매되는 제품을 말한다. 캐주얼 브랜드의 라운드 티셔츠나 기본 스타일 면바지 등이 그 예이다. 유행제품은 트렌드를 반영하여 스타일이 자주 변화하는 상품을 말한다.

이 외에도 목표시장에 따라 여성복, 남성복, 아동복 등으로 나눌 수 있으며, 복종에 따라 정장, 캐주얼 의류, 스포츠 의류, 언더웨어 등으로 세분될 수 있다.

패션 상표

의류를 구매할 때 같은 소재, 비슷한 디자인의 옷인데도 상표에 따라 값이 많이 차이 나는 경우가 있다. 예를 들어 청바지와 함께 입을 흰색 라운드 티셔츠를 산다고 생각

그림 8-6 우측에 보이는 NIKE는 상표 명칭이며, 좌측의 오렌지색 스워시는 상표 마크임

해 보자. 유니클로에서는 7만 원 정도의 비싸지 않은 가격으로 티셔츠와 청바지를 구매할 수 있지만, 명품브랜드 루이뷔통에서는 청바지만 100만 원 이상의 가격으로 구매해야 한다. 일부 소비자는 패션 상표(브랜드)가 갖는 사회적·경제적 지위의 이미지와 상징성이 달라서 비싼 값을 치르고서라도 유명 브랜드의 상품을 구매하려 한다.

소비자들이 기성복을 구매할 때는 상품의 질, 가격, 상표 등 다양한 기준으로 상품을 선택하게 되는데, 패션 상품의 경우 특히 상표, 즉 브랜드의 유명도가 매우 중요한 선택 요인이 되는 경우가 많다. 패션 상표는 특정 패션업체의 제품이나 서비스를 소비자에게 식별시키고 경쟁자들의 것과 차별시키기 위해 사용되는 명칭, 부호, 상징, 디자인 또는 그것들의 조합을 말한다. 예를 들면, 상표 명칭은 NIKE, ZARA, Supreme과 같이 말로 표현되는 부분을 나타낸다. 상표 마크는 말로 표현되지 않고 눈으로 볼 수 있는 부분으로 로고나 디자인 등이 이에 해당하는 것으로 나이키의 '스워시Swoosh'가 그 예이다(그림 8-6). 이러한 상표는 특허청에 등록되어 법적 보호를 받아 상표 등록을 한 기업만이 사용할 수 있다.

① 상표의 기능

시장에는 많은 수의 다양한 상표가 있다. 사람들은 TV나 잡지의 광고, 친구들의 입소문, 연예인들이 협찬을 받아 입고 나오는 의류 등 여러 방식을 통해 새로운 상표를 접하게 되고, 그러한 여러 정보와 자신의 경험, 자신의 경제적인 여유 등을 바탕으로 특정 상표를 선택하게 된다. 상표는 어떠한 기능을 하는 것일까?

- 브랜드 이미지 상징 : 티셔츠를 판매하는 브랜드 중에서 유니클로, 나이키, 아르마니 익스체인지를 생각해 보자. 각각의 브랜드를 생각하면 떠오르는 이미지가 무엇인가? 이렇듯 상표는 한 브랜드에 대한 이미지를 상징한다.
- 제품의 품질 보증 : 상표는 품질을 보증하여 소비자들이 신뢰하고 특정 제품을 구매하도록 해 준다. 유명 브랜드의 상품을 구매할 때 소비자들은 브랜드 제품이니까 품질이 좋을 것으로 생각하게 된다. 이처럼 상표는 소비자에게 일관성 있는 제품의 품질을 약속하는 표시가 되므로, 소비자들이 믿고 구입할 수 있다.
- 사용자 신분상징 : 상표는 신분상징의 역할을 하기도 한다. 같은 아르마니Armani 브랜드라고 하더라도 '조르지오 아르마니'와 '아르마니 익스체인지'는 목표소비자 층과 가격대가 다르다. 젊은 층을 겨냥한 중저가 브랜드인 아르마니 익스체인지보다는 고급 브랜드인 조르지오 아르마니가 명품 브랜드로 신분상징의 역할을 하고 경제적인 풍족함을 나타낸다. 'Supreme'과 같은 브랜드는 힙합퍼, 힙스터, 스트릿 패셔니스타의 이미지를 나타낸다.
- 효율적인 구매 유도 : 상표는 소비자가 효율적인 구매를 하도록 해 준다. 많은 상표와 상품이 혼재된 시장에서, 몇 가지 상표만을 고려하고 그중에서 의류를 구매한다. 이런 경우 많은 상표나 상품 중에서 의류를 선택하는 것보다는 적은 시간과 노력을 들이고 상품을 비교하여 선택할 수 있어서 효율적이다.

② 상표의 종류

패션 제품의 상표는 내셔널 브랜드, 라이센스 브랜드, 수입브랜드, PB 브랜드private brand로 나누어 볼 수 있다.

- 내셔널 브랜드 : 국내 제조업체의 상표를 말하며 에잇세컨즈, 헤지스, 블랙야크, 온앤온, 갤럭시, 르까프 등을 포함한 대부분의 국내 패션 브랜드가 이에 해당한다.
- 라이선스 브랜드 : 기업이 패션 상품의 상표주로부터 상품의 제조와 판매 허가권을 획득하여 사용하며, 그에 대한 조건으로 판매액의 일정액을 상표주에게 로얄티로 지불하는 계약에 의해 사용되는 상표를 말한다. 일반적으로 국내 패션업체들이 해외에 인기 있는 상표를 라이센싱하여 국내 시장에 전개하는 예가 많은데, LF의 DAKS, 질 스튜어트, CJ 홈쇼핑에서 판매하는 Vera Wang 정장과 속옷, ELLE

그림 8-7 이마트 PB 브랜드 데이즈

그림 8-8 영국 닥스 런던 매장의 모습. 국내 LF 의 닥스는 영국 라이센스 브랜드임

등 국내 많은 해외 브랜드가 이에 해당한다. 나이키나 베네통은 국내 진출 초기에 라이선스 브랜드로 도입되었다가, 시장 정착 이후에는 라이선스 계약을 하지 않고 해외 본사가 한국에 자회사(예 나이키스포츠코리아)로 직진출한 경우이다.

- 수입브랜드 : 외국 브랜드의 상품을 수입하여 판매하는 경우 이러한 상품을 수입 브랜드 상품이라고 한다. 우리나라에 판매되고 있는 대부분의 명품 브랜드가 이에 해당된다.
- PB 브랜드 : 유통업체가 소매점에서 점포 차별화를 위해 상품을 직접 개발하여 유통업체 브랜드를 내걸고 판매하는 상품을 말한다. 유통업체가 직접 개발하기 때문에 경비가 절감되어 품질은 비슷한 수준을 유지하면서 가격이 낮아, 합리적인 가격과 그 패션 점포만의 차별화된 상품 구색을 갖출 수 있다. 할인점에서는 이마트의 데이즈Daiz, 롯데마트의 베이직 아이콘BASIC icon이 대표적인 PB 브랜드로 남성, 여성, 아동용 속옷부터 베이직 캐주얼, 잡화, 골프의류 등을 판매한다. 홈쇼핑 기업들도 패션 PB 브랜드를 런칭하여 타 홈쇼핑 상품과 차별화에 힘쓰고 있는데, GS샵의 '모르간Morgan', '쏘울SO WOOL', 현대홈쇼핑의 'J by 정구호', CJ mall의 'A+G(엣지)' 등이 그 예이다.

3.2 가격

가격이란 상품이나 서비스를 소유하거나 사용하는 대가로 소비자가 지불해야 하는 금전적인 가치를 포괄하는 개념이다(안광호 외, 2010). 즉, 상품이나 서비스에 대한 교환가치, 제품이 소비자에게 가져다주는 가치에 대응하여 지불하는 비용을 말한다. 패션 제품은 비슷한 스타일의 합성피혁 가방이라도 럭셔리 브랜드 명품의 경우 100만 원 이상이 되기도 하고, 국내 중저가 브랜드의 경우 1~2만 원에도 구입할 수 있다. 디자인의 요소가 가미되고 브랜드의 명성이나 이미지가 중요하기 때문에, 패션 제품은 단지 물리적인 원자재를 기준으로 가격을 산정할 수는 없다.

가격 결정

위에서 언급한 바와 같이 가격은 소비자의 주관적 가치판단이 들어가는 것으로, 같은 패션 제품의 동일한 가격이라도 소비자에 따라 제품에 대한 가치와 만족도는 다르다. 따라서 가격을 결정할 때에는 가격에 영향을 미치는 여러 요인에 대한 충분한 검토가 필요하다. 가격 결정 시 고려해야 할 주요 요인 중 제품의 원가구조, 제품의 특성, 경쟁사 가격 전략을 살펴보면 다음과 같다.

① 제품의 원가구조 파악

정확한 원가구조를 파악하는 것은 가격 결정에 필수적인 요소이다(그림 8-9). 가격은 상품을 생산하는 데 사용된 원가에 이익을 합하여 책정되는데, 패션업계에서는 일반적으로 원가 대비 배수[1]나 마크업률을 적용해 제품가격을 결정하므로 원가 계산에 대

그림 8-9 패션 제품의 원가 구조

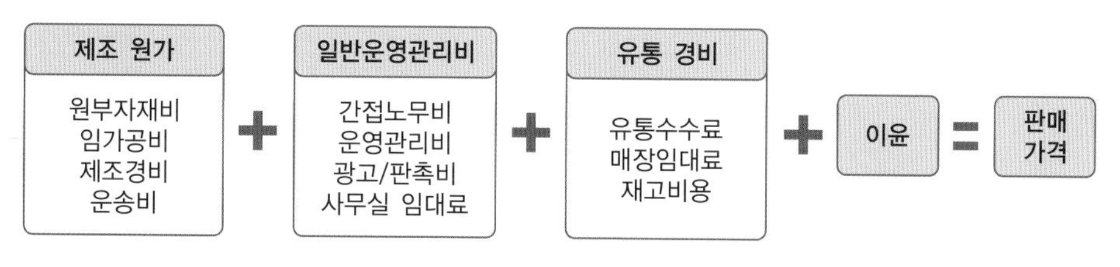

1) 원가 대비 배수 : 패션 업계에서는 '원가×배수'로 가격을 책정하는 경우가 많은데, 보통 5~7배수를 사용한다. 고가 브랜드의 경우는 10배수가 넘는 예도 있다.

한 철저한 검토가 있어야 한다. 일반적으로 기업에서는 원가를 낮추고 이윤을 높이기 위해 힘쓴다. 원가를 낮추기 위해 중저가 패션기업의 경우에는 인건비가 우리나라보다 낮은 해외에서 생산하는 방법을 이용하여 임가공비를 낮추기도 한다. 또한, 패션기업이 직접 온라인쇼핑몰을 운영함으로써 대리점이나 백화점에 지불하는 유통수수료나 매장임대료를 줄이려 노력하기도 한다.

② 제품의 특성

가격 산정 시에는 제품의 특성을 고려해야 한다. 제품의 브랜드 인지도, 품질의 우수성, 디자인이나 기능 등의 혁신성 등에서 제품의 품질과 고유성이 뛰어나 다른 제품과 차별되는 경우에는 다른 제품에 비해 높은 가격을 책정할 수 있다.

③ 경쟁사 가격 전략

제품의 가격은 경쟁사의 가격과 경쟁상황도 고려하여 결정된다. 일반적으로 경쟁이 심할수록 가격은 내려가며, 경쟁사가 많지 않거나 독점적인 제품의 경우는 가격을 올려 받을 수 있다. 따라서, 자신의 제품의 성능이 뛰어나거나 브랜드 이미지가 확고한 경우에는 경쟁사에 비해 높은 가격대를 유지하는 것이 유리할 수 있다. 하지만 일반적인 패션 제품과 같이 제품의 성능이 유사한 경우 경쟁사의 가격 변화에 따라 영향을 받게 되므로 경쟁사 가격 동향을 주시하고 이를 반영하여 가격 전략을 수립한다.

가격 조정

패션 제품은 계절상품이면서 트렌드를 반영하는 유행상품이므로 다른 제품에 비해 생명주기가 짧다. 계절이 지난 상품이나 유행이 지난 상품은 더 이상 소비자들에게 큰 가치를 제공하지 못하므로, 일정 기간이 지나면 가격을 낮추지 않을 수 없다. 보통 패션 제품의 경우 정상가로 판매되는 비율은 30%에 불과하기 때문에 다른 상품에 비해 가격 조정이 많이 진행된다.

요즈음은 상품소개 후 소비자들의 반응을 바로 반영하는 QR^Quick Response[2] 시스템이

---

2) QR(Quick Response) : 시장 환경에 신속히 대응하기 위한 신속대응 시스템으로 제품을 시장에 미리 내놓고 소비자의 구매 동향을 파악한 다음 거기에 맞춰 본격적으로 제품을 생산하는 방식

많이 이용되고 있어 상품의 판매 추이에 따라 상품의 생산물량이나 가격을 변동하는 경우가 많다. 예를 들면, 판매가 부진한 상품의 경우 생산량을 줄이거나, 세일이나 가격 인하 정책을 적극적으로 사용하여 가격을 낮춤으로써 소비자의 구매를 유도한다.

가격 조정은 이론상 가격 인상과 가격 인하가 있다. 원자재의 가격 인상이나 환율 변화, 관세 부과 등의 이유로 가격 인상이 진행된다. 특히, 고가 명품의 경우에는 차별화된 명품의 이미지 확립을 위해 전략적으로 매년 가격을 인상하는 전략을 취하기도 한다. 하지만, 대부분의 가격 조정은 가격을 낮추는 가격 인하로 진행된다. 상품의 판매상황과 소비자 반응을 고려하여, 판매가 부진한 상품의 경우에는 가격을 인하하여 매출을 높일 수 있다.

가격을 인하하는 대표적인 예로는 세일과 가격 인하가 있다. 세일이란 가격을 낮추었다가 일정 기간 이후에는 다시 예전 가격으로 되돌아가는 가격 변동 정책을 의미한다. 즉, '30% 세일'이란 세일 기간 동안 정상 소매가에서 30% 할인된 가격으로 판매하였다가 세일 기간 이후에는 다시 정상가로 판매하는 것이다. 이에 반해, 가격 인하란 상품의 가격이 낮게 다시 책정되는 것으로, 상품이 판매되는 동안에 계속 조정되어 낮추어진 가격으로 판매된다.

가격이 인하되면, 소비자의 구매 욕구도 높아지고, 기업도 소비자들이 많이 구매하여 매출이 늘어나므로 모두에게 좋은 것일까? 판매부진 상품이나 계절이나 유행이 고려하여 적절한 가격을 낮추는 것은 필요한 전략일 것이다. 하지만, 너무 잦은 세일이나 너무 급격한 가격 인하는 소비자들에게 "도대체 원가가 얼마이기에 이렇게 싸게 파는

그림 8-10 시즌오프 세일 중인 여성복 매장

걸까?", "정상가가 정말 제대로 된 가격인가?" 등의 의심과 함께 제품과 제품의 가격에 불신을 갖게 되고, 결국은 브랜드 이미지에도 좋지 않은 영향을 미칠 수 있다. 또한, 소비자들이 정상가에는 상품을 사지 않고 할인판매를 할 때까지 기다리는 등 상품 구매를 미룰 수 있으므로 유의해야 한다.

3.3 유통

유통이란 패션 제품이나 서비스가 생산업체로부터 최종 소비자에게 이동되는 과정을 말하며, 이 과정에 참여하는 조직이나 개인을 유통경로 구성원이라고 한다. 경로 구성원에는 원자재/부자재 업체, 의류 생산업체, 도매상, 소매상, 소비자가 포함된다. 1990년대 이전에는 의류제조업체의 대리점 중심으로 패션 유통이 형성되어, 제일모직(지금의 삼성물산)이나 코오롱과 같은 패션기업 중심으로 유통망이 형성되었다. 2000년대에 접어들면서 할인점이나 홈쇼핑, 온라인쇼핑과 같은 새로운 방식의 유통업체가 등장하고, 소비자들이 백화점, 대형할인점뿐 아니라 온라인쇼핑몰과 같은 무점포유통점을 통해 패션 제품을 구입하는 비중이 커지면서 패션 제품의 유통은 제조업에서 유통업체 중심으로 이동되었다.

패션 유통 핵심 기업

일반적으로 제품의 개발과 생산을 담당하는 제조기업, 생산된 제품을 대량으로 구입하여 소량으로 소매업에 판매하는 도매기업, 최종 소비자에게 소량으로 판매하는 소매기업이 제품의 생산과 유통을 담당하는 대표적인 패션 공급망 내 핵심 기업이다.

① 패션제조업

패션제조업체는 다양한 패션 상품을 기획, 생산하는 핵심적인 역할을 한다. 패션 트렌드를 예측하고 소비자 수요를 파악하여 제품을 기획한 후 생산하여 도/소매상 매장에 공급한다. 삼성물산, LF, 이랜드와 같은 패션 대기업이나 형지, 파크랜드, 영원무역과 같은 중견기업[3]뿐 아니라, 브랜드를 갖고 있지 않은 소규모 패션 업체 등 그 형태와 규모는 다양하다.

② 도매업

도매업은 제조와 소매를 중개함으로써, 제조와 소매기업의 가치를 증가시키는 기능을 수행한다. 국내 패션 브랜드 업체의 경우 대부분 백화점, 대리점 등 소매기능으로 직접 연결되어 도매업체가 활성화되지 않았다. 그러나 동대문시장과 남대문시장은 도매와 소매를 병행하며, 특히 동대문시장은 국내 패션도매업을 대표하는 시장이다(그림 8-11, 표 8-1).

그림 8-11 소매와 도매를 병행하는 동대문 밀레오레

표 8-1 동대문 도매시장 및 도매품목

시장명	주요 도매 품목
광장시장	여성 의류 및 원단
광희시장	모피, 가죽 의류 전문 매장(고급보세, 수입보세)
남평화상가	가방, 청바지
누존	패션쇼핑몰(20~30대 여성복, 구두, 잡화)
동대문 종합시장	원자재 대표 시장(원단, 부자재, 액세서리 등), 한복
동평화시장	국내 브랜드 덤핑 의류, 속옷, 양말 등
두타	여성 및 캐주얼 브랜드
디자이너클럽	10~20대 캐주얼 의류(트렌디 상품)
밀레오레	소매 위주, 여성 의류
신평화시장	남녀정장, 캐주얼, 여성복, 속옷, 댄스복 등
제일평화시장	여성 의류(고급보세 의류, 수입보세 의류)
청평화시장	재고상품(여성/남성 의류), 액세서리, 가방 전문 상가
평화시장	중년 여성 의류
apM	여성 의류

출처 : 각 쇼핑몰 홈페이지.

3) 중견기업은 중소기업이 아니면서 대기업 계열사가 아닌 기업으로, 「중소기업기본법」 상 3년 평균 매출이 1,500억 원 이상이지만 「공정거래법」 상 상호출자제한 기업집단군에는 속하지 않는 회사를 말한다.

③ 소매업

소매업은 제품 공급망의 최종 채널인 핵심 기업으로서, 소비자와 직접 접촉하여 제품을 판매한다. 소매업은 백화점, 대형 할인점 등과 같은 종합소매업부터 브랜드대리점, 편집숍과 같은 전문점, 그리고 인터넷 쇼핑몰, TV 홈쇼핑과 같은 무점포소매업까지 다양한 유형이 있다.

패션 유통 경로

전통적인 패션 상품의 흐름은 생산자 → 도매상 → 소매상 → 소비자로 연결되는 형태를 가진다(그림 8–12). 소매업체는 소매기능 외 제조업의 기능을 추가로 수행할 수도 있고, 소매업체가 원래의 소매업 외에 다른 형태의 소매업을 추가로 수행할 수도 있다. 이렇듯 유통경로에서 하나 이상의 활동을 수행하는 것을 경로 통합channel integration이라고 한다. 예를 들어, 대부분의 국내 패션 브랜드 상품은 도매상을 거치지 않고 제조업체·소매상·소비자로 연결되는 구조를 가지며, 때에 따라서는 패션제조업체가 자사 온라인쇼핑몰이나 방문 판매 등을 통해 소비자에게 직접 판매하는 경우도 있다. 앞서 제시한 예와 같이 제조, 도매, 소매의 유통경로 흐름에서 전후의 기능으로 통합하는 것을 수직적 통합vertical integration이라고 한다(그림 8–13).

대부분의 패션업체들은 어느 한 가지 유통 경로만을 이용하여 상품을 판매하지는 않으며 복수 유통경로를 이용하는 멀티채널 전략을 추구한다. 최근 모바일 쇼핑채널이 확대되면서 멀티채널의 개념도 진화하여 오프라인, 온라인, 모바일을 통합한 옴니채널이 보편화되고 있다. 옴니채널은 모바일 기기, 컴퓨터, 오프라인 점포, TV, 라디오, DM, 카탈로그 등 가능한 모든 쇼핑채널을 통해 소비자 경험에 통합적으로 접근하는 것이다. 옴니채널은 멀티채널이 진화한 것으로서, 멀티채널을 제대로 운영하여 다른 유통업태 간에 일관된 고객경험을 지속적으로 제공하는 것이 가장 중요한 옴니채널의 핵심이다(Mitchell, 2013).

그림 8–12 전통적 유통경로 **그림 8–13 수직적 경로 통합의 예**

그림 8-14 멀티채널과 옴니채널의 비교

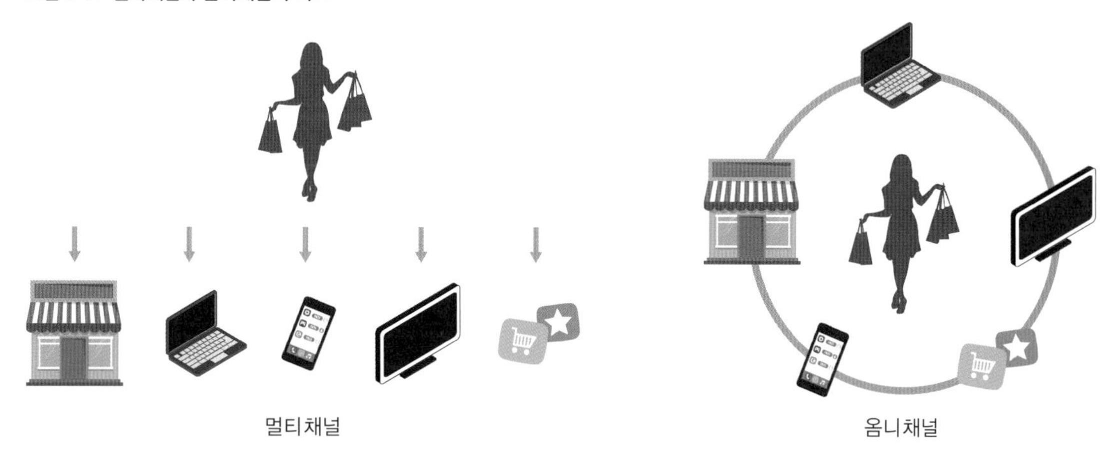

패션 상품 유통 기관

① 백화점

백화점은 식품부터 보석, 화장품, 다양한 복종의 의류, 가구 및 가전/전자제품과 같이 여러 제품을 다루면서 식당가, 문화센터 등 문화생활 서비스 시설 및 이벤트로 원스톱 쇼핑을 가능하게 하는 유통기관이다. 한국패션유통의 가장 큰 특징은 백화점을 통한 위탁판매가 큰 비중을 차지한다는 것이다. 백화점의 위탁판매는 패션업체가 백화점 매장에서 제품을 판매하면, 매출액의 일정 부분을 수수료로 백화점에 지불하는 방식이다.

백화점은 소비자들이 다양한 브랜드의 상품을 한곳에서 비교해 보고 구매할 수 있고, 믿을 수 있는 상품을 제공하는 신뢰도 높은 유통 업태이다. 하지만, 최근 소비경기 회복이 둔화되고, 해외 직구 등 소비자 쇼핑 패턴의 변화와 아웃렛이나 모바일 쇼핑과 같은 다양한 유통업태가 도입되면서 경쟁이 심화되어, 백화점 본업으로서 패션유통시장에서의 비중은 감소하고 있다.

최근 백화점 성장률이 둔화되면서 롯데, 신세계, 현대 등 유통 '빅 3' 백화점이 복합쇼핑몰과 프리미엄 아웃렛 확대, 면세점 진출로 시장변화에 대비하여 사업을 확장하고 있다. 복합쇼핑몰의 경우 소비자들에게 즐거운 경험을 제공하는 쇼핑·놀이·공연을 한

그림 8-15 몰링이 가능한 복합쇼핑몰인 스타필드 하남의 내부 모습

꺼번에 즐기는 '몰링'[4]이 가능하고, 아웃렛은 '합리적 소비' 성향의 고객을 모을 수 있다는 장점이 있다(그림 8-15).

② 대형할인마트

대형할인마트는 식품과 생필품부터 의류, 전자, 가구 제품, 스포츠 용품 등 라이프 스타일에 필요한 제품군을 폭넓게 취급하여 원스톱 쇼핑이 가능한 유통업태를 말한다. 상품을 대량 매입하고, 백화점이나 대리점에 비해 판매원을 적게 고용하며, 기본적인 인테리어를 제공함으로써 원가 및 운영비용을 절감하여 저렴한 가격으로 소비자에게 상품을 제공한다.

최근 대형할인마트에서는 꾸준히 판매될 수 있는 기본 아이템들 위주로 패션상품 비중을 강화하고 있다. 특히, 패션상품 강화 방안으로 롯데마트, 홈플러스, 이마트에 유니클로를 입점시키는 것과 같이 SPA 브랜드의 입점을 확대하고 있다.

③ 대리점

일반적으로 브랜드 대리점은 점포의 소유와 운영, 제품 판매를 담당하며, 브랜드 본사는 제품 기획, 생산, 공급 및 대리점의 판매촉진 지원 등을 담당한다. 대리점은 위탁받은 상품 판매에 대한 일정액의 수수료를 수입원으로 확보하고 미판매 제품은 본사에

4) 몰링(malling) : 복합 쇼핑몰에서 쇼핑뿐만 아니라 여가도 즐기는 소비 행태를 말한다.

반품하는 위탁판매 방식으로 패션이나 머천다이징 지식, 판매기술이 없이 쉽게 점포 운영이 가능하다. 그러나 이러한 위탁판매는 지역 대리점의 고객 수요에 효과적으로 대응하지 못할 수 있고, 본사의 재고 부담 등의 문제가 있다. 이에, 이러한 위탁판매 대신 대리점의 사입 방식이나, 위탁판매와 사입의 혼합형이 시도되기도 한다.

④ SPA

최근 국내·외 패션시장에서 크게 성장하고 영향력을 키우고 있는 패션 전문점은 SPA이다. SPA는 제조와 유통을 통합하여 제품 기획, 생산부터 유통, 판매, 매장관리까지 담당하여 중간 유통단계를 거치지 않는다. 따라서 소비자 수요를 매장에서 직접 파악할 수 있고, 이를 신속히 디자인 개발과 생산에 반영하여 유통시킴으로써 제품 생산과 공급의 리드타임을 단축시킬 수 있다. 이는 결국 소비자 수요와 트렌드를 신속히 제품에 적용하여 매출을 증대시키고 제품회전율을 높일 수 있는 것이다.

대표적인 SPA[Specialty store retailer of Private label Apparel] 브랜드로는 자라, H&M, 갭, 유니클로가 있다. 국내 패션기업들도 SPA 브랜드를 출시하고 있는데, 삼성물산의 에잇세컨즈[8seconds], 이랜드의 스파오[SPAO]와 미쏘[MIXXO], 신성통상의 탑텐[TOPTEN] 등이 대표적인 예이다.

⑤ TV 홈쇼핑

소비자가 TV 프로그램에 제시된 상품을 보고 주로 전화로 주문하여 배송받는 방식으로, TV 홈쇼핑에서 패션과 뷰티 상품의 비중이 확대됨에 따라 패션 시장의 주요 유통경로로 부상하였다. 의류의 경우를 보면, 홈쇼핑업계의 분기별 판매액에서 차지하는 비중이 '봄·여름' 시즌 평균 10~20%, '가을·겨울' 시즌 평균 30~40%로 매우 높은 편이다.

TV 홈쇼핑의 패션 상품은 중소기업 협력사가 제품 생산 시스템을 대부분 관리하고, 제품 기획은 홈쇼핑과 협력사가 공동으로 진행하는 자체 브랜드가 일반적이다. 이 과정에서 신진디자이너, 유명디자이너, 연예인이나 유명 스타일리스트 등과 브랜드를 개발하기도 한다.

⑥ 인터넷 쇼핑몰

인터넷 쇼핑몰은 물리적 점포가 필요하지 않으므로 적은 비용, 작은 규모로 비교적 쉽게 창업할 수 있다. 진입장벽이 낮아 많은 수의 인터넷 쇼핑몰이 경쟁하고 있다. 인터

그림 8-16 패션 유통의 대표적인 오프라인 업태인 백화점

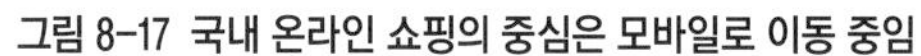

그림 8-17 국내 온라인 쇼핑의 중심은 모바일로 이동 중임

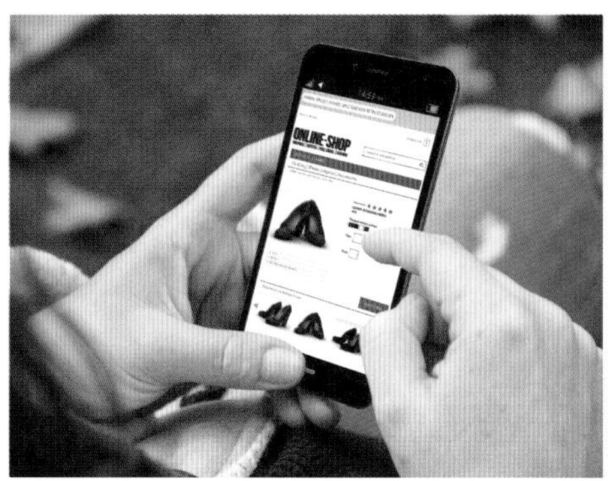

넷 쇼핑몰은 오프라인 매장 대비 상대적으로 낮은 가격대를 제공하여 가격 경쟁력이 높은 편이다. 특히, 경기불황 때에는 소비자들이 가격에 민감하여 낮은 가격이나 할인 기회를 더 탐색하게 되었고, 쇼루밍[5]의 증가로 인터넷 쇼핑몰은 계속 성장할 것으로 예측된다. 인터넷 쇼핑몰에서 패션 제품 매출액은 전체 상품 대비 패션 매출 비율은 20%대로, 패션 제품은 인터넷 쇼핑몰의 주요 판매품목으로 자리매김하고 있다(산업통상자원부, 2017).

⑦ 모바일 쇼핑몰

시간과 장소에 관계없이 상품 검색과 선택, 구매가 가능한 것이 모바일 쇼핑의 최대 장점이다. 특히, 사용자 중심으로 설계된 화면, PC보다 간편한 결제 방식 등으로 유통업계 모바일 시장이 크게 성장하고 있어, 국내 온라인 쇼핑의 중심은 PC를 이용한 인터넷에서 모바일로 이동하고 있다. 한국인터넷진흥원(2015)에 따르면, 모바일 이용자의 52%가 모바일 쇼핑을 하는 것으로 나타났으며, 특히 20대 이용자의 경우에는 모바일 쇼핑몰 이용자가 거의 78%에 육박하고 있다. 또한, 모바일 쇼핑몰 이용자들의 약 80%가 의류, 신발, 스포츠 용품, 액세서리를 구매한 것으로 나타나, 패션 유통채널로서 모바일 쇼핑몰의 중요성은 더욱 커질 것으로 전망된다.

---

5) 쇼루밍(showrooming) : 소비자들이 오프라인 매장에서 제품을 살펴본 후 실제 구입은 온라인사이트를 통하는 쇼핑 행태를 말한다.

⑧ 상설할인매장/아울렛몰

상설할인매장은 의류 제조업체의 1~2년 전 재고 상품이나 비인기 상품을 30~70%로 할인하여 판매한다. 최근 많이 확대되고 있는 프리미엄 아웃렛몰은 해외명품 브랜드나 디자이너 브랜드가 주 테넌트가 되며 신세계, 롯데, 현대의 3대 백화점이 주도하여 전국적으로 확대되고 있다.

읽어보기

계산대 없는 미래형 매장, 아마존고(Amazon Go)

2018년 1월 22일 미국 시애틀에 '아마존고'란 상점이 개점했다. 아마존고는 컴퓨터 비전과 센서 융합, 그리고 딥러닝 알고리즘이 합쳐진 일명 '저스트워크아웃 테크놀로지[just walk out technology]'를 이용하여, 고객이 앱을 켜고 매장에 들어가서 상품을 집어서 밖으로 나오면[just walk out], 앱에 등록된 결제 수단으로 비용이 결제된다.

아마존고는 고객이 매장에 들어서는 순간, 해당 고객의 동선을 촬영하고 전용 앱을 통해 고객 정보를 확인한 후 동선을 파악하고, 상품에 탑재된 센서와 고객 스마트폰이 연동되어 어떤 상품을 선택하는지 파악한다. 아마존고는 고객이 계산대 앞에 줄을 설 필요도, 계산할 필요도 없다[no lines, no checkout]는 점을 강조하며 쇼핑의 편리함 어필하고 있다(최재홍, 2018).

이와 유사한 상점으로 중국 알리바바에서는 '타오카페[TAO CAFE]'를 소개하였고, 중국의 24시간 무인 편의점 '빙고박스'도 매장 수가 급속하게 늘어가고 있다. 한국에도 무인 편의점 '이마트24'가 2017년 9월 개점했다.

인건비를 줄이고 효율성을 높이려는 기업으로서는 미래 매장의 모습일 수 있을 것이다. 하지만, 상점으로 들어가 필요한 물건을 집어 들고 바로 나오는 것이 소비자가 원하는 '쇼핑'의 모습일지 생각해 볼 필요가 있다. 여러분이 원하는 패션 쇼핑의 모습은 무엇인가?

그림 8-18 계산대 없는 매장인 아마존고의 전경과 매장 안 모습

⑨ 재래시장

1990년대 이후 서울의 동대문시장을 중심으로 기존 도매 위주의 재래시장이 소매 위주의 대형 쇼핑 상가로 개발되었다. 밀레오레, 두타와 같은 대규모 의류 쇼핑 상가는 젊은 소비자들을 다시 동대문 상권으로 끌어들였으며, 단순히 의류 상품을 판매하는 쇼핑몰이 아닌 젊은이들의 문화 공간으로 변화하였다. 이러한 대규모 의류 쇼핑 상가는 많은 수의 점포들이 입점하여 소비자들에게 저렴하면서 다양한 상품을 제공한다.

3.4 촉진

소비자가 원하는 패션 제품을 생산하여 가격을 책정하고, 여러 유통망을 통해 상품을 판매한다 하더라도, 소비자가 상품에 대해서 알지 못하면 상품 판매는 지지부진할 것이다. 패션 브랜드와 고객 간에 의미를 공유하게 하여 이들 간의 교환이 원활히 이루어지는 데 도움을 주는 마케팅 믹스 요소가 촉진promotion이다(안광호 외, 2010).

촉진 중에서 가장 흔하게 사용되는 형태가 광고와 판매촉진이다. 패션기업은 광고와 다양한 판매촉진 방법을 통해 소비자들이 패션 업체가 제공하는 제품 혹은 서비스를 식별하게 하고, 제품/서비스의 특징에 대한 정보를 제공하며, 소비자들의 매장 방문과 구매를 권유한다.

패션 광고

광고는 광고주에 의해 매체를 통해 수행되는 대표적인 비인적 커뮤니케이션 전략이다. 패션 업체는 다양한 매체를 통한 광고를 활용하여 기업과 패션 브랜드의 인지도와 호감도를 높이고, 매출 증대를 목표로 한다.

이러한 광고는 다양한 매체를 통해 소비자에게 전달된다. 광고 매체란 우리가 원하는 목표층에게 광고를 내보낼 수 있는 영역을 가진 곳을 말하는데 신문, 잡지, 옥외광고, TV 등과 같은 전통매체와 인터넷이나 모바일, SNS와 같은 새로운 매체로 나누어 볼 수 있다. 전통매체는 매체에 따라 차이는 있으나 일반적으로 비용이 많이 들고, 도

표 8-2 패션광고 매체별 장단점

매체	장점	단점
TV	• 시청자 범위가 넓다. • 이용 비용은 높으나, 도달되는 청중의 범위가 넓어 청중별 비용은 높지 않다.	• 절대적인 이용 비용이 다른 매체에 비해 높다. • 표적화가 어렵다.
잡지	• 잡지 구독자들이 세분화되어, 표적 청중에 효과적으로 전달이 가능하다. • 패션 광고가 효과적으로 표현될 수 있다. • 광고수명이 길다.	• 표적 청중에 효과적으로 전달되나, 독자의 범위가 한정적이다. • 광고 게재까지 시간이 많이 소요된다.
옥외광고	• 24시간 반복적으로 광고물이 노출된다. • 장소에 따라 주목률이 매우 높을 수 있다.	• 소비자들이 특정 장소를 차량이나 도보로 통행하는 순간 메시지 전달이 되어야 되기 때문에, 많은 정보를 전달하기는 어렵다.
모바일	• 개인별 정보에 따라 타깃 소비자에게 1 : 1 접근이 가능하다. • 시간, 공간정보에 따라 표적 소비자에게 광고가 가능하다. • 휴대하기 쉽고 저장이 가능하다.	• 전달할 수 있는 메시지의 양이 적다. • 소비자에 따라 추가적 통신료를 부담해야 한다.

달률, 도달빈도 등으로 광고 효과 측정은 가능하나 정확한 목표 소비자에게 얼마나 도달했는지 등의 정확한 광고성과 측정을 파악하기는 어렵다. 반면에 신매체를 이용한 광고는 비교적 적은 비용으로 정밀한 소비자 표적과 많은 노출이 가능하고, 다양한 분석 도구를 이용해 전통적 매체보다 정확한 성과 측정이 가능하여 많이 활용되고 있다.

특히 스마트폰 활용도가 높아지고 관련 기술이 발달하면서 모바일 광고 시장이 급속도로 성장하고 있는데, 단순한 배너나 푸시광고부터 거부감을 최대한 없앤 네이티브 광고[6]나 위치기반 광고[7], 증강현실AR이나 가상현실VR을 이용한 광고까지 다양하다(그림 8-19).

그림 8-19 AR(증강현실)을 이용한 가구업체 IKEA의 제품 카탈로그

광고 매체는 매체마다 비용이 얼마인지, 얼마나 많은 정보를 개재할 수 있는지, 소비자가 정보를 얼마나 오래 보관할 수 있는지, 광고 효과는 얼마나 크고 도달 범위는 어느 정도인지가 다르

6) 네이티브 광고 : 네이티브 광고는 해당 웹사이트에 맞게 고유한 방식으로 기획 및 제작된 광고를 말한다. 기존 광고와는 달리 웹사이트 이용자가 경험하는 콘텐츠 일부로 작동하여 기존 광고보다 사용자의 관심을 적극적으로 끄는 형식을 사용한다.

7) 위치기반 광고 : 소비자가 광고를 접촉하는 장소에 기반하여 전달되는 광고주의 통제된 광고메시지

므로, 하고자 하는 광고의 목적, 대상, 예산을 고려하여 매체를 선정하고 광고안을 기획해야 한다.

패션 판매촉진

판매촉진은 상품이나 서비스의 판매를 늘리기 위하여 단기적으로 행해지는 것으로, 고객들에게 추가적인 혜택을 제공함으로써 구매를 자극하는 마케팅 활동을 일컫는다(안광호 외, 2010). 이러한 판매촉진은 광고와는 달리 장기적인 브랜드 이미지 상승을 끌어내기는 어려우나, 단기적 매출 신장에는 효과적인 방법이다. 이러한 판매촉진으로는 이벤트 진행, 사은품 제공, 경품 증정, 가격할인 행사 진행 등 다양한 형태가 있다.

① VMD

VMD Visual Merchandising는 패션 상품의 기획 의도를 시각적인 요소에 의해 연출하고 이를 관리하는 통합적·시각적 상품표현 활동을 말한다(그림 8-20). 패션 점포가 소비자들이 패션 상품을 실제로 구매하는 장소라는 점에서 매력적인 점포 구성과 상품 진열은 소비자의 점포 방문과 구매 결정에 큰 영향을 미칠 수 있다.

② 경품

제품을 구매한 소비자에게 상품이나 상금을 얻을 기회를 제공하는 판매촉진 방법이

그림 8-20 패션상품의 기획 의도를 시각적으로 전달하는 VMD

다. 패션 제품을 구매한 소비자들에게 간단한 문제에 답하는 이벤트에 응모하도록 하고, 정답을 맞힌 소비자들 중 선정하여 상금이나 상품을 지급하는 형태로 진행된다.

③ 이벤트

다양한 계절 이벤트나 콘서트, 영화시사회, 뮤지컬 공연과 같은 문화 이벤트, 스포츠 이벤트를 활용하여 소비자들에게 재미와 즐거움을 줌으로써 패션 브랜드 인지도와 이미지를 높인다.

④ 콘테스트

고객들을 대상으로 패션 제품 디자인 콘테스트나 착용사진 콘테스트 등을 실시하고, 참여자 중 선정하여 상품이나 상금을 지급한다.

⑤ 팝업 스토어

짧게는 하루, 이틀에서 길게는 1년까지 한시적으로 영업하는 이벤트성 매장을 말한다. 트렌드에 민감한 소비자들이 많이 모이는 번화가에서 신규 브랜드나 새로운 스타일의 신상품, 한정판 상품 등을 소개/판매하기도 하고, 체험행사도 진행함으로써 패션 브랜드와 제품을 오감으로 느끼게 하는 체험 공간이 되기도 한다.

생각할 문제

1 20대를 표적으로 하는 캐주얼 브랜드에서 신제품에 대한 소비자선호도 조사를 진행하고자 한다. 어떤 방식으로 소비자선호도 정보를 수집하는 것이 좋을지, 그 이유는 무엇인지 생각해 보자.

2 여러분이 패션 제품을 구매할 때 중요하게 생각하는 제품의 속성은 무엇인가?

3 많은 기업들이 빅데이터 분석이나 위치기반 서비스를 이용한 고객맞춤형 광고나 판촉활동을 하고 있다. 이러한 고객맞춤형 광고와 판매촉진 전략의 장단점은 무엇인지 생각해 보자.

CHAPTER 9

의복의 설계 및 생산

APPAREL TECHNICAL DESIGN AND PRODUCTION

노동 집약적이던 과거의 의류생산 방식은 기술의 발전과 함께 첨단기기에 의한 자동생산 방식으로 변화를 거듭하고 있다. 의류산업이 발달하였던 국가의 많은 의류업체가 인건비, 부동산 가격의 상승으로 인한 원가 상승의 부담을 해결하기 위해 다양한 생산 방식을 선택하였고 이제 대부분의 의류제품은 설계에서 생산까지의 전 과정을 동일 업체, 동일 지역, 동일 국가에서 진행되는 경우가 많지 않다.
의류제품의 생산 방식이 변화하면서 설계 및 생산과정에 요구되는 양식, 과정 등도 변화하였다. 본 장에서는 의류제품의 일반적설계 및 생산과정을 먼저 이해하고 착의 체형, 용도, 환경에 따라 요구되는 의복설계의 요건 및 진화하는 의류설계 방식도 함께 공부해 본다.

학습목표

- 기성복의 설계 및 생산 과정을 이해한다.
- 의복 설계의 원리와 적용 방법을 이해한다.
- 의복의 제작의 각 단계에 요구되는 지식과 기술을 파악한다.

1
기성복의 생산 과정

한 섬유정보업체의 자료에 의하면 국내에 등록된 의류 관련 업체만도 3,000여 개가 넘는다고 한다. 업체마다 규모의 차이가 있겠지만 연간 의류제품의 생산량은 짐작이 어렵다. 업체의 규모, 자체 생산 공장의 유무, 생산 방식에 따라 의류제품을 생산과정에는 큰 차이가 있다.

대량생산 라인은 CAD/CAM의 도입으로 자동화 시스템에 의해 생산된 지 오래이며 이제는 정보기술 IT$^{\text{Information Technology}}$, 특히 사물인터넷 IoT$^{\text{Internet of Things}}$의 발달로 다양한 신기술이 의류 생산 및 개발 과정에 접목되고 있다. 의류 생산 환경과 더불어 소비환경에서 전 세계 디자인과 브랜드 특징의 실시간 공유, 소비자와 생산자의 제품 정보 공유라는 거대 의류시장 환경으로 변모하고 있으며, 그 어느 때보다 의류제품 생산시간의 단축이 요구되고 있다. 이에 대한 과정과 생산 시스템, 신기술 등을 알아보자.

그림 9-1 국내외 의류제품 생산 현장

1.1 제품 기획 및 디자인

디자이너는 국내외 트렌드, 시장 및 소비자 정보, 지난 시즌의 실적과 구매 고객의 반응 등을 수집 및 분석하여 새로운 제품을 기획한다. 이 단계에서는 기업의 연간 생산량, 목표액 및 각 시즌 또는 브랜드의 생산량과 목표액을 결정하여 이에 따른 제품의 기획을 진행한다. 제품 기획에서는 제품의 상세 디자인 및 원자재, 부자재, 인건비 등의 원가 계산과 소비자가를 결정하며, 각 과정의 진행 절차 및 일정, 매장에의 진열 일정까지 계획한다.

그림 9-2 의류제품의 생산 및 생산 공정

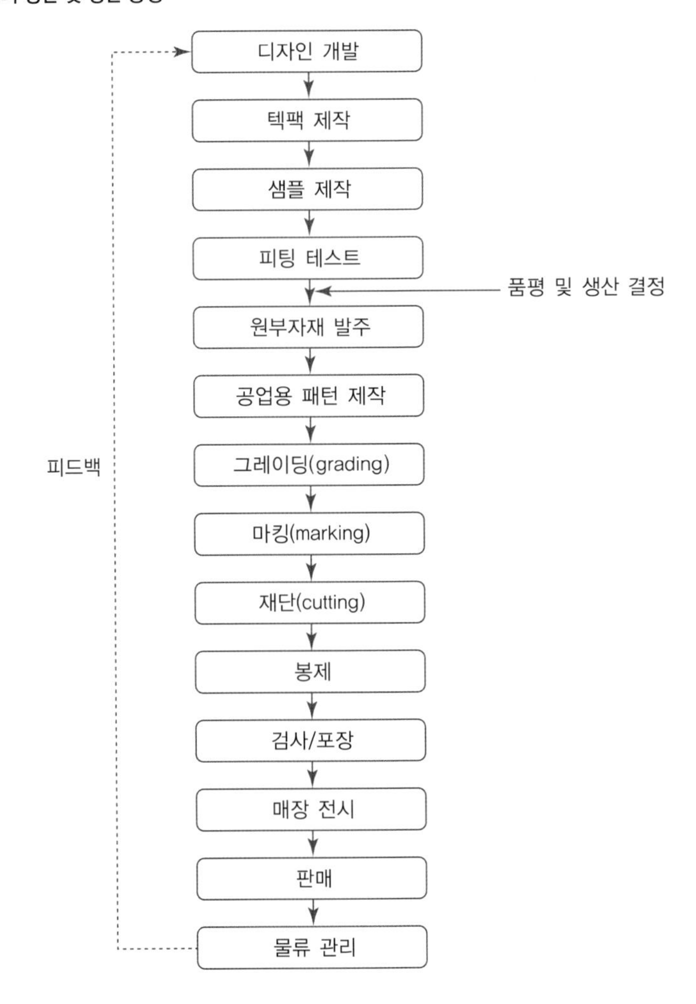

1.2 제품 설계 공정

제품의 기획안이 제안되면 개발부서에서는 대량생산 이전에 샘플을 제작하여 제품의 기획의도와 상품성을 먼저 검토한다. 테크니컬 디자이너(TD Technical Designer)는 패션디자이너가 기획한 제품 아이디어가 제작될 수 있도록 제품 생산에 요구되는 모든 기술적인 설계안(텍팩 technical package)을 제작한다. 제품의 내·외부 상세 디자인, 디자인의 원부자재 정보 및 컬러매칭, 사이즈 스펙, 그레이딩 스펙, 원가 계산서, 작업 지시서와 공정 분석도 등의 서식을 제작한다. 패턴사(모델리스트 modelist)는 제품기획안과 샘플제작 지시서에 따라 샘플용 패턴을 제작한다. 샘플을 제작하여 여러 차례 가봉과 시착 fitting 하면서 수정을 거듭한다. 생산가, 상품성, 제작요건 등 여러 요인이 고려되어 최초의 기획안은 수정·보완된다.

1.3 봉제 준비 공정

생산 라인으로 이동하기 전에 제작에 필요한 모든 준비 공정, 즉 봉제 준비 공정을 진행한다. 봉제 준비 공정에는 산업용 패턴 제작, 그레이딩, 마킹, 연단, 재단 등의 과정이 있다. 이 과정은 대부분 CAD/CAM에 의한 생산시스템에서 제작된다.

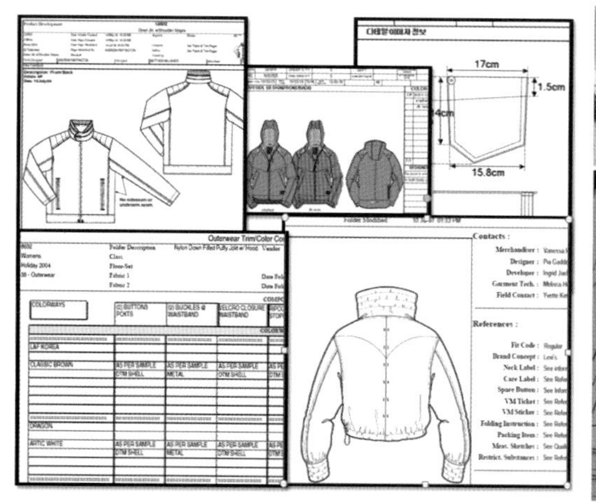

그림 9-3 생산 현장에서의 테크니컬 서식 패키지

그림 9-4 개발실 내에 산재한 서식들

산업용 패턴 제작 및 그레이딩

대량생산에서 사용되는 패턴을 공업용(산업용) 패턴 또는 마스터 패턴[master pattern]이라 한다. 공업용 패턴은 샘플 패턴과 비교할 때 기획의도를 벗어나지 않는 범위 내에서 원가를 절감하고 공정이 용이하도록 단순화하며 제작 과정에서 필요한 표식을 포함한다. 겉감뿐 아니라 배색, 안감, 안단, 심지 등 필요한 모든 부속의 패턴을 제작한다. 기준 사이즈로 제작한 산업용 패턴은 업체의 고객층에 맞게 정해놓은 사이즈 규격대로 치수를 증감하여 각 사이즈별로 패턴을 제작한다. 기준 사이즈를 디지타이저나 스캐너를 통해 입력하면 설정된 룰 테이블[rule table]에 따라 필요한 사이즈로 자동 그레이딩된다.

마킹

각 사이즈의 패턴을 업체의 생산비율에 따라 천에 배치하여 재단하는 데, 이때 사용되는 밑그림인 패턴배치도[marker]를 제작한다. 원단과 같은 폭의 종이 위에 패턴의 올방향선 등 안내선을 맞춰가며 각 사이즈의 생산 비율에 맞춰 원단의 손실이 최소화되도록 효율적으로 패턴을 배치하여 시접을 포함한 재단선을 그린다. 원단의 손실이 크면 생산비용이 많이 들고 결국 제품가격의 상승요인이 되므로 마킹은 제품가격과 회사의 이윤을 결정하는 중요한 작업이다.

그림 9-5 마킹 작업

그림 9-6 그레이딩 사이즈를 포함한 마스터 패턴

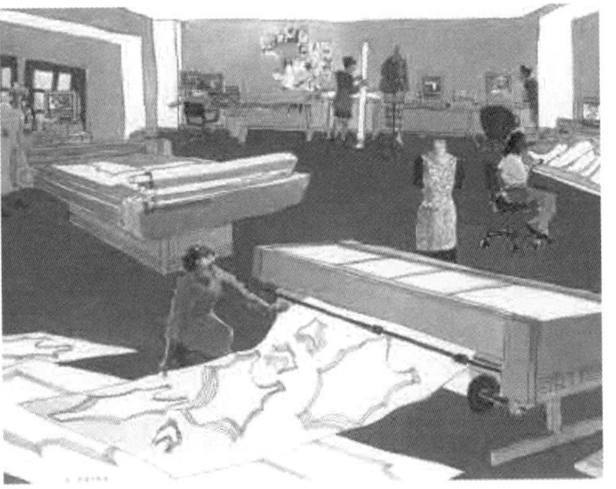

연단

감겨 있거나 접혀 있는 상태의 원단을 재단 가능한 상태로 펼친다. 연단기가 테이블 위를 왕복하면서 재단 가능한 형태로 가지런히 겹쳐 놓는다. 천의 종류, 제품의 특성에 따라 좌우 왕복하며 안팎 구분 없이 연단하는 것, 매번 끊어 같은 방향으로 연단하는 것, 각 장마다 동일한 무늬, 격자선이 맞게 연단하는 것 등 연단에도 여러 방법이 있다. 재단기의 성능에 따라 재단 가능한 겹 수로 연단하는데 수십 장에서 백 장이 넘는 원단을 연단하기도 한다.

그림 9-7 연단 후 진공 압축된 원단

재단

연단 과정에서 겹쳐 쌓인 원단은 두껍고 고르지 못해 정밀하게 재단하기 어렵다. 그러므로 연단이 끝난 직물 층을 얇은 비닐로 덮고 진공압축장치를 통과시켜 원단 더미를 10cm 이하의 두께로 압축한다. 자동 재단기는 수직으로 된 전동식 칼이 수십 장 이상의 원단을 한꺼번에 재단한다. 칼날을 쓸 수 없는 특수 직물에는 레이저 광선이나 수압을 이용한 재단기기들도 사용된다. 재단이 끝난 재단편(원단 조각pieces)들은 컨베이어 시스템에 의해 다음 과정으로 이송된다.

그림 9-8 압착된 원단에서 재단된 재단편

1.4 봉제 본공정

봉제 공정은 의류제품의 종류에 따라 큰 차이가 있다. 가격이 높고 디자인 특징이 강한 제품일수록 소규모의 생산 공정으로 진행된다. 제품생산의 효율을 위해 제품생산을 위한 공정라인이 설계되고 납기일에 맞춰 분업 시스템으로 진행된다.

그림 9-9 번호표 붙은 재단편

봉제 전처리

재단된 조각(재단편)들이 분리되지 않도록 번호표를 붙이고 봉제 전에 미리 처리해야 할 열처리, 심지 접착 등의 전처리 과정을 거친다. 재단편과 부자재를 각 공정에 맞춰 함께 묶은 다발[bundle]의 형태로 봉제 라인에 전달한다.

그림 9-10 의류 생산 공정에서의 봉제 관련 CAM

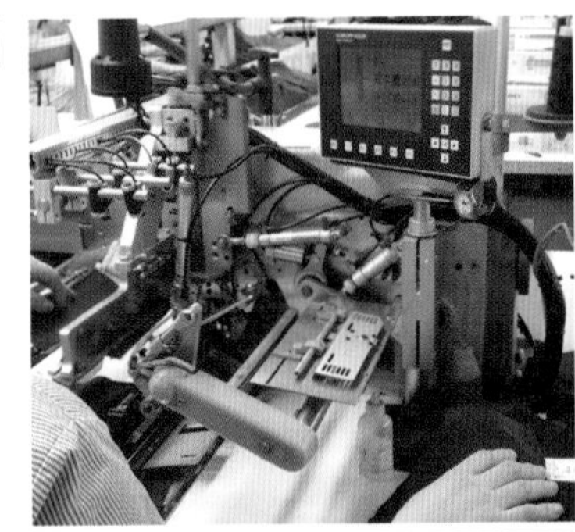

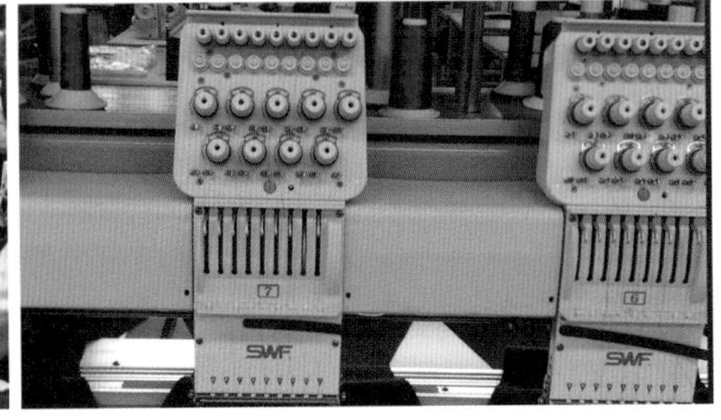

봉제

티셔츠처럼 단순한 봉제로 가능한 제품도 있지만 정장 재킷과 같이 수십 개의 공정이 필요한 제품도 있다. 대부분 한 벌의 옷이 완성되기까지 심지 부착, 직선과 곡선의 봉제, 중간중간의 열처리pressing, 로고 등 자수 공정, 단춧구멍 및 단추 달기, 소매 달기, 지퍼 달기, 단처리 등 수많은 공정들이 포함되는데, 분업에 의한 여러 단계의 봉제 및 프레스 관련 자동화기기apparel CAM에 의한 봉제 공정을 거친다(그림 9–10).

1.5 가공, 후처리 및 검사

봉제 본공정을 통해 의복이 완성되면 마무리 작업 및 검사를 거쳐 제품으로 탄생된다.

가공, 후처리

대량생산에서는 작업의 효율을 기하기 위해 봉제 도중의 다림질은 가급적 줄이고 봉제 전처리와 봉제 후처리로 마무리하는데, 최종 프레싱pressing을 거치면 입체적인 제품이 된다. 작업 도중에 묻은 먼지와 실밥, 작업을 위해 원단에 했던 표식 또한 모두 제거한다.

그림 9-11 최종 프레스 작업

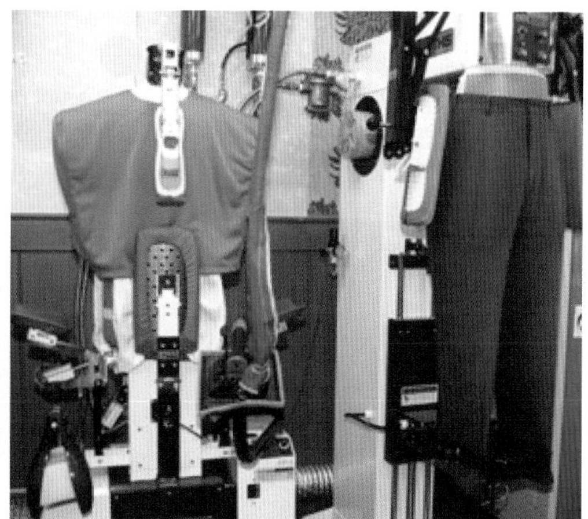

그림 9-12 제품의 마무리와 검사

검사

제품을 출하하기 전 또는 납품업체에서 제품을 납품하기 전에 자체 검품을 실시한다. 원단에 불량이 없는지 재차 검사하고 봉제상의 문제는 없는지, 각종 부속이 제 위치에 잘 달렸는지, 마무리가 잘 되었는지 등을 세밀히 검사한다.

1.6 포장 및 물류 이동

완성된 제품에 상표를 달고 포장한다. 구김이 가지 않게 잘 접어 비닐백에 넣고 사이즈, 가격 등을 표시한 스티커를 붙인다.

의복의 종류와 가격에 따라 포장 방법이 매우 다양하다. 포장 상태가 제품의 품격을 달리하므로 그만큼 소비자의 구매 욕구를 상승시킬 수 있다는 점에서 포장 역시

그림 9-13 납품을 기다리고 있는 물류창고 내 제품들

중요한 작업이다. 포장된 의류제품을 판매처에서 요구하는 대로 디자인, 사이즈, 색상별로 필요한 수량만큼 모아 중간포장을 하여 출고하면, 최종적으로 소매점에서 완성된 제품으로 소비자들에게 판매한다.

2
의복 설계의 요건

변화되는 사회와 환경, 생산 방식에 부응하기 위한 의복의 설계요건은 무엇인가? 의복의 착용 목적과 착의 대상을 이해하고 적절한 설계원리를 적용하여야 한다.

2.1 착의 체형을 고려한 설계

인체의 크기와 형태는 의복의 설계에서 최우선으로 고려되는 요인 중 하나이다. 의복 디자인이나 용도에 따라 차이는 있겠으나 올바른 맞음새fit는 단순히 보기 좋은 모양을 연출하는 것뿐 아니라 동작을 자유롭게 하거나 보조하여 착용자의 건강을 도모하고 부적합한 맞음새로 야기될 수 있는 위험도 방지한다.

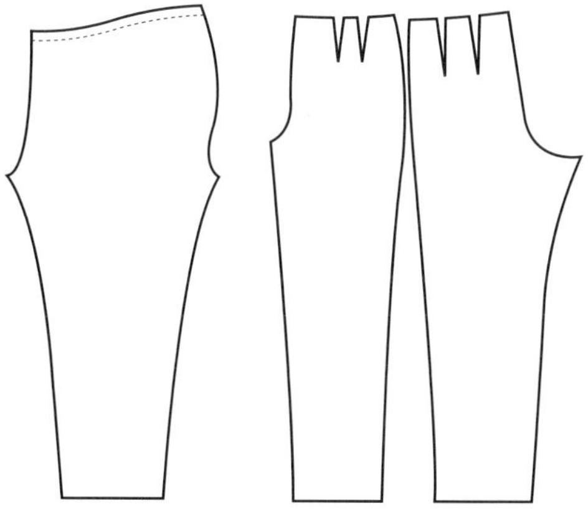

임신 중인 여성은 임신 개월마다 배의 크기와 이로 인한 자세의 변화가 달라 이를 의복에 적용하여 설계한다. 어른과 같은 척추 만곡이 형성되지 않은 어린이는 배가 불룩 나오

그림 9-14 임산부 바지(좌) 패턴과 일반 여성복 바지(우) 패턴

고 뒤로 휜 자세를 가져 이를 의복에서 반영해야 한다. 유아는 목이 짧고 피부가 연약해 세움분stand이 많은 칼라는 유아의 목에 상처를 입힐 수도 있다. 여성복은 인체 굴곡이 커서 다트가 요구되는 경우가 많으나 남성복의 경우는 다트가 없는 경우가 대부분이다.

신생아에서 영유아, 아동, 청소년, 성인, 노년을 거치는 동안 끊임없이 인체의 치수와 형태가 변화하는데 모든 착용자에게 보기 좋고 활동에 지장이 없으며 입어서 편한 의복의 설계는 의류학 및 의류산업이 추구하는 목표이다. 성별에 따른 성징의 차이를 의복에서 배려하는 설계가 요구되며 장애가 있는 착용자를 위해서는 장애 부위와 활동 부위를 고려하여 착·탈의 방법, 착용 후 주로 취하는 자세 등의 설계를 달리해야 한다.

한국인 인체치수조사사업(사이즈 코리아)

온라인 쇼핑몰의 의류제품 반품 원인 1위는 치수 부적합이라 한다. 한국 남성의 약 40%가 자신에게 맞지 않는 사이즈를 입는다고 한다(김은영, 2018). 착용자에게 적합한 의복 사이즈는 착용자뿐 아니라 의류업체, 심지어 국가가 고민하는 심각한 과제이다.

앞서 설명한 바와 같이 정부는 국가차원의 한국인 인체치수조사사업Size Korea을 1979년부터 5~7년 주기로 시행하고 있으며 이로부터 얻은 정확하고 많은 데이터를 목적에 맞게 가공하여 여러 산업체 및 학계에 제공하고 또 표준규격을 제정하는 기초 자료로 사용하고 있다.

그림 9-15 사이즈 코리아에서 찾을 수 있는 인체 치수 데이터

한국산업규격(KS)

기성복은 불특정다수를 대상으로 한다. 특정 고객에게만 잘 맞는 제품이라면 구입 가능한 대상의 범위가 한정될 것이고 재고의 위험도 따른다. 모든 고객에게 잘 맞으려면 그만큼 사이즈의 종류를 확대해야 하지만 생산비용을 고려할 때 쉬운 선택이 아니다.

사람들은 제각각 다른 몸을 가지고 있으며 몸에 맞다고 느끼는 의복의 사이즈도 제각각이다. 모두가 만족할 수 있는 사이즈란 어떤 것일까? 의복의 치수는 인체 치수에 근거한다. 불특정 다수의 치수규격을 만들기 위해서는 대규모의 인체계측이 필요하지만 이러한 작업은 개인이나 업체의 노력만으로는 역부족이다.

우리나라에서는 한국인 인체치수조사사업의 결과물로부터 공산품에 적용할 수 있는 한국산업규격KS, Korean Standard을 제정하고 있다. 또 제정된 KS 규격은 주기적으로 개정 또는 확인하여 여러 업체들이 표준화된 규격으로 생산하도록 제시할 수 있으며 소비자는 통일된 규격으로부터 쉽게 확인하고 믿고 구입할 수 있는 체제를 마련하였다.

의류 제품의 경우 성별, 연령대별, 의복 종류에 따라 표시해야 하는 최소한의 신체 치수를 한국산업규격으로 정해 놓아 의류생산업체마다 그 브랜드의 고객에 맞는 사이즈를 선택하여 의복을 생산한다. 현재의 의류제품규격은 호칭 및 치수규격을 단순화하여 착용자의 신체 치수를 사이즈로 직접 기재한다(그림 9–16). 이 방식은 ISO(국제표준화기구International Organization for Standardization) 규격 방식으로 우리나라 역시 ISO 방식을 채택하고 있다.

2.2 착의 용도를 고려한 설계

하루 24시간을 같은 의복으로 생활하던 시대도 있었으나 여러 활동과 역할을 병행하는 현대 사회에서는 의복을 용도에 따라 갈아입는다. 평소 입는 옷의 용도를 생각해 보자. 우리는 겉옷과 속옷을 구분하여 입는다. 겉옷과 속옷은 인체의 접촉 여부, 요구되는 기능이 다르므로 소재, 사이즈, 형태 등에서 달리 설계해야 한다. 겉옷 역시, 단

표 9-1 남성복의 치수 규격(KS K 0050: 2009)

구분	의류 종류별 대표명		기본 신체 부위 및 표기 순서		
			1	2	3
상의	신사복		가슴둘레	허리 둘레	키
	캐주얼 재킷		가슴둘레	키	–
	점퍼		가슴둘레	–	–
	셔츠	캐주얼 셔츠	가슴둘레	–	–
		정장용 드레스셔츠	목둘레	목뒤점–어깨가쪽점–손목안쪽점	–
	편성물계 상의류		가슴둘레	–	–
	카디건		가슴둘레	키	–
하의	정장 바지		허리둘레	엉덩이둘레	–
	캐주얼 바지		허리둘레	–	–
상하 연결의	코트		가슴둘레	키	–
	가운		가슴둘레	키	–
운동복	상의		가슴둘레	–	–
	하의		허리둘레	–	–
	수영복		엉덩이둘레	–	–
작업복	전신용		가슴둘레	키	–
	상의		가슴둘레	–	–
	하의		허리둘레	–	–
내의류	상의		가슴둘레	–	–
	하의		엉덩이둘레	–	–
잠옷	전신용		가슴둘레	–	–
	상의		가슴둘레	–	–
	하의		엉덩이둘레	–	–

a) 정장 바지에서 필요한 경우에는 허리둘레만 표시할 수 있음.
b) 범위 표시의 경우는 M, L, XL 등을 사용함.

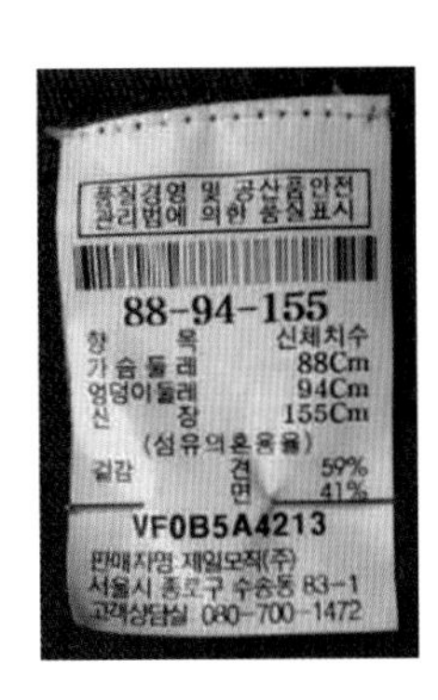

그림 9-16 의류제품의 품질 표시 레이블
의복에서 치수, 섬유의 혼용률, 판매업체, 취급 방법(뒷면) 등이 적힌 레이블이 찾기 쉬운 부분에 부착된 것을 볼 수 있다. 치수 표기 방법은 이 의류제품을 입을 착용자의 신체치수(88-94-155)로 적혀 있으며, 둘레가 먼저, 길이가 나중에 표시된다.

표 9-2 여성복의 치수 규격(KS K 0051: 2009)

구분	의류 종류별 대표명		기본 신체 부위 및 표기 순서		
			1	2	3
상의	정장 상의		가슴둘레	엉덩이둘레	키
	캐주얼 재킷, 캐주얼 코트, 점퍼		가슴둘레	키	–
	셔츠		가슴둘레	–	–
	관성물체 상의류		가슴둘레	–	–
하의	바지	정장 바지	허리둘레	엉덩이둘레	–
		캐주얼 바지	허리둘레	–	–
	스커트	정장 스커트	허리둘레	엉덩이둘레	–
		캐주얼 스커트	허리둘레	–	–
상하 연결의	코트		가슴둘레	키	–
	원피스		가슴둘레	–	–
	가운		가슴둘레	키	–
운동복	상의		가슴둘레	–	–
	하의		허리둘레	–	–
	수영복	전신	가슴둘레	키	–
		상의	가슴둘레	–	–
		하의	엉덩이둘레	–	–
작업복	전신용		가슴둘레	–	–
	상의		가슴둘레	–	–
	하의		허리둘레	–	–
내의류	전신용		가슴둘레	키	–
	상의		가슴둘레	–	–
	하의		엉덩이둘레	–	–
			허리둘레	키	–
잠옷	전신용		가슴둘레	키	–
	상의		가슴둘레	–	–
	하의		엉덩이둘레	–	–

a) 피트성이 필요한 경우에는 신체 치수에 대한 의류 치수의 적합성이 강조되는 의류, 즉 착용할 수 있는 신체 치수의 범위가 비교적 좁은 의류임.

b) 피트성이 필요하지 않은 경우로 신체 치수에 대한 의류 치수의 적합성이 그다지 강조되지 않는 의류, 즉 비교적 넓은 범위의 신체 치수가 착용할 수 있는 의류임.

순하게는 외출복과 실내복으로 구분된다. 실내복은 집안에서 주로 입는 옷으로 타인의 시선을 신경쓸 필요 없이 편안하고 쾌적한 휴식의 용도로 착용하므로 외출복에 비해 헐렁하고 편안한 사이즈와 디자인으로 설계된다. 외출복은 직업이나 신분에 맞는 유니폼, 정장 등 세분화된 착용 용도에 따라 의복설계 요인이 적용된다.

의복은 용도에 따라 설계를 달리한다. 은행원, 승무원, 학생 등 모두 직업과 신분에 따른 유니폼을 입는데 업무와 활동에 적합하도록 설계되어야 한다. 학생들의 교복은 단정해야 하지만 성장기 학생들의 활동을 고려할 때 쉽게 사이즈를 조절하고 동작하기 쉬운 형태로 설계하여야 한다. 대부분의 교복 스커트가 앞은 주름이 있고 뒤는 주름이 없는 A라인A-line 스커트로 되어 있는 것은 단정함과 활동성의 두 목적을 모두 해결하기 위함이다. 승무원은 매우 좁은 공간에서 일하지만 그 가동범위는 매우 크다. 높은 선반에 짐을 올리고 내리며 쭈그리고 앉아 작업하기도 한다. 아름다운 외관과 함께 이러한 가동력을 모두 소화할 수 있는 의복의 설계가 요구된다. 정장은 격식을 갖춰야 할 때 입는 옷으로 편안함보다는 요구되는 드레스코드dress code가 더욱 강조되므로 이런 의복 규정을 고려해 다른 의복보다 인체 사이즈에 적합한(핏fit성이 요구되는) 설계가 요구된다. 잠깐의 용도로 최대한의 미적 요인이 주요 설계목적이 되는 무대의상, 웨딩드레스 등의 예복도 있다. 예복은 의복 설계에서 요구되는 여유분을 최소화하므로 이러한 디자인에 적합한 소재, 디자인, 봉제의 설계가 요구된다.

우리나라의 의복제품 산업규격에서는 용도에 따른 의복 종류를 구분하여(표 9-1, 표 9-2) 치수와 사이즈를 제시하고 있다. 용도에 따라 피트성(맞음새)을 요하는 의복과 피트성이 그다지 중요하지 않은 의복의 기본신체부위와 각 사이즈의 편차를 달리하고 있다.

2.3 착의 환경을 고려한 설계

인간의 활동 영역이 확장됨에 따라 예전에는 고려하지 못한 많은 환경을 접하게 된다. 무균실, 생화학 살포 및 전염병 발생 지역, 전투현장, 심해, 상공, 우주공간 등 과거에는 인간이 처하지 않았거나 오늘날에도 일상에서는 접할 수 없는 많은 환경에서 인간이

그림 9-17 용도를 고려한 설계 : (왼쪽으로부터) 교복, 승무원복, 웨딩드레스

활동한다. 이러한 환경에서는 엄격한 의복설계가 요구되는데, 그 환경이 인간에게 위해한 요소를 포함하고 있을 때는 더욱 그렇다. 환경으로부터의 보호를 위해서는 소재의 개발과 선택이 우선시되지만 소재에 따른 적절한 설계 및 제작 공정, 가동 범위와 방향을 고려한 여유분 설정 및 패턴 절개, 필요한 부속의 부착과 봉제 방법 등은 의복설계에서 고려되어야 할 측면이다.

자동차 정비, 소독 등 분진이 많은 환경에서는 인체를 모두 감싸는 올인원 형태의 의복으로 설계된다. 네크라인, 소매 부리, 바지 부리 등에는 분진이 스며들지 않도록 적절한 조임 장치가 필요하다. 올인원은 상하 분리가 없어 동작마다 의복 전체가 이동하므로 활동하기 매우 불편한 의복이다. 이런 디자인에서 동작 가능한 기능을 적용하는 것이 의복 설계의 또 다른 과제이다.

소방작업은 매우 위험한 환경에서 진행되어 인명사고가 많은 업무 중 하나이다. 소방작업자의 사고 중에는 화염에 노출되는 사고보다 고온 환경에서 인체에서 발산되는 열을 배출하지 못해 의식을 잃거나 자칫 한순간 위험에 대처하지 못해 발생하는 사고가 더 많다고 한다. 화기 진압을 위한 보호복은 화기 노출에도 인체를 보호해야 하지만 체내 열을 쉽게 발산시킬 수 있는 소재와 숨은 배기창ventilation pockets의 설계가 필요하다.

깊은 해저에서는 인체를 모두 감싸는 스킨스쿠버 복을 입는다. 해저 생물, 날카로운 바위 등에 다치지 않도록 강화되고 심해의 압력과 저온에 인체가 견딜 수 있는 소재로 제작된다. 물속에서 젖는 수트wet suits와 젖지 않는 수트dry suits는 같은 인체 치수라도 그 기능에 따라 사이즈의 차이가 있으므로 설계 시 그 사이즈 차이를 반영한다. 한 스포츠 브랜드의 전신 수영복은 기술도핑의 첫 대표 사례로 손꼽힌다. 1998년, 상어 피부로

부터 착안 설계된 전신 수영복은 산소를 근육에 잘 전달하게 하고 공기를 붙잡아 부양력을 높이도록 만들었다. 2008년 베이징올림픽 때 수영 종목에서 세계신기록이 25개나 나왔는데 23개는 전신 수영복을 입은 선수들이 달성한 것이었다. 그 뒤 다른 대회에서도 이 수영복을 입은 이들의 세계신기록 경신이 계속되자 국제수영연맹FINA은 2010년부터 착용을 전면 금지했다. 이러한 의복에서는 무봉제 제작 방법이 요구된다. 봉제란 바늘과 실을 이용해 완성선을 박음으로써 각 의복 조각pieces을 연결하는 방법이다. 봉제된 제품에는 바늘과 실이 지나간 흔적이 생기는데 이 자리에는 물, 공기가 스며들거나 심지어 다운dawn과 같은 충전물이 빠져 나올 수 있다. 이러한 문제를 해결하기 위한 방법은 복제하지 않고 열처리 또는 테이프 접착 등 여러 방법으로 의복을 연결하여 봉제 구멍을 차단하는 것이다. 무봉제 의복은 봉제를 위해 부여하는 시접량이 다르거나 아예 없애기도 한다.

국방부는 근 20년 만에 군복의 소재, 문양, 디자인과 사이즈를 변경하여 군복의 변화를 시도하였다. 색상과 무늬 패턴은 현 시점에서의 우리나라 야외 환경인 모래색, 침엽수, 수풀색 등 5가지 색의 디지털무늬를 넣어 사계절 위장성을 강화했다(뉴스속보부, 2010). 단정한 외모를 강조하여 상의를 바지 안에 집어넣었던 것을 활동성이 있도록 상의를 바지 위로 내려 오버웨이스트 스타일의 상의 디자인을 시도하였으며, 칼라 역시

그림 9-18 20년 만에 변화를 시도한 우리나라 군복

그림 9-19 선외 우주복

단정한 스타일보다는 목 위로 스탠드를 세워 인체를 보호하도록 설계하였다. 3D 스캔으로 부쩍 커진 장병들의 인체를 반영했지만 신축성 있는 소재를 사용하여 여유분이 오히려 줄어들어, 기능적이면서도 슬림한 외모를 선호하는 젊은이들의 취향을 반영하였다.

우주복은 우주선 안에서 입는 '선내 우주복'과 우주선 밖, 즉 우주공간에서 입는 '선외 우주복'이 있다. 선내 우주복은 우주선과 지구로 귀환하는 캡슐 안에서 착용하는 옷으로 우주선 내 기압이 떨어지거나 산소가 부족한 상황에 대비하기 위한 보호복이다. 선외 우주복은 인간이 전혀 생존할 수 없는 환경, 즉 우주 공간에서 인간을 보호하는 의복으로 옷과 관련 시스템을 만드는 데 소요되는 비용은 100억 원 이상이라고 한다. 무게가 100kg이 넘는 육중한 우주복은 방사선을 완벽하게 차단하면서도 일정한 온도, 산소, 압력을 공급하는 첨단 재료와 장비의 집합체로 우주선과 케이블로 연결돼 있다. 7~8개 층으로 만들어진 우주복은 안에 공기를 충분히 담아두며, 특히 최외층 소재는 절연 기능과 함께 운석이나 우주먼지로부터 보호할 수 있는 강도를 갖는다. 헬멧은 자외선을 차단하면서 우주인이 시야를 확보할 수 있도록 돕는다. 우주인이 유영 시 등에 메고 있는 등짐에는 비상시 산소를 공급하면서 우주인이 배출하는 이산화탄소를 흡수할 수 있는 공기정화기와 환풍기, 찬물을 순환시키는 냉각장치, 전력발생장치 등이 들어 있다(김제관, 2008). 현재는 우주인의 보호를 위한 모든 시스템 최적화에 급급하여 의복설계의 기능은 미약하나 누구나 우주를 여행하는 시기가 도래한다면 우주복의 적합성, 적응성, 쾌적성을 위한 설계가 필요할 것이다.

2.4 의복 설계의 기술, 테크니컬 디자인

아래의 내용은 의류를 생산하는 공장에서 주로 발생한 문제들이다(박찬호, 2016).

- 핏fit 문제로 수정 작업을 하여야 하는 경우
- 사이즈가 허용범위를 벗어나 불합격 되는 경우
- 원단 불량

- 오염, 봉제 불량, 부속 불량
- 포장 방법이나 박스 규격이 주문 방식에 맞지 않는 경우 등

이 중 대부분은 설계와 생산 공정의 각 단계마다 정확하게 전달되고 잘 관리·감독되었다면 발생하지 않았을 문제이다. 테크니컬 디자인technical design은 국내 임가공 업체에 제공하거나 국외 생산기지에 송부하기 위한 테크니컬 서식 텍팩technical package 작성이라는 전문적 직무이다. 국내 생산과 아울러 해외 수출을 전문으로 하는 에이전트와 벤더 회사는 우수한 테크니컬 디자이너를 필요로 하고 있다. 즉, 테크니컬 디자인이란 의류제품의 기획에서부터 생산단계 과정, 세부사항, 절차 등을 기본적으로 빠르게 변하는 마켓 트랜드를 따라가며 수치화·표준화된 제조 지시서를 작성하고 이를 생산업체와 긴밀하게 소통하는 작업이다.

2.5 의복설계의 기술, 가상 착의

피팅fitting이란 우리말로 정의하기 어렵지만 여러 전문가들이 '맞음새 평가'라는 용어로 대신하고 있다. 즉, 의류 제품의 인체 적합성(맞음새)을 확인·평가하는 과정을 의미한다. 기성복을 구입한 소비자라면 구입 전에 피팅룸에서 그 옷이 맞는지 미리 입어 본

그림 9-20 국내 의류생산 방식과 테크니컬 디자이너의 업무
출처 : 김자·정연희(2016).

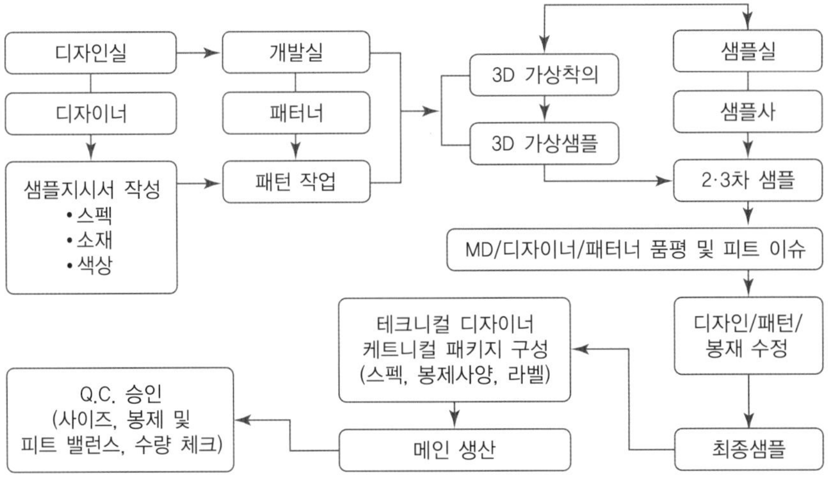

디자인실
디자이너
샘플지시서 작성
•스펙
•소재
•색상
개발실
패터너
패턴 작업
3D 가상착의
3D 가상샘플
샘플실
샘플사
2·3차 샘플
MD/디자이너/패터너 품평 및 피트 이슈
디자인/패턴/
봉재 수정
최종샘플
테크니컬 디자이너
케트니컬 패키지 구성
(스펙, 봉제사양, 라벨)
메인 생산
Q.C. 승인
(사이즈, 봉제 및
피트 밸런스, 수량 체크)

(시착) 경험이 있을 것이다. 제품 기획 및 생산 시스템에서의 피팅은 더욱 복잡하고 까다롭다. 의류업체에서는 디자인, 기획 과정에서 기획 의도에 부합되고 상품성이 있는 제품을 개발하기 위하여 피팅 테스트fitting test를 반복하여 진행하는데, 피팅은 많은 경비와 오랜 시간이 소요되는 작업이다. 이러한 작업이 가상현실 속에서 구현된다면 매우 간편할 뿐 아니라 샘플 제작 및 피팅 비용이 대폭 절감될 수 있다. 이러한 기술은 이제 현실이 되었으며 그 역할을 한국 기업이 주도하고 있다. 가상 착의virtual fitting는 크게 두 종류로 구분된다.

- 3D 가상 피팅3D virtual fitting
- 3D 가상 봉제 및 피팅3D virtual manufacturing and fitting

3D 가상 피팅(매직 미러, magic mirror)

3D 가상 피팅이란 고객이 실제 의복 제품을 입어보지 않고도 가상현실 속에서 고객과 닮은 아바타 또는 가상의 고객이 대신 입어봄으로써 피팅의 효과를 얻을 수 있는 고객과 업체의 소통 방법이다. 고객은 시간과 노력을 단축하고 짧은 시간 내에 많은 의복 착용을 체험함으로써 쉽게 의복을 선택할 수 있으며, 사이즈 부적합의 우려를 줄일 수 있다. 업체는 반품, 교환 등 소비자 불만에서 오는 문제를 해결할 수 있는데 온라인 구매 등 실제 착용이 불가능한 상황에서는 더욱 그 가치가 발휘된다. 매장과 같은 물리적인 요소를 뜻하는 피지컬physical과 VR, IT와 같은 기술을 뜻하는 디지털digital이 함께 공존하는 형태로서, '피지털physital'이라 불리는데 피지털 매장은 다양한 업체에서 운영하고 있다.

2018년 4월, 서울 강남의 한 자라 매장 쇼윈도에 스마트폰을 가까이 대자 화려한 원피스 차림의 모델이 액정 화면에 나타났다. 모델은 매장 여기저기를 워킹하고 춤도 추면서 다양한 자세를 취했다. 버튼을 누르자 상품 구매 서비스로 곧바로 연결됐다(김희리, 2018). 3D 가

그림 9-21 메모미의 '메모리 미러'
출처 : 하지태·최영림(2016).

상 피팅 솔루션으로는 에프엑스기어의 '에프엑스미러FXMirror'와 3D 가상 피팅 앱 '핏앤샵FIT'N SHOP', 이베이eBay의 레베카 밍코프Rebecca Minkoff, 타미힐피거Tommy Hilfiger의 삼성기어 VRGearVR을 활용한 '360°의 3D 가상현실', 메모미MemoMi의 '메모리 미러Memory Mirror' 등이 개발되어 사용되고 있다(하지태·최영림, 2016).

3D 가상 봉제 및 피팅

앞서 설명한 VR 기술들은 고객의 의복 피팅 시간과 경비를 절감해주며 소비자와 업체가 소통하는 통로가 될 수 있다. 이들은 의류 제품의 데이터베이스와 함께 구동되며 착장한 이미지만을 현실감 있게 재현한 프로그램이다. 의류업체에서는 의류제품 기획 시 소재 물성의 적합성, 여유분과 의복압력 등 착장 이미지 이상의 정밀한 맞음새 평가를 필요로 한다.

3D 가상봉제 및 피팅 프로그램은 이러한 의류설계 및 생산 시스템의 요구가 반영된 신기술로서 현재 가장 진화된 어패럴 CAD의 한 종류이다. 우선 가상 봉제에서 사용하는 착의기체로서의 아바타는 단지 착용자의 유사 이미지가 아니라 인체 측정을 통해 얻어지는 대부분의 치수를 반영할 수 있으며, 아바타의 형상에서 적용된 인체치수의 사이즈를 구현하며 인체형상 뿐 아니라 드레스폼 형태로 구현할 수 있다.

아바타 주변에 제작된 패턴을 배치하고 봉제할 선들을 메뉴에 따라 매치하여 가상 봉제한다(그림 9—22). 봉제 후의 아바타에게 시뮬레이션된 착장 이미지는 패턴 사이즈에 의한 제품 크기와 봉제 부위, 봉제 위치 등에 의한 물리적 환경을 적용한 착장 이미

그림 9-22 가상착의 프로그램을 통한 패턴 제도, 패턴 배열 및 봉제, 착장(by CLO 3D)

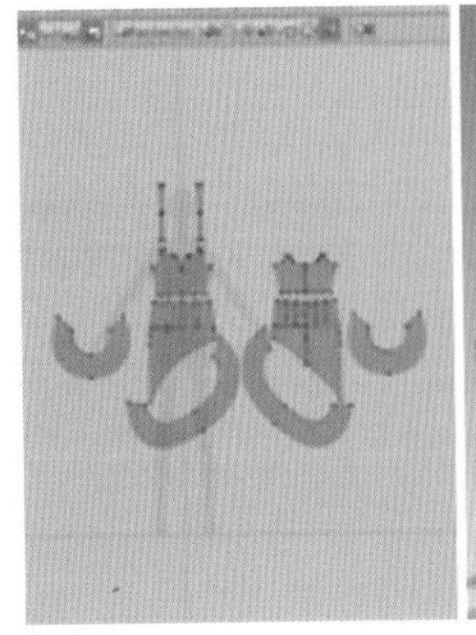

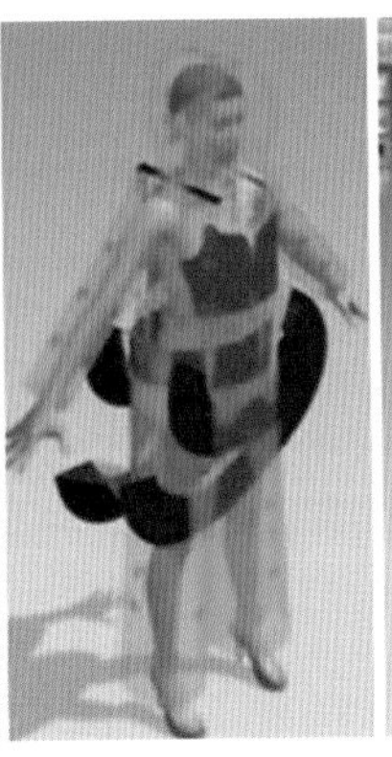

그림 9-23 가상제작 의복(좌)과 실제제작 의복(우)
출처 : 하지태·최영림(2016).

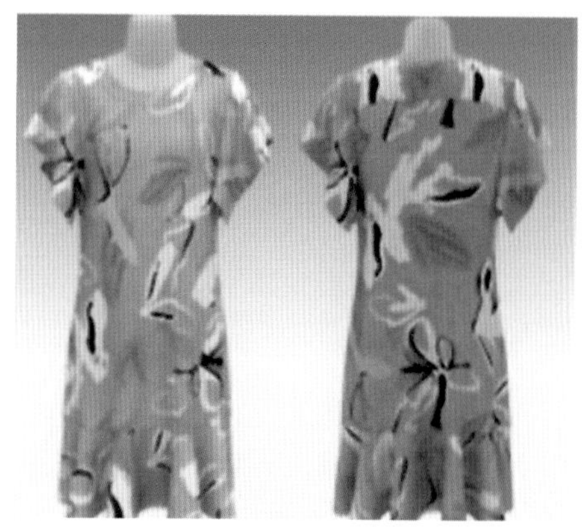
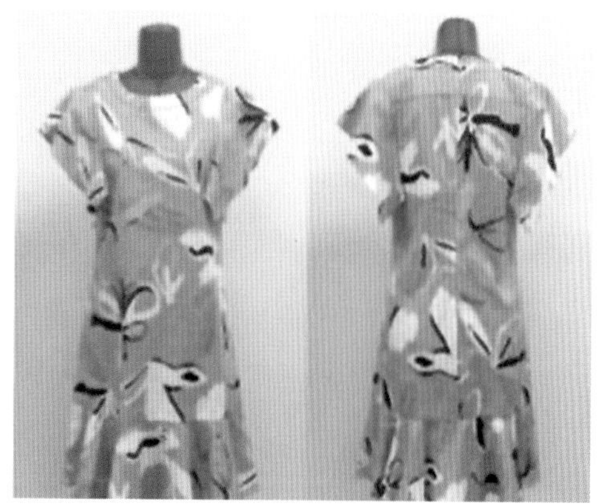

지를 구현한다. 구현된 착장 이미지를 통해 착용 패턴 및 봉제 과정의 적합성을 판단할 수 있으며 패턴의 각 부위 치수를 변경하거나 물성, 올방향 등을 변화시켜 기획의도와 일치하고 상품가치가 있는 최종 제품을 제작할 수 있다.

가상봉제기술은 가상 피팅과는 달리 보기 좋은 이미지를 넘어 실제 생길 수 있는 현상의 정확한 재현이 목적이다. 즉, 의복 패턴에서의 사이즈, 원단의 물성 및 올방향, 각 패턴 간의 봉제 등에 따른 아바타 체형과의 적합, 부적합 상태를 가능한 현상 그대로 구현해야 한다(그림 9-23). 가상봉제기술은 또한 몇 주, 몇 개월 과정이 될 수 있는 피팅 과정을 몇 시간으로 단축시킬 수 있으며 몇 번이고 반복 가능한 장점과 함께 현

그림 9-24 버추얼 피팅은 실제 피팅으로 불가능한 분석을 가능하게 한다.
출처 : 주경식·정연희(2016).

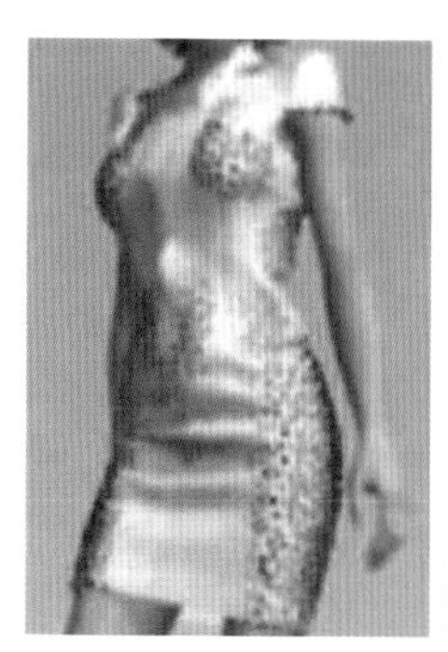

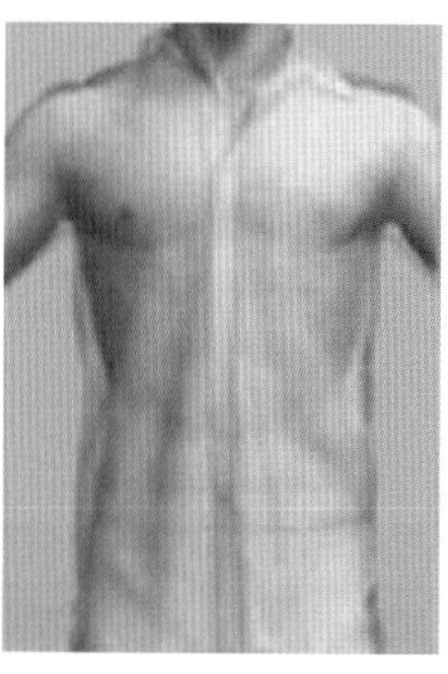

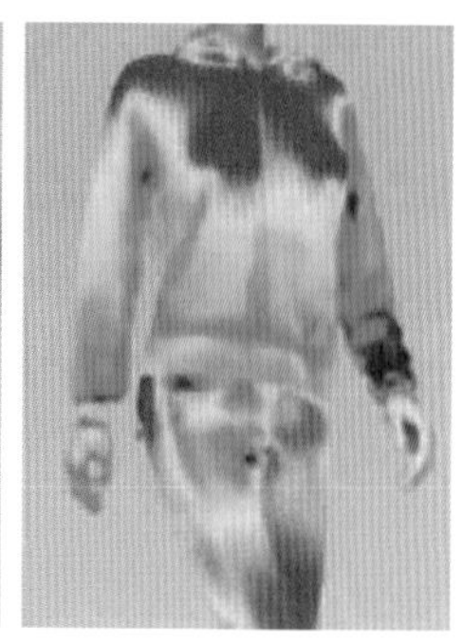

실 재현 이상의 작업도 가능하여 그 쓰임새가 확대되고 있다. 예를 들어 아바타의 치수를 변경함으로써 인위적으로 할 수 없는 피팅 모델의 사이즈 통제가 가능하다. 또 착장 의복의 부위별 의복압, 공극상태 측정 등, 인체와 실제 의복을 대상으로는 정확한 측정 및 평가가 어려웠던 의복 설계 요인들을 평가할 수 있어 의복설계의 수준을 향상시키고 있다(그림 9—24).

현재 사용되는 3D 가상 봉제 및 피팅 CAD에는 CLO 3D, 3D Runway Designer, DC Suite 등 10개 정도가 있으며 이 중 3개 프로그램이 국내 개발제품으로 알려져 IT 기술과 글로벌 의류산업에서의 선도적인 역할을 하는 우리나라 기업에 자부심을 가질 만하다. 이러한 기술을 사용, 평가하고 적용하기 위해서는 아바타의 체형 변환을 위한 인체 및 인체측정에 대한 이해, 패턴의 이해와 제도 능력, 봉제 원리, 착장된 의복의 피팅 실무 등 의류설계 전반에 대한 전문적인 지식과 기술을 습득하여야 한다. 급속도로 발전하고 있는 신기술과 함께 의복의 기능과 용도 역시 빠르게 확장되고 있으며, 이러한 의복에 요구되는 설계와 생산을 위해서는 의복뿐만 아니라 의복에 포함되어야 할 여러 기술 관련 분야의 복합된 지식을 적용할 수 있어야 한다.

2.6 의복 설계를 위한 지식 : 패턴 제작 원리

같은 라면도 조리 방법과 추가하는 재료, 담는 용기에 따라 맛이 다르다. 같은 내부구조의 아파트라도 가구의 종류와 배치, 가족구성원, 생활 패턴에 따라 아늑한 집, 썰렁한 집, 어수선한 집이 되기도 한다.

같은 옷도 착용자의 체형, 갖춰 입은 의복과 소품, 얼굴형과 피부색 등에 따라 어울리는 모양새가 다르다. 때론 약간의 보정으로 의복의 모양을 한결 돋보이게 할 수 있는데 의복의 제작 원리를 이해하면 그 길이 보인다.

물건을 포장할 때는 물건의 모양과 크기를 고려해야 한다. 인체 역시 잘 포장(착의)하려면 에워싸는 전개도를 만들고 불필요한 여분을 기술적으로 제거한 다음(패턴) 양가에 여분(시접)을 두어 봉제한다.

의복의 제작을 위한 설계도면을 패턴pattern 또는 옷본이라 하며 패턴을 만드는 과정을 제도라 한다. 패턴 중 원형basic pattern은 디자인을 가미하지 않은 인체 맞춤형 패턴으로 이를 바로 옷본으로 사용하기보다는 다른 디자인 패턴으로 응용하기 위한 기본 도면으로 이용한다. 인체는 좌우가 완전히 같지 않지만 좌우 같은 모양의 의복이 보기 좋아 대개 동일하게 제작한다. 그래서 패턴은 좌우 비대칭 디자인을 제외하고는 앞뒤 반만 제도한다. 원형의 제도 방법은 다음의 세 과정으로 이루어진다.

- 몸을 에워싸는 기초선 제도
- 인체의 선, 체표면을 고려한 외곽선 제도
- 인체 굴곡을 고려한 다트 제도(완성선)

여성복을 예로 들어 이해해 보자. 인체를 가장 단순하게 에워싼 원통 모양이 기초선이다. 패턴의 기초선은 몸의 최대 폭을 가로로, 길이를 세로로 하는 사각형에서 시작한다. 상반신의 최대폭은 가슴을 지나는 가로선이다(가슴둘레선이라 함). 상반신의 최대길이는 등길이이다. 길이는 인체 치수를 여유분 없이 사용하지만 가로방향인 폭은 활동을 위한 여유가 필요하므로 인체치수에 여유분을 보탠다. 팔의 움직임 등 동작이 많은 가슴둘레에는 비교적 넉넉한 여유분(8~12cm)을 넣는다. 품은 앞과 뒤의 각 반을 포함한 반쪽 치수로, 길이는 치수 그대로 적용된 사각형을 제도한다(그림 9–25).

그림 9-25 인체를 에워싼 모양의 기초선 제도

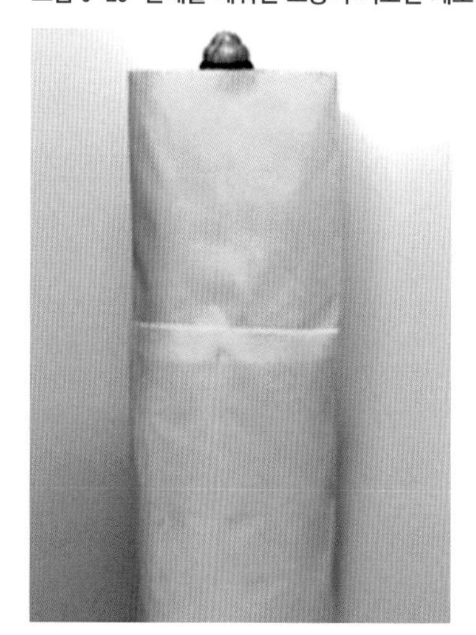

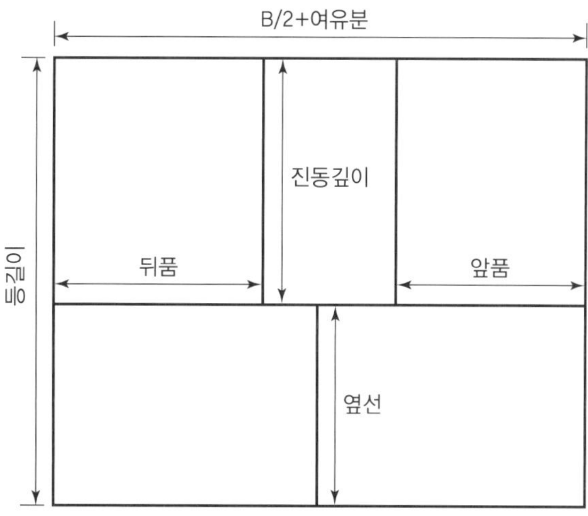

그림 9-26 인체의 선, 체표면을 따라 외곽선 설정

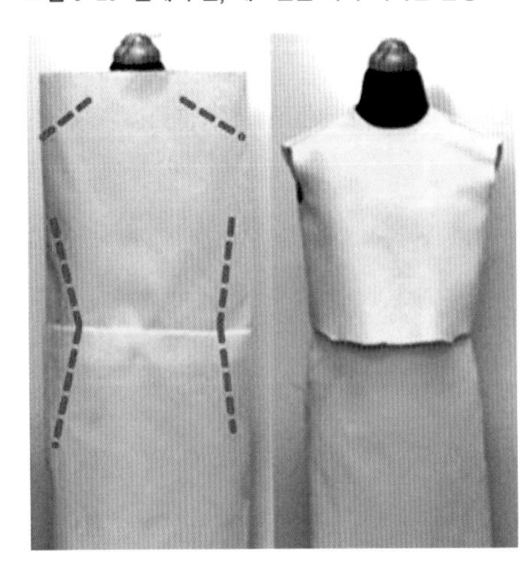

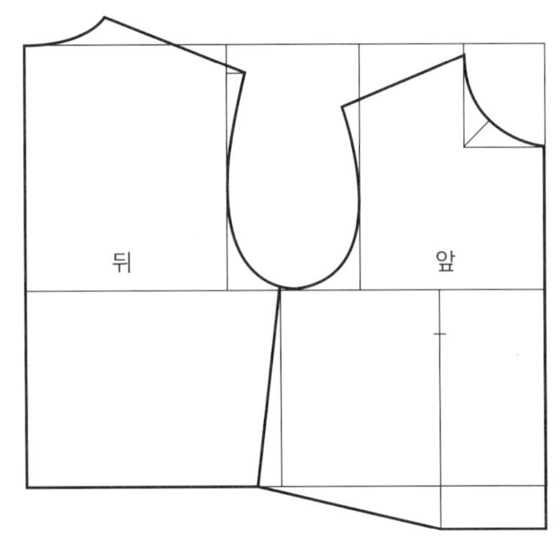

그림 9-27 다트를 이용하여 인체의 굴곡 적용

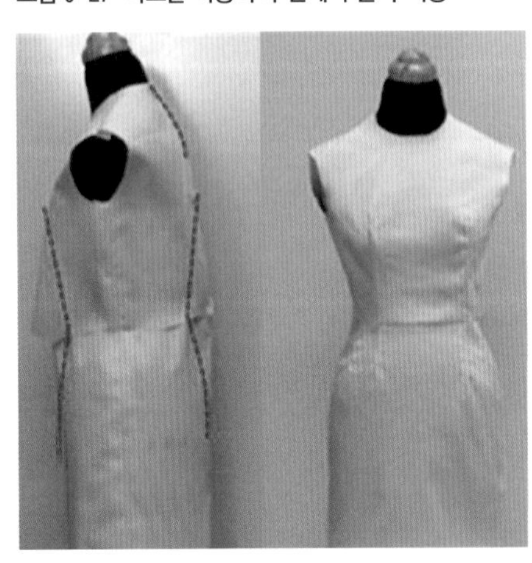

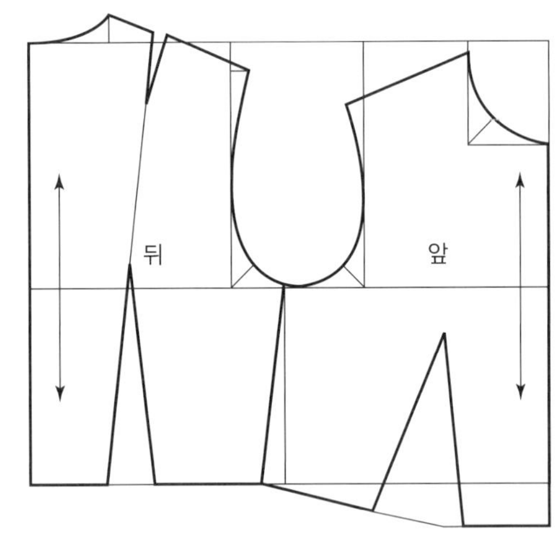

원통 모양의 상태를 의복이라 부르기에는 어색하며, 여러 군데에서 필요 없는 공간이 보이게 된다. 이때 경사진 어깨만큼 잘라주고 팔이 나오기 위한 공간, 옆선에서 허리의 잘록한 부분을 향해 남는 부분을 삭제하면 우리가 제작하는 패턴과 의복의 모습이 보이기 시작한다(그림 9-26). 인체 굴곡에 따른 여분을 외곽에서만 없애준 것으로는 맞음새가 있는fitted 의복을 제작하기에 부족하다. 돌출된 가슴과 등뼈, 배와 엉덩이에 천이 닿으면서 허리와 어깨로 향한 여분이 남게 되는데 이를 입체기술(다트dart)을 이용하여 없애면 입체감이 있는 의복이 된다(그림 9–27).

패턴이 완성되면 패턴을 옷감 위에 놓고 봉제선(완성선) 밖으로 시접을 두어 자른 후(재단) 완성선을 박으면(봉제) 옷이 된다. 바느질에는 손바느질과 기계를 사용하는 틀바느질이 있다. 기성복은 당연히 효율적인 틀바느질로 제작하며, 앞서 설명한 바와 같이 다양한 공정에서 각기 다른 CAM이 사용된다.

생각할 문제

1 미래의 의복 생산 과정은 어떤 것이 가능할지 이야기해 보자.

2 본인이 입고 있는 옷에서 레이블을 찾아보자. 치수 정보를 확인하고 본인의 치수에 적합한지 생각해 보자.

3 여성복에 비해 남성복의 치수 표기는 엉덩이둘레를 기본 부위로 하는 의복이 적다. 그 이유를 남녀의 체형 비교 과정을 통하여 토의해 보자.

4 본인의 손 치수를 재고 장갑을 설계해 보자. 치수로부터 패턴을 제도하고 시접을 주어 재단한 다음 봉제해 보자. 문제점이 있다면 어떤 부분을 개선해야 하는지 이야기해 보자.

PART 3

의복과 문화 그리고 기술

CHAPTER 10

현대패션의 흐름

THE FLOW OF MODERN FASHION

패션은 다양한 사회문화 현상들을 반영하여 새로운 스타일로 표현해 왔다. 특히 20세기 이후 과학기술의 발전과 그에 따른 다양한 예술 및 대중문화의 발전은 패션에 큰 영향을 끼쳤다. 산업화된 현대사회에서 여성들의 사회 진출로 용도에 맞는 다양한 의복이 필요하게 되었고, 기성복의 발달과 패션잡지 등 매스 미디어의 발달은 유행을 가속화시켰다. 새로운 유행이 발표될 때마다 주목할 만한 디자이너들이 나타났으며, 또한 대중들이 선망하는 패션 아이콘들이 등장하였다. 그러나 현대로 올수록 기술이 더욱 진보하고 사회와 문화가 다양해짐에 따라 몇몇의 디자이너가 시대를 주도하기보다는 독특하고 개성 있는 스타일과 브랜드들이 공존하며 패션업계 또한 다양화되었다. 사회의 변화에 민감하게 반응하며 트렌드를 발표하거나 트렌드를 이끌어 나간 디자이너와 패션 아이콘들을 살펴보며 여성복을 중심으로 현대패션의 변화와 흐름을 알아보고자 한다.

학습목표

- 20세기 이후 현대사회의 변화와 그에 따른 현대패션의 흐름을 연대 순으로 알아본다.
- 각 연대별로 유행했던 스타일을 알아본다.
- 각 연대마다 유행을 선도했던 디자이너와 디자인의 특징을 알아본다.

1
1900~1910년대

1.1 사회·문화적 배경

20세기 이전 여성복은 지나치게 여성적이고 비실용적인 '드레스'라는 복종에서 크게 벗어나지 못한 채 허리선의 위치나 스커트의 부풀린 정도를 달리하며 형태에 변화를 꾀하였으나 20세기가 시작되며 다양한 분야에서 보여준 혁신으로 여성 패션은 현대화되기 시작했다. 19세기 말은 세기말의 퇴폐적 분위기와 새로운 시대의 기대감이 교차하던 시기였다. 20세기의 시작은 제1차 세계대전 발발 전까지 벨 에포크belle-epoch(아름다운 시대)라고 불리는 풍요로운 시기였다. 1900년 파리 만국박람회에서 선보인 '전기 궁전palais de l'electricite'은 '빛의 도시ville lumiere'라는 별명을 만들어내며 사람들을 놀라게 했다(그림 10–1). 아인슈타인의 상대성이론, 라이트 형제의 성공적인 동력비행, 미국의 'T-Ford' 자동차의 생산 등 산업사회는 급속히 진행되었다. 예술계에서는 피카소가 '아비뇽의 처녀들'로 입체파를 알렸고, 러시아 발레단의 파리 공연으로 동양풍이 유행하였다.

1.2 유행 패션스타일

패션은 제1차 세계대전(1914~1918)의 영향이 매우 컸다. 전쟁 전은 19세기 의복 형태와 크게 다르지 않았다. 무엇을 어떻게 입는지는 여전히 사회적 신분을 나타내는 것이었으므로 화려하고 장식이 많은 드레스로 부와 지위를 과시하였다. 코르셋을 착용하였고 패션의 규율은 엄격하였다(그림 10–2). 부유층의 귀부인들에게 유행했던 것은 아르누보 양식의 영향을 받은 S자형 실루엣S-curve silhouette의 드레스로 허리는 가늘게 조이고 가슴과 엉덩이 부분은 과장되게 부풀린 형태였다. 작은 볼레로나 재킷을 덧입기

그림 10-1 1900년대의 전기 궁전

그림 10-2 1900년대의 코르셋(1950년)

도 했는데 드레스 자락은 넓게 퍼져 바닥에 끌리도록 입었다. 앞머리를 뒤로 넘기고 크게 부풀린 헤어 스타일은 리본이나 꽃, 깃털, 베일 등으로 장식했다.

전쟁 후에는 본격적인 근대화가 시작되었다. 자동차가 대중화되기 시작하였고 20세기 초부터 시작된 여성들의 참정권 운동과 함께 여성들의 활동 범위가 넓어지며 다양한 직업으로 사회에 참여하였다. 전쟁 기간 침체되었던 패션은 전쟁 이후 여성복은 본격적으로 현대화되었다. 워스Charles Frederic Worth를 비롯하여 두세Jacques Doucet, 파퀸Jeanne Paquin, 푸아레Paul Poiret, 포르투니Mariano Fortuny 등 패션 디자이너들은 파리에 자신의 이름을 건 '디자인 하우스'를 열었다. 실용적인 여성복이 요구되면서 스커트의 길이도 짧아지며 S자형 실루엣의 드레스보다 투피스나 코트 드레스를 선호하였고 전쟁의 영향으로 밀리터리 룩military look의 테일러드 재킷이 유행하기도 하였다. 이는 장식적이고 비효율적이었던 여성복에 실용성이 중요해지기 시작하였음을 의미한다. 이런 흐름에 가장 영향을 많이 끼친 디자이너가 폴 푸아레였다.

1.3 대표적 디자이너

1910년대의 대표적 디자이너 폴 푸아레는 아내 드니스Denise를 위해 그녀에게 어울리는 옷들을 디자인하였다. 당시 유행했던 S자형의 실루엣은 볼륨 있는 체형에 어울리는 것이었으므로 마른 체형의 그녀에겐 맞지 않았다. 푸아레는 18세기 말에 유행했던 하이웨이스트의 슬림한 H라인의 엠파이어 튜닉 스타일을 비롯해 코르셋을 착용하지 않은 자연스러운 실루엣을 디자인하며 새로운 여성상을 제시하였다(그림 10－3). 그리고 밑단이 좁은 호블 스커트, 터키풍의 하렘팬츠 위에 A라인의 튜닉을 입은 미나렛 스타일 minaret style과 기모노 스타일을 발표하면서 러시아 발레단 공연 이후 유행한 동양풍을 패션에 접목하여 이국적인 관능미를 선보였다. 아름다운 색채는 우아하고 생동감 있는 느낌을 더하였다. 여성복에서 처음으로 코르셋을 제거한 푸아레는 패션 분야에서 모더니즘을 이끌었다 평가된다.

푸아레는 패션을 예술의 한 부분으로 간주하였고, 예술적 가치를 가진 상품으로서 패션을 보여주려 했다. 그는 패션 일러스트레이션이 디자이너의 의도와 감각을 더욱 예술적으로 전달할 수 있다고 생각하여, 이리브Iribe나 르파프Lepape 같은 일러스트레이터들을 통해 자신의 작품을 효과적으로 홍보하였다(그림 10－4).

그림 10-3 폴 푸아레가 디자인한 튜닉을 입은 아내, 드니스 푸아레(1913년)

그림 10-4 폴 푸아레를 위한 이리브의 일러스트레이션 (1908년)

2
1920년대

2.1 사회·문화적 배경

1920년대 초 유럽은 제1차 세계대전 후의 공허함과 상실감에 빠졌고 이 자리는 영화산업 등 급속히 발전한 대중문화와 자동차의 보급으로 메워졌다. 라디오가 대중에게 일반화되면서 재즈가 크게 유행했고 자동차가 인기를 끌며 속도를 즐기기도 했다. 과학과 기술의 발달은 자본주의의 발전과 물질적 풍요를 가져왔고 전반적인 생활 수준이 높아지고 시간적 여유가 많이 생기게 되었다. 예술계에는 아르데코art deco 양식이 나타났는데, 이는 1925년 파리에서 개최된 '장식미술 박람회'를 기점으로 유행하게 된 장식미술의 양식으로 아르 데코라티프art décoratif(장식미술)의 약칭이다. 아르데코 양식은 기능주의의 영향을 받아 직선적이고 기하학적인 형태를 중심으로 기능성과 단순미를 추구하였으며, 원색과 검은색의 색채대비와 금색과 은색 등 강렬한 색상을 사용하였다.

영화는 일반 대중들이 가장 쉽게 즐길 수 있는 문화로 대중들은 좋아하는 스타에 열광하였고, 여성들은 영화배우의 의상과 헤어스타일을 모방하고자 하였다. 그러나 이 시기 패션에 있어 영화배우보다 더 강력한 영향력을 행사한 사람은 디자이너 가브리엘 샤넬Gabrielle Chanel이었다.

2.2 유행 패션스타일

푸아레와 샤넬의 영향으로 1920년대 여성들은 여성성을 드러내기보다는 짧은 단발머리에 가슴을 납작하게 하고 무릎을 덮는 로 웨이스트low waist의 스트레이트 박스 실루엣straight box silhouette 원피스를 즐겨 입었다. 미성숙한 소년처럼 보이는 이러한 스타일은 플래퍼 스타일flappe style, 가르손느 룩garçornne look이라 불리며 1920년대를 대표하는 스타일이 되었다(그림 10—5).

그림 10-5 1920년대의 플래퍼 스타일

그림 10-6 1928년경의 샤넬의 모습

그림 10-7 샤넬의 저지로 만든 드레스

2.3 대표적 디자이너

샤넬은 1910년 파리의 작은 모자 가게로 출발하여 1913년 휴양지인 도빌에서 여가 활동을 하는 사람들에게 영감을 받은 의상을 발표하여 이른바 '도빌 룩deauville look'으로 1920년대 최고의 디자이너로 주목받기 시작했다(그림 10-6). 1926년 발표한 장식 없는 직선적인 라인의 '리틀 블랙 드레스little black dress'는 아르데코의 기하학적 양식을 반영한 것이었다. 단순하면서도 우아하여 편안하면서도 격식 있는 자리에도 활용할 수 있어 현재까지도 많은 여성들에게 기본 아이템으로 여겨지고 있다. 샤넬은 여성적 라인에서 탈피하여 남성복 디테일을 사용하였고 스커트의 길이를 무릎 가까이까지 올렸으며 여성용 바지를 제안하였다. 이러한 디자인은 성과 계급의 고정 관념을 무시한 것이었으며 가벼운 저지 소재를 사용하여 여성들에게 편안하고 활동적이면서도 우아한 디자인으로 혁신을 일으켰다(그림 10-7). 전쟁으로 남성들의 일을 대신하여 사회 참여가 늘어난 당시 여성들에게 샤넬의 디자인은 선호될 수밖에 없었다.

3
1930년대

3.1 사회·문화적 배경

1929년 뉴욕 증시의 폭락으로 세계는 대공황에 빠져들면서 1930년대의 시작은 암울하였다. 유럽에서는 민족주의 성향이 고취되었고 세계적으로 실업자가 넘쳐났으며 대규모 노동운동이 발생했다(그림 10-8). 남성 중심의 사회에서 대규모 실업 사태로 여성들은 다시 가정으로 되돌아갔고 시대적 분위기는 1920년대의 보이시한 스타일보다 이전 시대의 여성적이며 우아한 아름다움을 요구하였다. 영화는 사회적 불안과 정치적 혼란에도 불구하고 빈곤하고 고단한 생활의 현실에서 잠시나마 벗어나게 해주는 탓에 대중들에게 가장 큰 사랑을 받았다.

그림 10-8 대공황 시기의 실업자들

3.2 유행 패션스타일

마를레네 디트리히Marlene Dietrich, 그레타 가르보Greta Garbo, 조안 크로포드Joan Crawford와 같은 여배우들의 글래머 스타일은 당대 여성들의 패션과 분위기를 대변한다. 1920년대를 대표하던 로 웨이스트와 납작한 가슴의 스트레이트 실루엣은 1930년대에 와서 가슴을 강조하고 신체의 곡선이 자연스레 드러나는, 가늘고 긴 슬림 앤 롱slim & long 실루엣으로 대체되었다(그림 10-9). 성공한 직장 여성들에게 재킷과 스커트로 된 테일러드 슈트는 일상 근무복이 되었고, 검은색의 테일러드 슈트와 흰색 실크 블라우스의 매치는 1930년대 여성의 전형적인 차림새였다.

3.3 대표적 디자이너

1930년대의 대표 디자이너로는 비오네Vionnet와 엘사 스키아파렐리Elsa Schiaparelli를 들 수 있다. 이 시대의 여성적이고 우아한 실루엣은 비오네의 바이어스 컷bias cut 이브닝드레스로부터 시작되었다 해도 과언이 아니었다. 비오네는 여성의 인체를 아름다운 대상이라 여겨 옷은 아름다운 인체의 자연스러운 곡선을 따라야 한다고 생각했다. 이를 위해 드레이핑draping이라고 부르는 입체구성법과 바이어스 재단법[1]을 사용하여 인체의 자연미를 드러내는 드레스들을 디자인했다(그림 10−10). 드레이핑은 옷감을 직접 보디에 대고 옷본을 만들어내는 방법으로 원단이 인체선을 따라 자연스럽게 늘어져 아름다운 선을 만들 수 있었다. 이 방법으로 카울 네크라인, 지퍼나 버튼이 없는 드레스, 솔기가 한 개만 있는 드레스, 홀터 네크라인 드레스 등을 디자인하였고 고전적인 미를 추구하여 그리스 시대 의상을 발표하기도 했다.

한편 당시 유행한 미술사조인 초현실주의의 영향을 받은 엘사 스키아파렐리는 예술과 패션이 어떻게 상호 영향을 주고받을 수 있는지를 보여주며 1930년대 패션디자인에 새로운 방향을 제시하였다. 주머니나 드레스에 처음으로 지퍼를 사용하였으며 착용법

그림 10-9 1930년대의 가늘고 긴 실루엣

그림 10-10 바이어스 재단으로 만든 비오네의 드레스(1931년)

그림 10-11 1930년대 후반, 엘사 스키아파렐리의 테일러드 수트

1) 원단의 대각선 방향으로 마름질하는 방법, 바이어스 재단이 주는 직물의 유연함으로 인체의 아름다운 곡선이 표현 가능하다.

도 새로이 선보여 이브닝드레스와 재킷을 한 벌 구성으로 디자인하거나 스웨터와 스커트의 한 벌 착장을 제안하였다. 또한 패드를 넣어 넓고 각이 진 어깨를 강조한 재킷과 스커트의 투피스는 전쟁 전후에도 계속 인기를 끌었다(그림 10-11).

4
1940년대

4.1 사회·문화적 배경

1940년대 패션은 제2차 세계대전(1939~1945)이 끝나면서 확연히 달라진다. 세계대전으로 황폐해진 유럽이 복구에 매달리는 동안 미국이 경제적으로 부상하였고, 세계는 사회주의와 자본주의가 적대적으로 대립하는 냉전체제로 돌입하였다. 각 체제의 대표 주자인 미국과 소련의 적대적 상황으로 무기 생산을 비롯하여 모든 것들이 경쟁하면서 경제도 발전하였고 자본 축적의 속도는 가속화되었다.

경제가 활성화되면서 기성복의 생산과 유통 방법이 개선되어 가격이 저렴해지고, 지역 차도 줄어들어 새로운 스타일이 빠르게 소개되고 공급되어 유행주기는 점차 짧아졌다. 패션 잡지는 소비자들에게 빠르게 변화하는 유행을 보여주는 좋은 매체였다.

4.2 유행 패션스타일

1940년대 초반 전쟁 시기에는 물자 부족으로 물품 배급제와 물자 절약을 위한 규제가 전 세계적으로 많았던 시기였다. 영국에서는 유틸리티 클로스utility cloth라는 규정을 발표하여 생산 스타일 수를 제한하거나 한 옷에 들어가는 옷감의 양뿐 아니라 스커트의 길이와 폭의 치수, 주름의 수 등을 규정하여 스커트 길이는 무릎까지 짧아졌고, 폭이 좁은 타이트 스커트가 유행하였다. 구입 또한 배급받은 쿠폰으로만 가능하였다. 전쟁 중에는 군복을 개조하거나 군복의 영향을 받은 밀리터리 룩이 유행하였다. 밀리터리 룩은 작은 모자, 굽 있는 구두, 각진 어깨, 무릎길이 스커트 등으로 특징 지워지며 남성적인 느낌이었으나 기능적이고 실용적이어서 활동적인 이미지를 보여주었다(그림 10−12).

4.3 대표적 디자이너

제2차 세계대전이 끝나고 물자 절약을 위한 의복 규정들은 철폐되었다. 사람들은 더 이상 군복을 떠올리는 딱딱하고 남성적인 밀리터리 룩을 원하지 않았다. 이러한 분위기에서 크리스찬 디오르Christian Dior가 1947년 발표한 '뉴 룩new look'은 센세이션을 일으켰다(그림 10−13). 뉴 룩은 밀리터리 룩과는 크게 대조되는 것이었다. 각지고 딱딱한 어깨는 좁고 둥글어졌으며, 가슴은 두드러지고, 허리는 가늘어졌다. 패드를 대어 크게 부풀린 엉덩이에 무릎 아래 길이로 넓게 퍼지는 플레어 스커트는 여성성을 최대한 드

그림 10−12 1940년대 영국의 전시 패션

그림 10−13 크리스찬 디오르의 '뉴 룩'

그림 10−14 클레어 맥카델의 기능적인 여성복

러내는 것이었다. 여성의 우아함과 아름다움을 회복시킨 뉴 룩 이후, 크리스찬 디오르의 디자인은 국제적으로 널리 유행했고 파리는 다시 세계 패션을 이끌게 되었다. 한편 전쟁 기간 동안 뉴욕은 패션의 중심지로 부상되었는데 유럽에서 볼 수 없었던 실용적인 캐주얼웨어들이 주를 이루었으며 클레어 맥카델Claire McCardell, 노만 노렐Norman Norell 등이 실용적인 '아메리칸 룩'을 대표하는 디자이너들이었다(그림 10-14). 미국은 이들에 의해 유럽과 차별화되어 캐주얼웨어의 중심지로 자리매김하게 되었다.

5
1950년대

5.1 사회·문화적 배경

제2차 세계대전 이후 미국은 세계 경제의 중심지가 되었고 유럽의 많은 예술가들이 이주하면서 1950년대 예술과 대중문화 분야도 미국을 중심으로 재편되었다. 1951년 미국에서 컬러 TV가 보급되고 할리우드 영화산업도 발전하면서 TV와 영화 스타들은 대중의 라이프 스타일에도 큰 영향을 주었다. 남자 배우 말론 브란도Marlon Brando, 제임스 딘James Dean, 여자 배우 그레이스 켈리Grace Kelly, 오드리 헵번Audrey Hepburn, 마릴린 먼로Marilyn Monroe, 엘리자베스 테일러Elizabeth Taylor 등은 당시 최고의 인기를 누렸으며 이들의 옷차림과 제스처는 모방의 대상이었다.

과학기술의 발전에 따라 1950년대에 개발된 섬유 소재와 가공법은 패션을 다양하게 만들었다. 1950년 아크릴을 시작으로 1953년에는 폴리에스터, 1954년에는 트리아세테이트, 그리고 1959년에는 스판덱스가 발명되었다. 나일론은 블라우스에서부터 스타킹뿐만 아니라 속옷에까지 사용되었고, 신축성 있는 원단으로 만든 '비키니bikini' 수영복과 통이 좁은 스키 바지 등 새로운 섬유의 개발로 스포츠웨어도 발전하였다(그림 10-

15). 또한 세탁 후에도 구김이 없고 다림질이 필요 없는 워시 앤드 웨어wash-and-wear 가공은 대중에게 실용적인 의복들에 대한 요구에 부응하여 큰 호응을 받았다.

5.2 유행 패션스타일

1950년대의 대표적 패션 아이콘은 오드리 헵번과 마릴린 먼로로 이들의 스타일은 크게 유행하였으나 서로 대조적이었다. 마릴린 먼로는 글래머러스한 스타일을, 오드리 헵번은 보다 소녀적인 이미지를 대변하였다. 헵번의 크롭 팬츠가 유행하며 여성의 바지 착용은 1950년대에는 일반화되었고 흰색 셔츠와 크고 느슨한 스웨터나 카디건, 발목 양말과 목에 스카프를 두르는 것이 유행하였다. 영화와 대중매체는 10대 청소년들의 문화가 형성되는 근원이 되었다. 유명 배우 외에 1952년에 영국 여왕으로 즉위한 25세의 엘리자베스 2세는 대중의 선망이 되는 '여왕'의 지위로 그녀의 패션 또한 대중의 큰 관심의 대상이었다.

그림 10-15 1950년대의 비키니 수영복(1951년)

그림 10-16 X라인 드레스가 진열된 1957년의 쇼윈도

5.3 대표적 디자이너

디오르의 뉴 룩이 성공한 이후 파리의 오트쿠튀르는 부활하였다. 우아하고 화려한 이브닝 드레스와 고급 정장이 주를 이룬 오트쿠튀르의 대표적 디자이너들로는 위베르 드 지방시Hubert de Givenchy, 피에르 발맹Pierre Balmain, 크리스토발 발렌시아가Christobal Balenciaga 등이 있었다. 이들이 고도의 재단법과 봉제기술로 만든 수공예적이고 사치스런 이미지의 패션을 '쿠튀르 룩couture look'이라 부르기도 한다. 또한 디오르의 뉴 룩이 허리를 조이는 X라인을 선보인 이후 1950년대의 패션은 '라인의 시대'라 불릴 만큼 새롭고 다양한 실루엣들을 선보였다(그림 10-16). 디오르는 직선적인 실루엣의 H라인에서부터 A라인, Y라인 등에 이르기까지 다양한 실루엣의 디자인을 발표하였고, 1957년 이브 생 로랑Yves Saint Laurent은 어깨에서부터 밑단까지 사다리꼴 모양으로 퍼지는 트라페즈 실루엣을, 발렌시아가Balenciaga는 세미 피티드 라인을 소개하였다.

6
1960년대

6.1 사회·문화적 배경

1960년대는 미국과 소련의 냉전 상황에서 경제적으로는 세계대전 후 미국이 주도하는 자본주의 경제가 한창 부흥하던 시기였다. 컴퓨터를 비롯한 과학기술이 급격히 발달하였으며, 1969년 닐 암스트롱의 아폴로 11호가 달 착륙에 성공하는 등 본격적인 우주 시대가 열리게 되었다. 경제가 부흥하고 자본이 축적되면서 대량생산과 대량소비의 시대가 시작되었다. 또한 미국에서는 민주주의가 성숙해지면서 흑인 인권운동과 여성 해방운동이 사회적 이슈였다. 1960년대에는 제2차 세계대전 직후에 태어난 베이비붐 세대가 청소년층으로 성장하여 정치와 사회의 이슈에 의견을 표출하였고 소비의 주체로 등장하여 문화의 흐름과 사회 전체 분위기를 주도하였다. 이들 젊은 문화가 패션에 반영되어 더욱 실험적이고 창의적인 패션이 만들어졌다.

6.2 유행 패션 스타일

1960년대 '젊은이의 시대'에 이들의 패션에 큰 영향을 끼친 대표적인 패션 아이콘은 트위기Twiggy였다(그림 10-17). 트위기는 당시 글래머러스한 모델들 사이에서 깡마른 체구와 소년 같은 이미지의 색다른 매력으로 보그Vogue, 엘르Elle, 바자Bazzar 등의 표지 모델이 되었다. 그녀를 특징짓는 보브 헤어, 독특한 아이라인과 당시 유행한 미니스커트에 무늬가 있는 스타킹을 신은 그녀는 '트위기 룩twiggy look'을 탄생시켰다.

트위기 외에 1960년대의 또 다른 패션 아이콘으로는 재클린 케네디Jacqueline Kennedy를 들 수 있다(그림 10-18). 케네디 대통령의 부인이었던 재클린 케네디는 그녀만의 감각으로 '재키 룩jacky look'을 만들어냈는데 재키 룩은 간결한 실루엣의 스커트 슈트로 눈에 띄는 단추 장식, 밑단으로 갈수록 넓어지는 소매 라인 등의 디테일이 특징이라 할 수

그림 10-17 모델 트위기

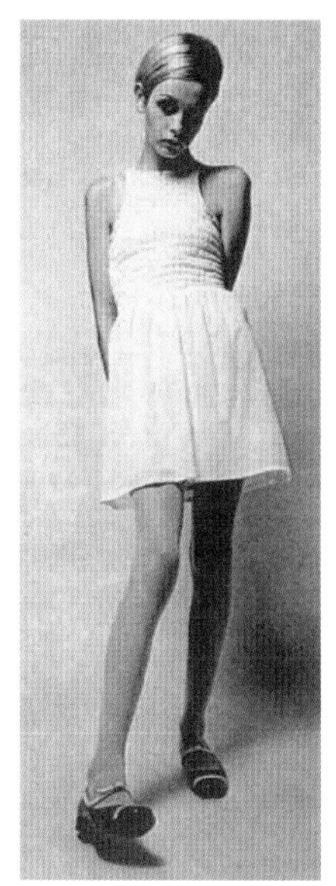

그림 10-18 재클린 케네디(1961년)

있다. 재키 룩이 상류층이나 성인 여성들의 취향에 맞았다면, 트위기 룩은 10대나 젊은 여성들에게 각광받았다. 그 외 1960년대의 주요 룩으로 히피 룩을 들 수 있는데, 이는 1960년대 말 베트남 전쟁에 반대하며 평화를 외치며 등장한 히피들의 옷차림으로 1970년대 초반까지 크게 유행하였다.

6.3 대표적 디자이너

1960년대 패션계에 가장 센세이션을 일으킨 디자이너는 영국의 메리 퀀트Mary Quant로, 그녀가 발표한 미니스커트는 사회의 주체로 떠오르기 시작한 세대들의 '젊음'을 상징하는 것이기도 하여 크게 유행하였다(그림 10-19).

메리 퀀트 외에 1960년대를 대표하는 디자이너로 이브 생 로랑, 앙드레 쿠레주Andre Courreges, 파코 라반Paco Rabanne 등을 들 수 있다. 이브 생 로랑은 여성해방운동이 이슈였던 1960년대의 분위기를 반영하여 남녀평등을 지향하는 패션을 발표하였다. 실용적인 남성복의 아이템들을 도입하여 여성을 위한 사파리 재킷이나 턱시도, 팬츠 슈트를 선보이며 지적이면서 우아한, 새로운 매력의 여성을 표현하였다. 그로 인해 1960년대 후반에는 스커트 슈트보다 팬츠 슈트가 더 애용되었다.

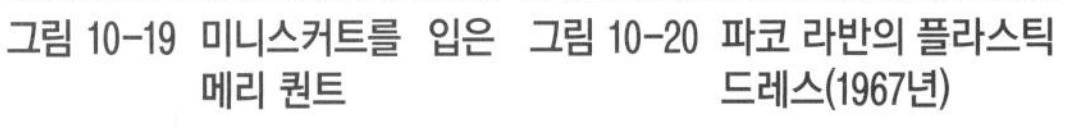

그림 10-19 미니스커트를 입은 메리 퀀트

그림 10-20 파코 라반의 플라스틱 드레스(1967년)

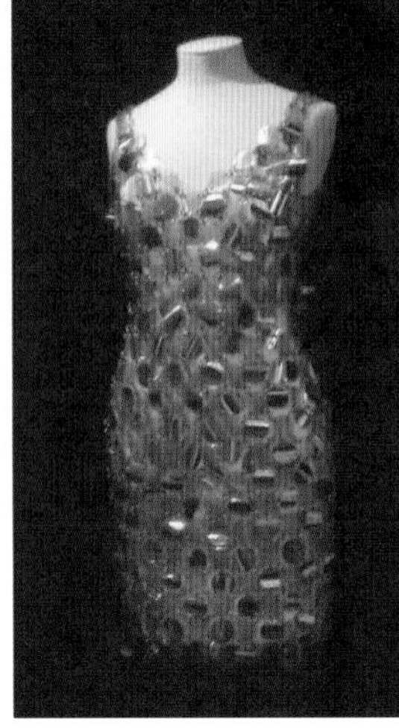

앙드레 쿠레주는 1960년대 우주 시대의 개막을 기념하며 1964년 '문 걸moon girl'이라는 컬렉션에서 미래적인 이미지를 담은 우주복 스타일의 코스모스 룩cosmos look을 발표하였다. 코스모스 룩은 스페이스 룩space look이라고도 하며 원이나 직선을 사용한 간결한 실루엣과 미래적인

느낌의 비닐PVC, 인조가죽을 소재로 빛나는 은색과 흰색을 많이 사용한 것이 특징이다. 파코 라반은 단순한 실루엣의 디자인에 플라스틱이나 금속체인 등을 사용하여 의복 소재에 대한 기존 관념을 바꾸었다(그림 10－20). 이들 디자이너가 선보인 단순하고 직선적인 형태는 대량생산에도 적합한 것이었다. 이는 보수적이고 성숙한 이미지의 오트쿠튀르 시대에서 패션이 하위문화의 영향으로 대중화됨에 따라 기성복 라인이 활성화되는 프레타포르테 시대로의 변화를 예고하는 것이었다.

7
1970년대

7.1 사회·문화적 배경

소비가 미덕인 낙천적이었던 1960년대를 지나며 1970년대는 세계적으로 인플레 현상이 심해졌고, 이란의 이슬람 공화국 선포로 석유 파동이 발발했다. 석유 파동의 경제위기와 실업률의 증가는 기성세대에 대한 반발을 일으켰고 젊은이들의 불만이 팽배하였다. 베트남 전쟁은 끝났으나 미국과 소련의 냉전체제는 지속되었다. 석유 파동은 사람들에게 에너지 확보에 대한 인식과 환경문제를 부각시켰고 패션산업에서도 인조모피를 개발하고 자연섬유 생산과 이용을 늘리는 등 환경문제를 생각하기 시작하였다.

7.2 유행 패션스타일

불황의 시대에 소비자들은 미니스커트보다 종아리 중간까지 오는 미디스커트midi skirt나 발목 바로 위까지 오는 맥시스커트maxi skirt를 선호하였고 통 넓은 팬츠 슈트를 입었다. 실용성과 가격을 중시하면서 저렴한 몇몇 아이템들을 다양하게 겹쳐 입어 여러 벌의

그림 10-21 레이어드 룩

그림 10-22 1970년대의 히피 룩

효과를 낼 수 있는 레이어드 룩layered look이 나타났고, 실루엣으로는 전체적으로 헐렁하게 입는 루즈 룩loose look이나 빅 룩big look을 선호하였다(그림 10-21).

1970년대 초반의 패션은 1960년대 말부터 유행한 히피 룩의 영향 아래 시작되었다. 미국의 베트남 전쟁 참전으로 촉발된 히피hippie는 1960년대 후반, 미국의 젊은 지식인들과 예술가들을 중심으로 기성 체제를 부정하고 인간성 회복, 자연으로의 회귀와 평화, 반전을 주장하는 사람들과 그들의 문화 운동을 말한다. 이들의 패션과 생활 방식은 젊은이들에게 크게 유행하였다. 헤어스타일은 자연 그대로의 긴 머리에 인디언풍의 헤어 밴드와 꽃으로 장식하였고, 대표적인 패션 아이템으로는 인디언 튜닉을 비롯하여 아프간이나 인도의 민속복과 꽃무늬 셔츠, 프릴 장식의 블라우스, 길이가 긴 케이프 등이 있다(그림 10-22).

한편 1977년, 영화 〈토요일 밤의 열기〉로 디스코disco는 단번에 주류 문화로 올라서 디스코 춤과 주연배우 존 트라볼타John Travolta가 입고 나온 패션도 남성들에게 큰 인기

그림 10-23 1970년대의 디스코 룩

그림 10-24 여러 문화적 요소가 결합된 의상

를 끌었다. 화려한 색상과 레이온이나 폴리에스터 등의 합성섬유로 만들어진 재킷과 바지, 그리고 베스트로 이루어진 스리피스 슈트three-piece suits의 디스코 룩disco look이 대유행하였다(그림 10−23). 남성들의 재킷의 라펠과 와이셔츠의 칼라, 넥타이는 폭이 넓었고 바지는 밑위가 길어 허리선이 올라갔으며 통이 넓었다. 여성들에게는 신축성 좋은 스판덱스 바지나 튜브 탑과 함께 목에 스카프를 매는 것이 유행하기도 했다.

7.3 대표적 디자이너

1970년대는 특정 디자이너의 영향보다 영화나 팝음악 등의 대중문화와 젊은이들의 하위 문화의 영향이 더 컸던 시기였다. 1970년대 패션의 대표적 디자이너를 꼽으라면 펑크 룩을 이끈 영국의 비비언 웨스트우드Vivienne Westwood이다. 주류 문화에 대해 반발하고 반권위주의적 성향이었던 그녀는 1971년 런던 킹스로드에 '렛 잇 록Let it Rock'이라는 숍을 열고 펑크 록 그룹 섹스 피스톨즈Sex Pistols의 스타일링을 담당하며 도발적인 펑크의 기호들을 만들어내었고 런던은 펑크 패션의 중심지가 되었다.

8
1980년대

8.1 사회·문화적 배경

1980년대는 소련의 개방정책으로 미국과 소련의 냉전이 종식되었고 과학기술과 통신 수단이 발전하며 세계는 하나의 공동체처럼 그 거리를 좁혀나갔다. 이로 인해 서구 중심적 사고에서 탈피하여 제3세계를 비롯하여 세계 각국의 문화에 관심을 가지게 되었다.

또한 경제가 활성화되면서 생활수준이 나아짐에 따라 건강과 몸매에 대한 관심이 높아졌고 이는 라이프 스타일의 변화를 가져왔다. 조깅이나 에어로빅 등의 스포츠가 일상화되었고 트랙 슈즈track shoes, 레그 워머leg warmer, 발레 펌프스, 헤어밴드 등이 일상복의 패션 아이템으로 유행하였다. 스포츠웨어가 더 이상 스포츠를 할 때에만 입는 옷이 아닌, 캐주얼웨어의 일부로 수용되고 대중화되기 시작한 것이다.

8.2 유행 패션스타일

제3세계에 대한 관심으로 랄프 로렌Ralph Lauren은 아메리카 인디언 룩을 비롯하여 중남미의 토속적인 문화와 민속복에서 영감을 받아 멕시코 룩, 페루 룩을 발표하였고 이후 많은 디자이너들이 아시아와 아프리카 분위기의 컬렉션을 발표하며 오리엔탈 룩, 에스닉 룩 등이 나타났다(그림 10-24).

1980년대 패션 아이콘은 팝가수 마돈나madonna와 황태자비인 다이애나Princess Diana였다. 마돈나는 에로티시즘을 강조한 패션으로 인기를 모았고 단정한 커트 머리에 장신구와 모자까지 완벽한 스타일링을 선보인 다이애나의 스타일은 다이애나 룩으로 불렸다. 현실화된 신데렐라 스토리의 주인공으로 그녀의 웨딩 드레스와 임부복, 그녀가 입은 모든 것은 주목받으며 대중들에게 모방의 대상이 되었다(그림 10-25).

그림 10-25 다이애나 황태자비

1980년대 패션에서 눈에 띄는 실루엣은 단연 파워슈트이다. 이는 여성의 사회 진출 증가와 지위 향상을 반영한 것으로 어깨에 패드를 넣어 남성처럼 넓은 어깨를 강조한 형태이다. 1980년대 후반으로 갈수록 어깨가 점점 넓어졌으며, 특히 아르마니는 남성복의 재단법을 여성복에 적용하여 신체 단점을 보완하면서 맵시와 착용감이 좋은 바지 슈트로 크게 주목받았다.

8.3 대표적 디자이너

그림 10-26 레이카와쿠보의 아방가르드 디자인

1980년대는 패션계가 유럽 위주에서 벗어나 아시아와 미국에서도 성장하는 시기였다. 1980년대에는 일본 디자이너들이 세계무대로 진출하며 서구 패션에 큰 영향을 주었는데 요지 야마모토Yoji Yamamoto, 레이 가와쿠보Rei Kawakubo, 이세이 미야케Miyake Issei 등이 대표적이다(그림 10-26). 동양적 사고와 일본 전통문화에 뿌리를 둔, 평면적이면서도 혁신적인 재단법을 사용한 이들의 독특한 디자인들은 서구 디자인을 새로이 해석한 것으로 아방가르드한 디자인의 전형이 되었다. 이후 이세이 미야케는 종이접기 방식과 플리츠를 활용한 디자인으로 크게 성공하였다.

1980년대에 주목을 받았던 유럽의 디자이너는 '프랑스 패션계의 악동the enfant terrible of french fashion'이라는 별명의 장 폴 고르티에Jean Paul Gaultier였다. 고르티에는 성과 인종, 종교, 제3세계의 문화 등 다양한 주제를 때로는 노골적으로, 때로는 유머러스하게 해석해 전통과 규범에서 벗어난 새로운 컬렉션을 선보였다.

9
1990년대

9.1 사회·문화적 배경

1991년 소련의 붕괴로 미국이 유일한 패권국이 되며 국제 정세가 새로이 재편되었다. 1990년대에는 퍼스널 컴퓨터와 인터넷 사용이 일반화되면서 정보가 빠르게 공유되었다. 이에 '세계화', '지구촌'의 개념이 유행하면서 국가 간의 개발 격차, 기아, 빈곤, 문맹 문제들을 해결하기 위해 노력하였고 특히 AIDS의 퇴치는 전 세계적인 이슈가 되었다.

1960년대부터 시작한 포스트모더니즘은 1990년대에 와서 주류 문화가 되었다. '모더니즘 후'란 의미의 포스트모더니즘의 특징은 일상적인 스토리텔링을 지향하고, 남성과 여성, 고급문화와 하위문화의 이분법적인 사고와 경계를 무너뜨리고 탈중심화를 추구하여 지역성·역사성을 중시하는 것이다. 이에 따라 기존 규범이나 성과 미의식에 대한 고정관념이 해체되고 다양성이 표출되며 절충주의가 나타났다.

한편 1990년대에는 쿠튀르 하우스를 비롯하여 디자이너들은 로열티를 받는 라이선스 계약을 통해 수입을 창출하였으며, 로고와 라벨을 마케팅과 디자인에 적극적으로 사용했다. 1990년대 중반 이후 라이선스나 로고는 아동복이나 스포츠웨어뿐 아니라 액세서리, 침장류, 우산과 같은 생활용품에 이르기까지 거의 모든 아이템에서 중요시되었다.

9.2 유행 패션스타일

포스트모더니즘의 유행으로 1990년대 패션 또한 대표적인 양식이나 스타일 없이 과거와 미래, 동양과 서양, 고급과 저급, 성의 구분, 착장법 등이 혼합되고 재구성되어 해체주의 패션을 비롯하여 다양한 스타일로 표현되었다. 이로 인해 남성들의 패션에 꽃 문양이 등장하는가 하면 화려한 색상과 여성스러운 디테일들이 사용되기도 하였다.

1990년대 패션으로 빠질 수 없는 것은 중간색 톤과 흰색과 검은색 등 무채색을 사용하고 장식적인 요소를 최대한으로 줄여 절제되고 단순한 디자인의 미니멀리즘minimalism 패션이다. 장식 요소의 배제로 디자인에서 소재가 중시되었는데 단순한 실루엣에 신축성 있는 신소재를 사용하여 몸매를 드러내는 디자인이 많았다.

1990년대 말에는 첨단기술의 발전으로 하이테크 가공 소재가 개발되고 21세기의 뉴밀레니엄에 대한 기대감으로 테크노 패션, 사이버 펑크 룩 등의 미래적인 느낌의 패션이 등장하였다. 테크노 패션은 첨단적인 테크놀로지 이미지의 디자인을 말하며, 사이버 펑크 룩cyber punk look 또한 1990년대 후반의 대표적인 복식으로 가늘고 긴 실루엣에 3차원의 세계를 상징하는 흰색, 메탈의 금, 은색의 뉴 에이지 컬러new age color와 스판덱스, 라텍스, 왁스 코팅 등 하이테크 가공 소재를 사용한, 미래적이고 광택이 나는 의복 스타일이다.

9.3 대표적 디자이너

1990년대에는 포스트모더니즘의 영향을 받은 해체주의 패션을 선도한 디자이너를 몇몇 꼽을 수 있다. 장 폴 고르티에는 남성에게 스커트를 입혔고 마돈나를 위해 디자인한, 코르셋을 겉옷으로 입힌 무대의상은 기존의 착장법을 전복시킨 의상으로 논란의 대상이 되기도 했다(그림 10-27). 성과 기존의 규범에 관한 선입관을 무너뜨리며 새로운 미의식을 만들어내었다.

1990년대 해체주의 패션의 또 다른 대표 디자이너는 앤 드뮐미스터Ann Demeulemeester와 마틴 마르지엘라Martin Margiela이다. 두 명 모두 벨기에 디자이너로 고정관념을 깬 가장 전위적인 디자이너라는 평가를 받고 있다. 1992년 드뮐미스터는 올을 풀어 망가진 스타킹을 신기고 일부러 낡아 보이도록 만든 옷들로 무질서와 질서를 동시에 부여했다. 마르지엘라는 깨진 도자기를 사용하거나 소매나 칼라를 떼어내거나 임의로 자르고 뒤집으며 기존의 옷들을 해체하였다. 일부러 시접 처리를 하지 않아 올이 풀리게 하고 재봉선과 지퍼를 겉으로 드러나게 하는 등 미완성과 우연의 효과를 만들어냄으로써 새로운 조화를 창출하였다(그림 10-28).

그림 10-27 장 폴 고르티에가 디자인한 마돈나의 무대의상

그림 10-28 마르지엘라의 깨진 도자기로 만든 조끼

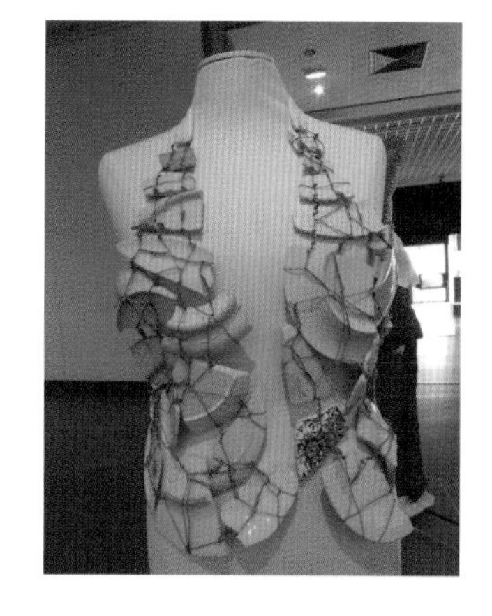

그 외에 헬무트 랭Helmut Lang과 이세이 미야케Miyake Issei 등은 신소재를 응용하여 테크노 패션을 표현하였고, 티에리 뮈글러Thierry Mugler는 전위적이고 실험적인 디자인으로 사이버 패션을 발표하였다.

10
2000년대 이후

10.1 사회·문화적 배경

격동의 20세기를 뒤로 하고 21세기, 새로운 시대를 맞이하였으나 2001년 9·11 테러와 IT 버블의 붕괴, 2008년 미국의 리만 브라더스 파산은 전 세계의 경제불황과 불안감을 증폭시켰다. 기술의 발전은 직물산업과 의류 공정, 유통에도 혁신을 가져왔고 제조부터 생산, 판매에 이르기까지 일체화된, 이른바 SPASpeciality store retailer of Private label Apparel 패션 브랜드가 만들어져 확산되었다. 패스트 패션fast fashion이라고도 불리는 SPA 패션은 빠른 유행과 유통이 특징으로, 이것은 빠른 소비와 빠른 폐기로 이어지며 환경오염을 비롯하여 제3세계의 노동력 착취와 공정거래 등 기업의 윤리적·도덕적 가치문제를 야기하였다. 뿐만 아니라 온난화 현상으로 인한 자연재해와 환경문제들을 겪으며 과학·기술의 발전에 회의적 시각이 팽창하여 자연으로의 회귀와 '웰빙'의 가치를 중요시하며 지속 가능한 패션이 화두가 되었다.

최첨단 디지털 기술과 나노 기술 등 테크놀로지의 발전은 패션에 획기적인 변화를 가져오게 했다. 온도에 반응하며 색이 바뀌는 소재, 원격 조정으로 형태가 바뀌는 의상뿐 아니라 디지털카메라를 비롯한 MP3 플레이어, PMPPortable Multimedia Player 등 다양한 디지털 기기가 초소형화되고 경량화되면서 점차 몸이나 옷에 부착할 수 있는 방법을 개발하게 되어 웨어러블 컴퓨터가 일상화될 수 있는 시대가 도래했다.

최근 사회적으로 주목받고 있는 3D 프린팅은 3차원으로 프린팅함으로써 복잡하고 정교한 형태라도 디자인 데이터만 있다면 쉽게 '출력'하는 방식으로 형태를 구현할 수 있다. 데이터에 의한 것이라 완성도도 뛰어나며 저렴한 생산 비용은 새로운 디자인을 마음껏 할 수 있다는 큰 장점이 있다.

10.2 유행 패션스타일

새로운 밀레니엄을 맞이한 사람들은 경제적 불안과 과학기술 발전의 이면에 대한 회의감으로 건강한 신체와 삶에 관심을 가지면서 스포츠와 여가생활을 중시하게 되었다. 이에 따라 헬스클럽이나 등산, 걷기와 요가 등의 운동이 일상화되면서 트레이닝복, 요가복, 등산복 등 다양한 스포츠웨어와 아웃도어웨어를 일상에서도 착용하였으며 신축성 있는 플리스fleece나 초경량 소재가 가벼우면서도 보온성과 실용성이 있어서 캐주얼한 디자인에 많이 사용되었다.

청바지jeans는 지속적으로 유행했는데 2000년 이후에는 특히 허리선이 낮은 로 라이즈low-rise 스타일로 스톤 워싱이나 약품 처리로 색이 바래거나 헤지고 낡은 느낌의 빈티지한 디자인이 인기였다. 또한 허벅지부터 발목까지 다리에 딱 붙는 스키니skinny 팬츠가 주를 이루며 캐주얼웨어와 정장에서 두루 착용되었다.

한편 2000년대 후반에는 1980년대에 유행했던 어깨에 패드를 넣어 과장한 파워슈트와 재킷이 다시 등장했다. 그러나 이번에는 어깨가 옆으로 넓어지기보다는 위로 솟은 형태로 심을 넣은 어깨 부분을 둥글게 처리하여 부드러운 느낌이 들도록 하였다. 또한 여성들은 스타킹의 발목을 자른 것 같은 레깅스leggings를 많이 입었다.

10.3 대표적 디자이너

패션계에서 첨단기술을 잘 받아들이는 가장 혁신적인 디자이너로 꼽히는 후세인 살라얀Hussein Chalayan은 철학적이면서도 첨단 테크놀로지를 도입한 디자인으로 주목을 받았

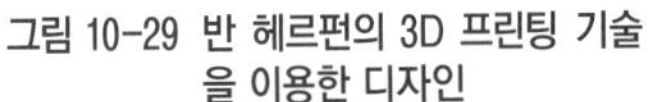
그림 10-29 반 헤르펀의 3D 프린팅 기술을 이용한 디자인

다. 2000년 '후기after words' 컬렉션에서 런웨이에 놓여 있던 의자와 테이블이 옷과 가방으로 변하여 모델들이 착용하는 장면을 보여주었고, '비포 마이너스 나우before minus now' 컬렉션에서는 플라스틱 몰딩 드레스의 뒷면에 플랩을 달아 원격 조정으로 비행기 날개 판이 움직이는 것 같이 닫히고 열리는 모습을 보여주었다. 그는 컬렉션을 통해 난민들의 현실을 이야기하고 기술의 진보를 보여주는 한편 의복의 기능과 형태에 새로운 질문을 던졌다.

한편 3D 프린팅 기술을 활용하여 꾸준히 컬렉션을 발표하고 있는 대표적 패션디자이너는 네덜란드의 아이리스 반 헤르펜Iris Van Herpen이다. 아이리스 반 헤르펜은 3D 프린팅 기술을 활용하여 자연에서 영감을 받은 유기적 형태를 디테일과 표면 질감이 독특한 환상적인 디자인으로 표현하였다(그림 10-29). 3D 프린팅으로 출력한 의상은 아직 플라스틱과 같은 단단하고 딱딱한 느낌으로 기존 직물과 같은 부드러움이 부족하여 최근에는 3D 프린팅 패션에서 4D 프린팅 패션으로 진화하고 있다.

생각할 문제

1 20세기 이후 각 연대별 유행 스타일이 무엇인지 알아보고 그 스타일이 유행하게 된 사회·문화적 요인들을 정리해 보자.

2 부모님의 젊은 시절 사진을 찾아보고 당시의 유행 스타일과 비교하여 생각해 보자.

3 최근 가장 주목을 받는 패션 아이콘은 누구인지, 그 사람의 스타일은 어떤지 생각해 보자.

MEMO

CHAPTER 11

룩과 스타일로 살펴본 패션 트렌드와 문화

FASHIN TRENDS AND CULTURE IN LOOK AND STYLE

패션은 정치, 경제, 사회뿐 아니라 다양한 문화 현상들에도 예민하게 반응하여 그 흐름을 새로운 스타일로 표현해왔다. 과거에는 상류층의 복식이 아래로 전파되며 유행 현상을 만들었다면 20세기 이후 다양한 예술과 대중문화, 과학기술, 미디어와 교통의 발전은 새로운 라이프 스타일을 탄생시켰고 이에 따라 새로운 옷차림과 트렌드가 만들어져 왔다. 지난 장에서는 연대기적으로 현대패션의 흐름을 살펴보았다면 본 장에서는 패션에 큰 영향을 미친 사회문화 현상을 알아보고 그것이 패션에 어떻게 반영되었는지를 알아본다. 사회문화 현상들로 환경, 성, 예술, 대중문화를 꼽았는데 이들은 패션과 관련된 가장 중요한 이유이기 때문이다. 환경은 분야를 막론하고 현재 모든 문제의 중심에 있으며, 성문제 또한 20세기에 들어오며 패션에 지속적으로 문제 제기를 해 오고 있는 주제이다. 또한 예술과 대중문화는 패션 디자인에 가장 직접적으로 영향을 미치는 분야이다.

학습목표

- 패션 트렌드에 영향을 미친 사회문화 현상들이 무엇인지 알아본다.
- 다양한 사회문화 현상들의 영향을 받은 패션스타일을 알아본다.

1
환경과 패션

현대사회에서 환경은 인간의 생존을 위협하는 중요한 문제가 되었다. 산업혁명 이후 산업화·도시화가 가속화되었고 경제 논리를 앞세워 물질문화를 중요시한 사회 분위기는 자연환경을 훼손한 결과를 초래하였다. 환경문제의 가장 큰 고민은 여러 원인이 복잡하게 얽혀서 발생하므로 하나의 지역적 문제가 그 지역에서의 노력만으로는 해결되지 않는다는 것이다. 환경문제에 대한 자각으로 그린 마케팅green marketing[1]과 에콜로지 마크가 등장하고 친환경 상품이 사용되기 시작하였다. 패션 분야에서 환경문제는 많은 패션디자이너의 컬렉션 주제가 되었고 새로운 룩과 트렌드를 탄생시켰다.

1.1 에콜로지 룩

학문적으로 생태학을 말하는 에콜로지ecology는 자연과 인간을 하나의 유기체로 보고 자연으로 돌아가 인간성을 회복하고자 하는 친환경적 사조이다. 1980년대 이후 친환경 운동에 영향을 받아 활발히 전개된 에콜로지 룩ecology look은 이러한 이념을 시각적으로 표현하여 자연 생태계를 모티프로 하는 자연지향적인 룩을 총칭한다. 꽃이나 나무, 물고기 등 자연에서 영감을 받은 실루엣이나 문양, 자연적인 색상을 많이 사용하며 패션스타일은 자연주의와 원시주의, 에스닉 경향의 활동이 편하고 자유로운 스타일이다.

디자인의 사회적 책임을 인식하여 지속 가능한 디자인을 추구하며 재활용이나 소재의 낭비를 줄이는 등 환경오염의 원인을 감소시키고자 노력한다. 환경문제뿐 아니라 패션 제품의 생산과 폐기 과정에서 발생하는 노동 및 환경문제를 인식하여 공정 무역에 의한 소재를 사용하거나 장인 정신을 가지고 핸드메이드로 제작하여 지속성을 지

---

1) 단순한 수요 충족만을 위한 것이 아니라 자연환경과 생태계 보전을 중시하는 지속 가능한 개발을 위해 기업의 사회적 책임을 강조하는 전략 마케팅

그림 11-1 리사이클 디자인 가방

그림 11-2 에콜로지 패션

니는 디자인을 추구한다. 거칠고 투박한 질감이 특징인 핸드메이드 제품은 옛 방식을 고수하여 만드는 정성으로 각박한 현대인에게 향수와 편안함을 느끼게 한다.

빈티지vintage 패션과 재활용 패션, 리디자인redesign, 리사이클 패션recycle fashion 또한 자원 보호와 절약의 관점에서 에콜로지 룩의 또 다른 표현 방법이다. 동물의 가죽이나 털을 사용하지 않는 비건 패션vegan fashion, 폐현수막을 이용하거나 버려진 우산을 수거해 제품화하는 것 등이 그 예이다(그림 11-1).

1990년대 초의 에콜로지 룩은 풀이나 갈대, 조개 등 자연에서 영감을 얻은 소재로 원시적인 느낌이었으나 중반에는 리사이클링 운동과 함께 다시 주목되며 땅과 산림의 색인 베이지나 브라운의 내추럴 컬러와 천연섬유나 천연염료로 염색된 소재로 온몸을 자연스럽게 감싸 주는 편안하고 자유로운 이지 스타일easy style이 주를 이루었다(그림 11-2).

1.2 오가닉 스타일

'고유의·본질적인'이란 뜻의 오가닉organic은 농약이나 화학비료를 사용하지 않은 유기농법을 말하는 것으로, 에콜로지 패션ecology fashion의 한 종류라 할 수 있다. 에콜로지 패션이 천연소재 외에도 재활용한 합성소재 등 소재 사용 범위가 비교적 넓었다면 오가닉 스타일organic style에서는 천연소재, 천연염료를 사용한 소재, 특히 유기농 소재를 사용한다. 색상은 천연소재의 날 것 같은 색상 그대로 표백이나 염색을 하지 않은 소색이나 베이지 등이 주를 이루며, 실루엣 또한 인위적이거나 몸을 조이지 않고 편안하고 자연스럽고 헐렁한 스타일이다.

그러나 오가닉은 패션 스타일로서만 존재하는 것이 아니라 오히려 의식주 전반에 걸친 환경과 건강을 함께 중시하는 웰빙well-being의 생활 방식과 태도를 말하며 화학적이고 인위적인 환경을 최대한 배제함으로써 자연 지향적이며 여유를 추구하는 문화로 자리매김하고 있다. 화장품이나 세제와 같은 피부에 직접 닿는 제품이 특히 중요시되고 있으며, 천연재료를 이용한 핸드메이드 비누나 인체에 무해한 천연 세제, 순한 식물성 화장품 등이 각광받고 있다.

2
패션과 성별

남녀를 구분할 때에 섹스sex와 젠더gender라는 용어를 사용한다. 섹스는 일반적으로 태어나면서부터 주어진, 생물학적 측면에서 남녀를 구분할 경우에 사용하고, 젠더는 출생 이후 사회적·문화적·심리적인 환경에 의해 학습된 후천적인 성별을 의미한다. 즉, 사회적 성이라 할 수 있는 젠더는 생물학적 양성 간의 심리적·사회적·문화적 차이를 의미하는데 섹스와 젠더가 일치하지 않는 경우도 있다. 남녀 간에 나타나는 여러 차이의 근원이 생물학적 요소에만 있진 않기 때문이다.

남녀의 성 역할은 시대나 종교 등에 따라 정도의 차이가 있으나 대부분의 사회나 문화에서 정교하게 구분되어 있다. 아이들은 성장하면서 관습과 교육 등 사회화 과정을 통해 각 성 역할에 적합하다고 생각되는 행위와 태도를 유지하도록 학습되는데 옷차림도 중요한 요소 중 하나이다. 여성은 스커트, 남성은 바지를 입는 것은 서구에서 오랫동안 유지된 복식에서의 성적 구분이었다. 여성의 스커트는 불편하고 의존적이며 비공격적이고, 반대로 남성의 바지는 자유롭고 독립적이며 공격적이라는 특성을 나타낸다. 이러한 의복의 구분은 무의식적으로 성 역할 차이를 용인하게 만들며 사회화의 도구로 이용된다.

그러나 성차별이 있는 남성과 여성이 아닌 한 인간으로 완전히 존재하고자 노력해 온 페미니즘의 등장은 젠더 및 젠더 정체성에 관심을 갖기 시작하며 성 역할 구분에 이의를 제기하였다. 성의 차이가 아니라 개인의 차이가 강조되면서 각 성에 존재하는 양성적 특성을 용인하게 되었다. 패션에서도 전통적인 성 역할 변화로 성의 경계를 허물어버리거나 남성성과 여성성 두 특징이 공존하는 형태의 새롭고 다양한 룩이 등장하였다.

2.1 매스큘린 룩 / 매니시 룩

제인 그로브Jane Grove는 성의 혁명을 20세기 복식 혁명의 원인 중 하나로 꼽으며 남성 스타일을 수용한 여성복이 전통적인 여성 이미지에 도전한다고 하였다. 매스큘린 룩masculine look, 매니시 룩mannish look은 남성풍이란 뜻으로 남성 슈트처럼 전형적인 남성복 형태를 여성복에 적용한 스타일을 의미한다. 남녀평등에 대한 논의가 시작된 1930년대에 여배우 마를렌 디트리히Marlene Dietrich가 입었던 판타롱 슈트에서 비롯되었다고 한다. 이브 생 로랑은 1966년 컬렉션에서 남성용 스모킹 슈트smoking suit[2)]를 입은 마를레네 디트리히의 사진에서 영감을 받아 '르 스모킹le smoking'을 발표하여 화려한 드레스만이 이브닝웨어였던 시기에 새로운 이브닝웨어로 제안하였다(그림 11−3). 르 스모킹은 긴 재킷, 일자로 떨어지는 바지와 오건디organdy 셔츠, 실크 새틴 벨트로 구성되었으며 여성해방운동이 한창인 시대에 딱 맞아 떨

그림 11-3 이브 생 로랑의 '르 스모킹'

2) 턱시도의 프랑스 용어

어지는 혁명적인 의상이었다. 이는 이브 생 로랑이 생애 가장 중요한 작품이라 불리었을 만큼 1960년대의 상징적인 작품이 되었고, 이후 바지 정장은 여성들에게 패셔너블한 여성복으로 인식되었다. 이어 1967년에 발표한 핀 스트라이프pin stripe 무늬의 팬츠 슈트pant suit와 함께 르 스모킹은 매스큘린 룩을 대표하며 성의 구분을 없애고 여성 해방을 상징하는 스타일이 되었다. 이처럼 매스큘린 룩은 남성 슈트처럼 바지와 재킷을 기본으로 셔츠, 블라우스, 조끼나 스웨터, 타이 등으로 매치하는 것이 일반적인 구성으로 남녀의 평등성과 여성의 권위 신장을 패션으로 표현한 디자인이라 할 수 있다. 품위와 격조 있는 옷차림으로 선호되기도 하지만 남성적 의상에 스틸레토 힐stiletto heel이나 커다란 여성적 액세서리를 착용하여 도도하면서도 섹시미를 불러일으키기도 하고 지적이며 우아한 여성의 모습을 보이기도 한다.

2.2 유니섹스 룩

'유니섹스unisex'라는 용어는 유니uni와 섹스sex의 합성어로 '단일한 성', 즉 '남녀 공용인, 남녀 구별이 없는'이라는 의미를 가지고 있다. 유니섹스 룩은 제2차 페미니즘이 사회 전반에 걸쳐 적극적으로 전개되던 시기인 1960년대에 미국에서 의상이나 헤어스타일 등에서 남성·여성의 구별이 없어진 것을 이르는 말이다(그림 11-4).

유니섹스 룩unisex look은 여성의 사회적 활동으로 여성에 대한 사회의 태도가 변하고 기성세대의 성 차별적 인식에 대해 젊은 이들의 반항심을 표현하는 것이기도 하였다. '남성다움'이나 '여성다움'으로 이질성을 추구하는 것이 아니라 성을 구분하지 않음으로써 동질감을 느끼고 결속력을 강화하는 현상이라 할 수 있다. 유니섹스 룩은 히피 문화와도 관련이 많은데 히피족 남성들과 여성들은 동시에 긴 머리를 하고 꽃장식도 하였으며, 남녀가 같

그림 11-4 유니섹스 룩

이 입었던 다채로운 색상의 티셔츠와 청바지 등은 성의 구분이 허물어진 계기가 되었다. 이후 남녀 대학생들이 함께 착용한 트렌치코트나 스웨터, 파카 등 같은 스타일의 캠퍼스 룩campus look으로 유니섹스 룩이 유행하였다. 남녀의 구분이 모호한 유니섹스 룩은 이후 1980년대에 와서 앤드로지너스 룩androgynous look이 탄생하는 기초를 마련하였다.

2.3 앤드로지너스 룩

남자를 의미하는 '앤드로스andros'와 여자를 의미하는 '지나케이아gynacea'의 합성어인 앤드로지너스androgynous는 그리스어에서 유래된 단어로 사전적 의미로는 '양성의 특징을 가진' 혹은 '중성 같은'의 의미를 가지고 있다. 관련 단어로 여성성과 남성성을 골고루 가진 사람을 일컫는 양성성을 뜻하는 '앤드로지니androgyny'가 있다. 과거에는 신체적이고 성적인 면에서의 양성성을 바라보았다면 현대에 와서는 사회·문화적인 의미와 심리적인 측면에 초점을 맞추고 있다. 앤드로지너스 룩은 자신의 성적 특성을 부정하지 않으면서 여성이 남성복을 입거나 남성을 지향하고, 반대로 남성이 여성복을 입거나 여성을 지향하며 자유롭게 양성을 융합시키는 것인데 때로는 남성과 여성의 이미지가 모두 느껴지게 하거나 남성과 여성 모두의 특성이 제거된 중성적 이미지를 띠기도 한다. 즉, 서로의 성적 특성을 교차시키고 기존 성의 개념을 초월하여 새로운 아름다움과 개성을 추구하는 것이 특징이다.

그림 11-5 앤드로지너스 룩

앤드로지너스 룩은 록 가수들의 여장이나 남성의 화장 등에서 찾아볼 수 있는데 1980년대 남성 패션에 나타난 앤드로지너스 룩은 성도착fetishism이나 동성애적 이미지를 나타내는 하위문화 패션으로 여겨졌고 1990년대 이후에서야 남성의 일상복에서도 밝고 다양한 색조, 꽃문양, 부드러운 재질감 등 여성적 특질을 과감하게 도입하였다(그림 11-5).

보다 보수적인 남성복에서 여성적 이미지를 차용한 것은 포스트모더니즘의 영향에 따른 패션에서의 해체주의의 영향이 컸다. 해체주의는 복식에서 성·연령·상황 등에 따른 고정관념을 깨뜨리고 전통적인 성의 이미지에 변화를 주었다. 앤드로지너스 룩의 대표적 디자이너는 장 폴 고티에Jean Paul Gaultier로, 그의 컬렉션에는 화장을 하고 스커트와 하이힐 등을 착용한 남성 모델을 볼 수 있었고 여성성과 남성성을 혼합한 다양한 디자인을 발표하였다. 돌체 & 가바나Dolce & Gabbana 또한 스커트를 남성복에 도입시켰으며, 안나 수이Anna Sui도 1994년 사이버 펑크cyberpunk 컬렉션에서 네오 히피 스타일의 앤드로지너스 룩을 발표했다.

3 패션과 예술

회화 작품의 이미지가 드레스의 문양이 되는가 하면 상품성보다 예술성을 강조할 경우 패션도 하나의 예술의 범주에 들 수 있듯이 예술과 패션은 밀접하게 관련을 맺으며 상호 영향을 끼쳐 왔다.

3.1 초현실주의와 초현실주의 패션

초현실주의surrealism는 20세기 초 경제공황 이후 대량 실업으로 사회적 불안과 혼란이 팽배하던 시기인 1924년 프랑스의 시인이자 비평가 앙드레 브르통André Bruton이 『쉬르레알리슴 선언』을 발간하며 표면화된 전위적인 예술운동이다. 윤리적·종교적·정치적 그리고 미적인 고정관념에 대해 해방을 선언하고, 무상무념의 상태에서 현실을 이성의 간섭 없이 무의식의 꿈의 경험과 융합시켜 초월적인 상태로 변형시키고자 하였다.

 문학에서 시작한 초현실주의는 언어 이외의 표현 방식, 특히 정신의 순수한 창조물로서 이미지를 중요시하였고 브르통이 '초현실주의와 미술'을 발표하며 회화에서 초현실주의가 시작되었다. 초현실주의 작가에는 앙드레 마송André Masson, 막스 에른스트Max Ernst, 살바도르 달리Savador Dali, 르네 마그리트René Magritte 등이 있으며 오토마티즘automatism과 데페이즈망depaysement 등의 초현실주의 문학 기법을 그림에 적용하였다. 자동기술법이란 의미의 오토마티즘은 자유로운 무의식의 세계를 표현하는 방법으로 이성의 통제나 선입관 없이 이루어지는 사고를 기술한 것이라 할 수 있다. 초현실주의 회화에서는 자동적 소묘라 하여 무념무상의 상태에서 우연에 의해 표현되는 추상적 형태로 나타나게 된다. 데페이즈망은 전치displacement의 의미로 사물을 본래의 일상적인 배경이나 분위기가 아닌 전혀 연관성이 없는 장소에 배치하는, 즉 현실에서는 함께 있을 수 없는 불가능한 조합들이 같이 등장하여 심리적 충격으로 고정관념을 깨뜨리며 마음속 깊은 곳의 무의식 세계를 찾아가는 기법이다. 초현실주의 회화는 이성과 의식의 영향을 최소화하면서 화가 자신의 무의식을 드러내고자 하였다.

패션에 나타난 초현실주의 또한 일상적인 것을 벗어나 꿈과 무의식의 세계를 표현하였다. 초현실주의 작가들의 이미지를 차용하면서 데페이즈망과 눈속임trompe l'oeil 기법들이 사용되었다. 눈속임 기법은 시각적 환영으로 착시를 일으키고 유머러스한 은유와 변형 등을 표현하는 기법이다.

대표적인 초현실주의 패션의 디자이너는 엘자 스키아파렐리Elsa Schiaparelli로 그녀는 달리Salvador Dali, 장 콕토Jean Cocteau와 교류하면서 그들의 작품을 결합하거나 공동 작업을 한 의상을 발표하여 대중의 관심을 불러일으켰다. 스키아파렐리 작업 중 평범한 검정 스웨터에 리본 매듭 패턴으로 실제 리본이 달린 것 같은 착각을 일으키는 일명 '트롱프뢰유trompe l'oeil 스웨터'와 살바도르 달리의 작품에서 출발한, 찢어져 벗겨진 살갗이 프린트된 직물로 디자인한 '티어스 드레스tears dress'가 눈속임 기법의 대표적 의상이다. 또한 장 콕도의 그림에서 영감을 받아 재킷과 이브닝 코트를 디자인하였고, 달리와 협업하여 흰색 실크 드레스에 빨간색의 커다란 바닷가재를 그린 '랍스터 드레스lobster dress', 책상 서랍 장식이 달린 '데스크 슈트desk suit'를 만들었다. 뿐만 아니라 스키아파렐리는 액세서리와 의복 장식을 더욱 기발하고 재미난 초현실주의 기법으로 디자인하였다. 핸드백은 새장, 장갑은 맹수의 발톱, 모자는 구두와 잉크병의 형태였고, 단추들은 야채나 곤충, 동물, 곡예사 모양이었다. 일상의 사물들이 전혀 의외의 아이템으로 만들어져 유머러스하고 환상적인 초현실주의 패션이 되었다. 1938년 '서커스 컬렉션circus collection'에서 발표한 '백워드 슈트backward suit'는 의상의 앞면과 뒷면이 바뀐 형태로 의복의 기능과 형태에 의문을 제기하는 것이었다.

초현실주의는 패션에 영향을 주어 여성적이거나 우아함을 표현하는 대신 유머러스한 상상과 고정관념을 깨는 디자인으로 표현되었다. 스키아파렐리 이후 1980년대에 와서 이브 생 로랑은 다시 패션에 초현실주의를 불러들여 달리의 작품 '시간의 눈The Eye of Time'에서 영감을 받은 화려한 이미지로 전 컬렉션을 구성하였다.

3.2 팝아트와 팝아트 룩

'파퓰러 아트popular art'의 약자인 팝아트pop art는 1960년대에 등장한 예술운동의 하나로 TV, 신문, 잡지 등의 매스미디어 광고나 만화, 장식용 포스터, 포장지, 쇼윈도 등 대중 소비문화의 이미지를 미술 작품으로 승화시킨 것이다. 제2차 세계대전 이후 컬러 사진, 인쇄술, 영화, LP 레코드, TV와 같은 대중매체의 발달은 대중문화를 소재로 한 팝아트의 원동력이 되었다. 1960년대에 영국에서 먼저 시작하였으나 거대 자본이 움직이는 미국적 물질문화와 그에 대한 찬미는 미국에서 팝아트가 유행하게 된 이유가 되었다. 팝아트의 대표적 작가로는 리처드 해밀튼Richard Hamilton, 앤디 워홀Andy Warhol 등이 있는데 이들은 주변에서 늘 접하는, 대량 소비시대를 대변할만한 코카콜라, 캠벨 수프 깡통, 인기 있는 영화배우나 가수의 얼굴, 지폐나 신문 등을 화면에 구성하여 예술이 누구나 소유할 수 있는 것이라는 예술의 대중화를 표방하였다. 팝 아티스트들은 실크스크린silk screen, 콜라주collage[3], 앗상블라주assemblage[4], 낙서, 포토몽타주photomontage[5]와 같은 기법을 이용하여

그림 11-6 팝아트 룩의 드레스

3) 화면에 인쇄물이나 사진 따위를 오려 붙여 작품을 만드는 기법
4) '모으기, 집합, 조립'의 의미로 주변의 기성품이나 사물들을 모아 평면적인 회화에 삼차원을 부여하는 기법
5) 동일 화면 내에 두 개 이상의 이미지를 합성하여 이질적인 이미지를 만드는 기법

표현하였는데 기계적인 질감과 반복되는 이미지, 화려한 색채 등은 대중들에게 매우 친근한 것이었다. 팝아트의 영향을 받은 팝 룩 혹은 팝아트 룩pop art look은 팝아트의 미학을 담아 대량 소비사회의 평범하고 값싼 오브제를 의상에 도입한 스타일로 표현되었다(그림 11-6).

대중 스타의 얼굴이나 미키마우스와 같은 인기 만화 캐릭터 또는 문자나 낙서 등이 티셔츠나 의상에 프린트되거나 장식으로 사용되었다. 앤디 워홀과 긴밀히 교류하였던 이브 생 로랑은 1966년에 초승달, 여성의 얼굴과 신체 부분을 그래픽적으로 표현한 팝아트 의상을 선보였다. 앤디 워홀은 이후 이브 생 로랑의 얼굴로 팝아트 작품을 만들기도 하였다.

1991년 지아니 베르사체Gianni Versace는 앤디 워홀의 작품 '마릴린 먼로'의 얼굴을 포토몽타주한 화려한 색조의 드레스와 보디 슈트를 디자인하기도 하였다. 이후에도 장 샤를르 드 카스텔바작Jean Charles de Castelbajac은 앤디 워홀의 얼굴과 코카콜라 상표를 패러디한 원색적 컬렉션을, 제레미 스캇Jeremy Scott은 2014 모스키노 F/W 컬렉션에서 핸드폰 케이스, 정크푸드와 스낵 봉지들을 모티브로 디자인한 컬렉션을 발표하며 팝아트를 재해석하였다. 팝아트 룩의 특징은 원색적이면서도 대비가 강한 배색, 팝아트 작품 이미지를 그대로 사용하거나 상업적 광고나 상표, 만화 캐릭터 및 표현 방법을 차용하는 것이었다. 팝아트 룩은 젊은 층이 패션 리더로 자리 잡기 시작한 때와 맞물려 패션의 대중화를 주도했다. 팝아트의 친근하고 유머러스한 발상은 대중에게 쉽게 다가가 팝아트 룩이 지속적으로 등장하는 이유가 되고 있다.

3.3 옵아트와 옵아트 패션

옵아트op art는 옵티컬 아트optical art의 약자로, 옵티컬이란 '시각적 착각'을 의미한다. 옵아트의 작품은 주로 보색이나 흑과 백의 색상으로 구성되는데 기하학적이고 기계적인 형태와 패턴이 규칙적으로 반복되어 입체감을 느끼게 하고 화면이 움직이는 듯한 효과를 준다. 예를 들면 흰색 배경 위에 검은색 평행선이나 사각형, 원들을 반복시키고 색의 명도와 채도 차로 전진하거나 후퇴하는 느낌을 유발하여 무한한 공간의 깊이를 느끼게 하는 환각과 착시를 이용하거나 강렬한 보색 대비로 시각적 자극을 준다.

옵아트 작가로는 빅터 바사렐리Victor Vasarely, 브리지드 라일리Bridget Riley, 조제프 알버스Josef Albers 등이 있으며 특히 바사렐리는 대작 '직녀성'에서 원들의 크기, 모양, 색을 정밀하게 계산하여 배열함으로써 평면임에도 불구하고 앞으로 튀어나오는 듯한 입체감을 느끼게 한다. 또 조제프 알버스는 단순한 기하학적 형태와 색채 변화에 따른 조형성에 기초를 둔 작품을 발표했다.

그림 11-7 옵아트 패션

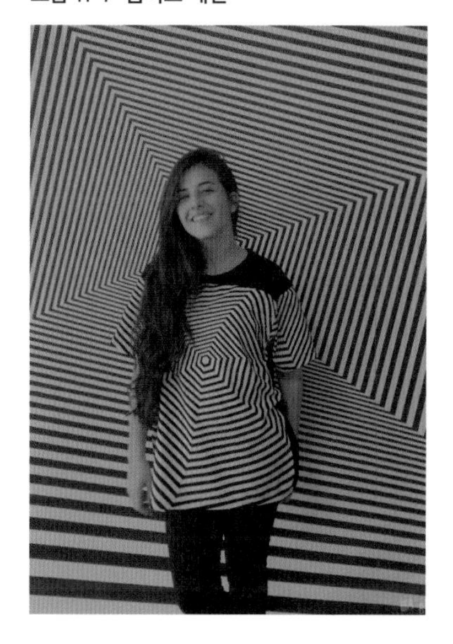

패션에 있어서 옵아트는 소재인 직물디자인에 주로 문양으로 활용되었다. 앙드레 쿠레주가 처음으로 도입한 이후 옵아트는 여러 디자이너에 의해 의상에 표현되었다. 단순한 줄무늬나 도트무늬 등 기하학적 문양은 가장 기본적인 문양이기는 하나 눈이 어지러울 만큼 복잡하고 착시를 일으키는 옵티컬 문양은 새로운 느낌을 준다. 문양 자체가 운동감과 입체감이 있는데 움직이는 인체에 입혀짐으로써 리듬감은 더욱 강해지고 시각적 흥미도 더해진다(그림 11-7). 주로 흑백의 모노 톤으로 많이 사용되었는데 흑백의 패턴이 너무 강해 인체의 윤곽선이 보이지 않게도 되지만 옵티컬 패턴을 잘 활용하면 착시를 이용하여 더 날씬하게 혹은 다리를 더 길어 보이게 하는 디자인이 가능하다. 2013년 S/S 마크 제이콥스Marc Jacobs의 컬렉션과 마이클 코어Michael Kors의 2017 F/W 롱샴 컬렉션 등에서 옵아트를 활용한 패션은 계속 이어지고 있다.

3.4 미니멀리즘과 미니멀리즘 패션

미니멀리즘minimalism은 '최소한도의, 최소의'라는 의미의 'minimal'과 'ism'을 합성한 '최소한주의'로 1960년대 중반 비평가 바바라 로즈Babara Rose가 처음으로 사용한 말이다.

'더 적은 것이 더 많다' 또는 '최소한의 것으로 최대한 표현한다'라는 미학적 원칙을 바탕으로 장식과 기교 등 필수적이지 않은 요소들을 모두 제거하여 사물의 본질만을 표현하고자 하였다. 시각예술 분야에서 처음 시작된 미니멀리즘은 음악, 건축, 패션, 철학 등 여러 영역에서 다양한 모습으로 나타났다.

회화와 조각 등 미술 분야에서는 '최소한minimal'이란 작품 자체의 본질에 역점을 두는 기존의 예술 개념을 거부하는 모더니즘의 흐름으로, 대상의 재현이 아니라 최소한의 색상과 기하학적 추상의 엄격하고 단순한 형태로 대상의 본질만을 남기는 경향으로 표현되었다. 그러나 이렇게 순수주의를 표명하던 미니멀리즘은 작품 자체의 본질에만 치중한 나머지 내용보다 형식적 요소에만 집중하여 지나치게 형식주의로 흐르게 되었다.

패션에서의 미니멀리즘은 디자인에 있어서 장식을 최대한 배제하거나 디자인을 최소화하여 인체가 드러나는 옷들로 단순성과 순수성을 추구하는 방향으로 나타났다. 단순한 직선적인 실루엣과 색상도 화려한 색채 조합이 아닌 주로 검은색이나 흰색, 은색, 금색 등의 단색이 주로 사용되었다. 단순한 기하학적 문양 외에 복잡한 문양은 찾아볼 수 없으며 디테일은 생략되었다. 뿐만 아니라 최소한의 옷으로 스타일링하는 옷차림 연출법도 미니멀리즘 콘셉트에서 비롯되었다 할 수 있다.

3.5 예술작품과 디자이너

예술 양식을 반영하여 패션에서 하나의 트렌드나 스타일로 정착되지는 않았으나 패션과 예술의 훌륭한 결합으로 칭송되는 작품들도 많다. 디자이너에게 예술작품들은 항상 큰 영감을 주는 대상이기 때문이다.

이브 생 로랑은 예술가들의 작품을 컬렉션의 주제로 다루기 좋아했던 대표적인 디자이너였다. 그의 첫 시도는 1965년에 네덜란드의 추상화가 몬드리안Piet Mondrian의 작품을 단순한 형태의 드레스에 그대로 가져온 것으로 크게 주목을 받았다. 무채색과 삼원색만을 사용하여 수평선과 수직선으로 면을 분할한 디자인은 몬드리안 룩Mondrian Look으로 불리었다(그림 11–8). 이후 그의 컬렉션에서는 1966년 앤디 워홀, 1979년 피카소

Pablo Picasso, 1980년 장 콕토, 기욤 아폴리네르Guillaume Apollinaire, 1981년 헨리 마티스Henri Matisse, 페르낭 레제Fernand Henri Léger 등 다양한 예술가들의 작품에 영감을 받은 의상들을 볼 수 있었고 1988년 빈센트 반 고흐Vincent van Gogh의 '해바라기'를 문양으로 표현한 재킷은 35만 개의 스팽글과 10만 개의 자개를 사용하여 600여 시간 동안 작업한 것으로 화제가 되기도 하였다.

2000년대 이후 유명 패션업체는 매출 신장과 브랜드 가치를 높이기 위해 현대 예술가들과 콜라보레이션 작업을 하였는데 루이비통이 대표적으로, 상품에서부터 매장의 디스플레이와 파사드까지 협업 작가의 작업으로 꾸며졌다. 2001년 뉴욕의 아티스트 스티븐 스프라우스Stephen Sprouse와의 협업을 시작으로 2003년 일본의 네오 팝 아티스트 타카시 무라카미Takashi Murakami, 2012년 쿠사마 야요이Kusama Yayoi, 2017년 제프 쿤스Jeff Koons와의 협업으로 주목을 받았다(그림 11–9).

그림 11-8 이브 생 로랑의 몬드리안 룩

그림 11-9 루이비통과 제프 쿤스의 협업 디자인

4
패션과 대중문화

산업혁명과 시민혁명을 거치며 근대화된 유럽에서는 산업화와 도시화가 진행되면서 대중이 중심이 되는 사회가 형성되었고 이들의 문화는 특정 사회나 계층이 아닌, 다수가 공통으로 쉽게 접하고 즐기는 것이었다. 과학기술과 경제 발전에 따라 교육수준도 높아지고 대중매체의 발달로 대중문화의 영역이 확대되고 다양해졌다. 패션의 유행도 하나의 대중문화 현상이라 할 수 있고, 다양한 대중문화 영역들은 기술의 진보 및 시대의 변화에 따라 서로에게 영향을 미치며 발전해왔다. 대중문화 중 영화와 음악은 패션과 더욱 긴밀히 연관되어 있다.

4.1 패션과 영화

20세기 초 영화산업이 활성화되면서 영화는 다양한 장르의 예술을 어우르는 가장 대중적인 문화 활동의 하나임과 동시에 대중들에게는 현실의 고통을 잠시나마 잊기 위한 도피처가 되었다. 영화 의상은 패션 트렌드를 반영하기보다 영화 속 등장인물을 설명하기 위해 스타일링된다. 영화 의상은 실루엣뿐 아니라 세부적인 디테일까지 세밀히 노출되므로 영화의 흥행, 배우의 매력에 따라 대중들에게 쉽게 유행 스타일로 받아들여질 수 있어 패션 리더로서 영화스타의 영향력은 매우 크다. 또한 영화 의상 디자이너가 아닌 패션디자이너가 영화 의상 작업에 참여하며 패션쇼나 매장보다 자신의 디자인을 효과적으로 홍보하기도 한다. 이렇듯 영화와 패션은 서로의 영향 아래 발전하고 있다.

오드리 헵번과 헵번 룩

가냘픈 몸매와 긴 머리, 크고 맑은 눈, 순진한 표정의 오드리 헵번Audrey Hepburn은 당시 할리우드의 성숙하고 글래머러스한 여배우들과는 다른, 청초하고 신선한 매력으로 윌리엄 와일러William Wyler가 감독한 영화 〈로마의 휴일Roman Holiday(1953)〉의 주연을 맡아 전세계적인 반향을 일으키며 할리우드의 신데렐라가 되었다. 왕궁에서 입었던 새틴 드레스와 왕궁 밖에서 입었던 면 블라우스 및 스커트는 대비를 이루었고 왕궁 밖에서 자른 커트 머리는 당시 젊은 여성들에게 선풍적인 인기를 끌었다. 이 작품으로 오드리 헵번은 아카데미 여우주연상을 받았다.

이후 〈사브리나Sabrina(1954)〉, 〈티파니에서의 아침을Breakfast At Tiffany's(1961)〉, 〈화니 페이

그림 11-10 〈티파니에서의 아침을〉 에서의 오드리 헵번

스Funny Face(1957)〉 등에 출연하며 유행 패션의 아이콘이 되었다. 이 영화들은 모두 프랑스 디자이너 위베르 드 지방시Hubert De Givenchy가 영화 의상을 맡은 작품들로, 그로 인해 그녀는 '오드리 헵번 스타일'이라는 자신만의 패션 스타일을 만들었다. 특히 〈사브리나〉는 헵번 스타일이 만들어진 시작점이었다. 〈사브리나〉에서 헵번이 입었던 발목보다 조금 짧은 길이의 검은색 타이트한 팬츠는 '사브리나 팬츠'로 불렸고 함께 착용한 살바도르 페라가모Salvatore Ferragamo의 플랫 슈즈는 '사브리나 슈즈', 영화에서 입었던 드레스는 '사브리나 드레스'가 되었다. 끝이 약간 뾰족하고 둘레에 자수 장식이 있는 '사브리나 슈즈'는 여성스러운 플랫 슈즈의 대명사가 되었고, 꽃무늬 자수의 크림색 '사브리나 드레스'는 몸매 라인을 돋보이게 하는 1950년대 풍 드레스의 상징이 되었다. 헵번의 콤플렉스였던 쇄골 라인을 가리기 위해 디자인된 보트넥은 '사브리나 데콜테'로 알려졌다. 당시 젊은 여성들은 이 심플하고 실용적인 티셔츠와 바지, 플랫 슈즈에 매료되었다.

1961년작 〈티파니에서의 아침을〉에서 홀리 역을 맡은 헵번은 세련된 도회적 미를 선보였다. 특히 헵번이 영화의 첫 장면에서 올림머리를 하고 큰 선글라스, 진주 목걸이, 긴 장갑과 함께 입고 등장한 T자형으로 등이 파인 블랙 새틴의 시스 드레스는 가장 유명한 20세기 영화 의상 중 하나가 되었다(그림 11-10). 지방시의 이 드레스는 헵번이 영원한 스타일의 아이콘으로서 자리매김하는 데 핵심적인 역할을 했다.

이후 지방시와 오드리 햅번은 〈하오의 연정Love In The Afternoon(1957)〉, 〈백만 달러의 사랑How To Steal A Million(1966)〉, 〈샤레이드Charade(1963)〉, 〈뜨거운 포옹Paris-When It Sizzles(1964)〉

등의 영화에서 계속 함께 작업하였고 이는 마침 새로 시작한 지방시의 브랜드를 세계적으로 알리는 데에도 큰 도움이 되었다. 하나의 영화 의상에 지나지 않았던 지방시와 헵번의 옷들은 독보적인 스타일을 만들었고 베스트셀러 아이템이 되었으며 새로운 트렌드를 창조했다.

마릴린 먼로와 먼로 룩

아름다운 금발과 푸른 눈, 육감적 몸매에 어린 소녀 같은 목소리로 섹시함과 천진난만한 순수함을 동시에 가지고 있는 마릴린 먼로Marilyn Monroe의 반전 매력은 전 세계 사람들을 사로잡았다. 먼로의 이런 이미지는 빌리 와일더Billy Wilde 감독의 〈7년 만의 외출The Seven Year Itch(1955)〉과 〈뜨거운 것이 좋아Some Like It Hot(1959)〉, 하워드 혹스Howard Hawks의 〈신사는 금발을 좋아한다Gentlemen Prefer Blondes(1953)〉 등을 통해 갖게 된 것으로 이 영화들로 그녀는 최고의 섹스 심벌이 되었다. 그녀의 이미지는 육감적인 몸매와 반쯤 감은 눈, 먼로 워크monroe walk라 불리는 엉덩이와 허벅지의 선을 강조하는 걸음걸이뿐 아니라 그녀의 패션에 기인한다.

마릴린 먼로를 생각할 때 가장 먼저 연상되는 이미지는 〈7년 만의 외출〉에서 나왔던, 지하철 통풍구에서 올라오는 강한 바람 때문에 위로 날리는 스커트 자락을 황급히 손으로 가리는 장면인데, 그때 입었던 의상이 홀터 드레스halter dress였다(그림 11-11). 그녀의 홀터 드레스는 하의 부분은 거의 360° 각도의 원형에 주름을 잡은 플리츠 스커트였고 허리는 긴 밴드를 여러 번 감아 리본으로 묶고 개더 주름으로 볼륨을 준 가슴을 가린 천이 목 뒤에 묶여 팔과 등은 그대로 노출이 되는 형태였다. 허리는 조이면서 가슴이 강조되고, 어깨와 등뿐 아니라 스커트 자락이 바람에 날려 하이힐을 신은 다리가 노출되며 먼로의 풍만하고 글래머러스한 몸매는 그대로 드러났고,

그림 11-11 〈7년 만의 외출〉에서의 마릴린 먼로

선정적인 느낌이 배가되어 센세이션을 일으켰다. 먼로의 이 유명한 장면 때문에 대도시의 고층 빌딩 아래에서 발생하는 난기류로 스커트가 갑자기 뒤집히는 경우를 이르는 '먼로 효과monroe effect'라는 말도 탄생했고, 이를 패러디한 이미지도 수없이 쏟아졌다.

〈신사는 금발을 좋아한다〉에서 입었던 어깨와 가슴을 반쯤 드러내고 엉덩이에 큰 나비 장식이 있는 타이트한 드레스를 비롯하여 〈돌아오지 않는 강River of No Return(1954)〉, 〈뜨거운 것이 좋아〉, 〈백만장자와 결혼하는 방법How To Marry A Millionaire(1953)〉에서 먼로가 선택한 의상들은 모두 글래머러스한 그녀의 몸매를 돋보이게 하는 것이었다. 하얀 피부에 빨간 입술과 입가의 애교점, 무엇인가에 매료당한 듯 한 표정에 더해져 의상은 그녀의 육감적인 매력을 극대화했다.

'글래머glamour'는 매혹적인, 성적 매력이 넘치는 화려함을 의미한다. '글래머 룩glamour look'은 모래시계형 체형으로 자유분방한 성적 이미지를 가진 '마릴린 먼로 룩'으로 통용되었고 '먼로 룩Monroe look'은 이제 허리는 조이고 풍만한 가슴을 강조하는 글래머 룩을 지칭하는 고유의 패션 용어가 되었다. 마릴린 먼로는 영화배우로서 자신의 이미지와 스타일을 확고히 함으로써 자신의 이름을 딴 하나의 룩이 만들어졌고 가장 유명한 영화배우이자 20세기 대중문화의 상징이 되었다.

제임스 딘과 청바지 패션

1955년, 미국의 풍요로운 물질 환경 속에서 보수적인 사회와 부모로부터 이해받지 못한 사춘기 청소년들의 방황으로 결국은 목숨까지 잃는 비극을 그린 영화, 〈이유 없는 반항Rebel Without A Cause(1955)〉에서 제임스 딘James Dean은 무책임한 기성세대에 반항하고 불합리한 세상에 타협하지 않는 고뇌에 찬 젊은이, 짐 스타크 역을 맡아 1950년대 젊은 세대를 대표했다(그림 11-12). 제임스딘 이전 시대에 할리우드의 최고의 남성 배우들은 그레고리 펙Gregory Peck이나 프랭

그림 11-12 〈이유 없는 반항〉에서의 제임스 딘

크 시나트라Frank Sinatra 같은, 격식 있는 신사 이미지였다면 제임스 딘은 예민하고 고뇌에 찬 스타일로 새로운 남성미를 선보였다.

제임스 딘은 모두 31편 영화 및 TV 드라마에 출현하였지만 대부분 보조출연이었고 주연으로 발탁된 겨우 세 편의 영화, 〈에덴의 동쪽East of Eden(1954)〉, 〈이유 없는 반항〉, 〈거인Giant(1956)〉으로 큰 인기를 얻었다. 이 중 〈이유 없는 반항〉은 불멸의 연기로 그의 최고작으로 손꼽힌다. 당시 미국의 10대의 모습을 상징적으로 재현한 영화에서 제임스 딘은 매끈하게 위로 쓸어 올린 헤어스타일을 하고 타이트한 청바지와 흰색 티셔츠, 그리고 빨간 재킷을 입었다. 영화가 상영된 후 이 의상들은 바로 유행 아이템이 되었다.

청바지는 애초에 1850년 미국 서부에서 천막 천의 생산업자였던 독일의 이민자 리바이 스트라우스Levi Strauss가 군납용 천막 주문을 받고 생산하다 군납의 길이 막히자 광부들의 바지가 헤진 것을 보고 천막 천으로 만들어 팔기 시작한, 즉 광부나 카우보이, 농부나 목동들처럼 노동자를 위한 옷이었다.

그러나 영화에서 청바지를 입은 제임스 딘의 모습은 청바지의 이미지를 바꾸기에 충분했다. 리Lee 브랜드의 101Z를 입은 그는 영원한 청바지 패션의 상징이 되었고, 이후 청바지는 전후 물질 풍요의 시대에 기성세대와 보수성에 반발하는 젊은 세대의 반항적 이미지와 결합해 젊은이들의 정체성을 상징하는 청년문화 이미지를 대변하게 되었다.

흰 티셔츠 또한 1913년 제1차 세계대전에서 미국 해군의 '군복 밑에 입는 가벼운 속옷'에 지나지 않았다. 그러나 1951년에 말론 브란도가 영화에서 멋진 근육질 몸매에 흰색 티셔츠만 입고 등장해 센세이션을 일으키며 당대 섹스 심벌로 떠오른 이후 〈이유 없는 반항〉에서 제임드 딘이 다시 입고 등장함으로써 흰 티셔츠는 반항과 개성의 상징이 되었다.

흰 티셔츠 위에 걸친 빨간 점퍼 또한 미국의 거의 모든 고등학생들이 교복처럼 입을 정도로 폭발적인 반향을 불러일으켰다. 영화는 처음에는 흑백영화로 기획되었는데 니콜라스 레이Nicholas Ray 감독이 청소년기의 열광적인 성격을 보여주기 위해 컬러 영화로 바꾸었고 캐릭터마다 각각 다른 컬러 코드를 부여하여 등장인물들의 심리를 상징적으로 나타냈다. 짐 스타크 역의 제임스 딘은 열정의 빨간색이었다.

제임스 딘은 평소에도 흰 티셔츠와 청바지, 가죽 부츠에 가죽 재킷을 즐겨 입어 이들을 함께 어울리게 입는 것을 제임스 딘 스타일이라고 한다. 노동자와 빈곤층들을 상징하던 의류였던 청바지의 이미지를 바꾼 제임스 딘, 청바지는 제임스 딘의 이미지와 결합하여 자유와 청춘을 상징하는 옷이 되었다.

4.2 패션과 대중음악

패션이 시대의 취향과 문화를 시각적으로 대변해 왔다면 음악은 청각적으로 그 역할을 담당해왔다. 또한 이 두 분야는 상호 간에도 영향력을 끼치며 발전해 왔는데 음악은 패션의 미의식을 자극하고 패션은 음악이 담고 있는 가치를 시각적으로 전달하며 새로운 미적 가치를 만들어내었다. 음악과 패션을 통해 표현된 청년들의 취향은 청년문화로 일컬어지는 하위문화를 창출하였고 매스미디어를 거치면서 상향 전파되고 라이프 스타일에까지도 영향을 미치고 있다.

비틀즈와 모즈 룩

대중문화 산업이 전후 베이비붐 세대인 젊은 층을 중심으로 움직이기 시작한 1960년대에 음악, 특히 팝송은 대중문화에서 가장 중요한 장르였다. 비틀스Beatles와 롤링 스톤스Rolling Stones는 전 세계 젊은이들을 매료시켰고 이들의 외모와 패션은 하나의 '룩'을 형성하여 젊은이들 사이에 크게 유행하였다. 특히 비틀즈는 남성 '모즈 룩mods look'을 대표하였는데 모즈mods란 모던즈moderns의 약자로, 어의적으로는 '현대인, 사상이나 취미가 새로운 사람'을 말한다. 그러나 문화적으로 기성세대의 가치관과 관습에 반발해 저항 문화를 추구했던 일단의 젊은 세대를 의미하며 이들의 반항적 가치를 의복으로 표현하고자 한 것이 모즈 룩이다. 당시 대부분의 남자들이 입던 헐렁하고 보수적인 슈트와 달리 에드워디안 슈트edwardian suits는 날씬하게 몸에 맞는 스타일이었고 발목까지 올라오는 첼시부츠chelsea boots[6], 바가지 스타일의 장발, 아래로 갈수록 폭이 넓어지는 바지 등은 1960년대 남성의 모즈 룩으로 유행되었다(그림 11-13). 여성의 모즈 룩을 선도한 사람은 미니스커트를 처음 발표한 메리 퀀트였다.

---

6) 비틀즈가 신어 인기를 얻은 후 일반적으로 착용하게 된, 옆선에 신축성 있는 소재가 있는 발목까지 오는 승마용 부츠

대중음악과 스타들은 패션의 트렌드를 바꾸는 힘을 가졌다. 이전 시대의 보수적이고 성숙한 모습의 패션은 비틀즈로 대표되는 새로운 모즈 스타일로 젊고 편안하고 심플해졌고 이는 패션산업 전반에 영향을 미쳤다. 짧은 스커트와 밝은 컬러의 그래픽 패턴과 같은 모즈 스타일의 디테일들이 가격대와 관계없이 대부분의 브랜드에 등장하였다.

펑크 록과 펑크 룩

펑크[punk]는 속어로 '풋내기, 불량소년, 쓸모없는'의 의미로, 1970년대 영국에서 경제 불황으로 젊은 층의 실업률이 극심해지자 기성 사회에 대한 이들의 좌절과 분노를 그들만의 복장과 생활 태도로 표현한 문화이며, 그들의 음악을 펑크 록이라 한다. 이들은 자본주의 사회 내에서 발발하는 계층 간의 갈등과 기성세대의 독점에 반대하며 현실에서의 좌절과 미래에 대한 포기로 허무주의와 무질서, 무정부주의[anarchism]로 빠져들었다.

펑크 록은 1970년대 당시의 기성 록의 리듬을 부정하고 저항의식을 표현하고자 원시적인 아우성으로 들리는 과격한 샤우팅과 전기톱의 굉음이나 기타의 소음으로 충격을 주었고, 또한 기타 솔로를 없애버리고 3단 코드만으로 음을 만듦으로써 음악에 있어서 최소주의를 실천했다. 이를 통해 누구나 각자의 가치관을 갖고 연주하면 된다는 평등과 독립의 이데올로기를 확립했다. 섹스 피스톨즈[sex pistols]와 클래시[clash] 등은 대표적인 펑크 록 밴드로 강렬하고 폭발적인 음악과 정치의식이 반영된 가사, 파격적인 옷차림 등은 사회에 불만이 팽배한 젊은이들로부터 압도적인 지지를 받았다(그림 11-14).

그림 11-13 비틀즈의 모즈 룩

그림 11-14 펑크 록 밴드 섹스 피스톨즈

펑크 패션은 펑크 록밴드들의 무대 의상에서 시작한 패션으로 대표적인 디자이너로는 섹스 피스톨즈의 스타일링을 담당했던 비비안 웨스트우드Vivienne Westwood와 잔드라 로즈Zandra Rhodes가 있다. 비비안 웨스트우드는 전통적인 미, 추의 개념을 벗어나 찢어진 청바지와 티셔츠, 가죽 재킷, 피어싱piercing과 타투tattoo, 보디 페인팅body painting 등으로 펑크의 기호들을 만들고 펑크 룩punk look을 전 세계에 확산시켰다. 또한 잔드라 로즈는 일부러 옷감을 찢고 옷핀과 체인으로 연결한 웨딩드레스를 디자인하여 펑크의 허무주의와 예술 파괴주의를 표현하며 기존의 웨딩드레스의 개념을 바꾸었다. 펑크 문화는 개인적이고 누구나 할 수 있다는 철학을 가졌기에 펑크 패션 또한 기존의 대량 패션 시스템이 아닌, 원하는 것을 스스로 만들어내는 DIYDo-It-Yourself를 실천하였다. 진한 화장과 빨강, 파랑, 다양한 색으로 염색한 모히칸mochican 헤어스타일, 낡은 티셔츠와 청바지를 찢고 담뱃불로 구멍을 내며 '우리에게 미래는 없다', '인생은 지루하다' 등의 파격적인 문구를 프린트하는 것 모두 스스로 만들어 스타일링하였다.

번들거리는 싸구려 가죽과 고무, PVC 소재의 바지와 점퍼, 미니스커트와 재킷, 뾰족한 금속 징들이 박혀 있는 가죽 팔찌와 장갑 등이 대표적 아이템들로 속박과 구속을 상징하는 체인과 옷핀 등으로 장식하며 공격성과 야수성을 표현하고 반미학을 추구하였다. 펑크 패션은 과격한 스타일로 아름다움에 대한 기존의 미의식을 전복하며 사람들에게 불쾌감을 주고 부조화와 의외성을 표현하였다.

힙합과 힙합 패션

'엉덩이를 흔든다'라는 말에서 유래한 힙합hip hop은 대중음악의 한 장르지만, 문화 전반의 흐름이기도 했다. 힙합은 1970년대 후반 뉴욕 브롱스Bronx 지역을 중심으로 가난한 흑인과 라틴계 청소년들에 의해 만들어져, 세계적으로 확산되었고 1990년대로 들어서면서 가장 주목받는 문화로 자리 잡았다. 유색인종들에 의해 만들어진 하위문화지만 '미국에서 독자적으로 만들어진 유일한 문화'로 평가되기도 한다.

당시 자메이카 출신의 DJ들이 음악의 가사가 없는 간주 부분만 반복하여 틀어, 가사 없이 나오는 비트beat에 맞춰 읊조리기 시작한 것이 랩rap이 되었고 노래가 쉬고 반주만 나오는 사이 나와서 춘 춤이 브레이크 댄스break-dance로 이름 붙여져 힙합의 주요 요소로 자리 잡게 되었다. 이때 DJ들은 LP 판을 앞뒤로 움직여 나오는 잡음과 의도된 스크래치 소리 등을 믹싱하는 등 턴테이블을 악기처럼 연주했으며, 독특한 음향 효과로 주목을 받았다. 이러한 믹싱 사운드 기법은 테크놀로지의 발전에 힘입어 사운드 크리에이터sound creator라는 새로운 직업군을 만들었고 1980년대 미국 대중음악에 새로운 유행이 되었다. 이후 랩, 브레이크 댄스, 디제잉, 그래피티 아트graffiti art는 힙합 문화를 이루는 네 가지 요소가 되었다.

힙합 패션은 힙합 음악을 하던 이들의 패션 스타일로, 바지는 통이 넓은 배기팬츠baggy pants가 주를 이루었는데, 밑위가 무릎까지 내려오거나 아예 엉덩이 아래에 걸쳐 입어 바닥에 질질 끌릴 정도로 내려 입는 것이 특징이었다(그림 11-15). 상의는 그래피티에서 영감을 받은, 과감한 문양이나 브랜드 로고가 프린트된 티셔츠와 스웨터나 트랙 슈트를 길고 헐렁하게 입었다. 또한 허리 밴드에 유명 브랜드 로고가 있는 복서 쇼츠boxer shorts도 크게 유행했는데 바지를 엉덩이 아래까지 내려 로고가 보이도록 입었다. 또한 야구모자와 두건을 거꾸로 쓰고 발목까지 오는 운동화를 끈을 묶지 않고 신어 반항성과 당당함을 표현하였다.

힙합 문화에서 스타일은 중요한 것이었고 깨끗한 운동화, 색을 맞춘 상의와 모자를 갖추었다. 주로 선택하는 비랜드는 아디다스, 푸마, 리 등의 스포츠 캐쥬얼웨어 브랜드였다. 빈민가에서 출발한 문화이기에 명품과 고급 브랜드에 대한 욕망이 늘 존재했고 이를 간파한 할렘의 디자이너 대퍼 댄Dapper Dan은 명품 브랜드의 로고와 모노그램이 들어간 가짜 원단으로 거리의 흑인 스타일을 만들어 크게 각광받았다. 구찌 패턴의 트랙슈트, 루이비통Louisvuitton 모노그램 패턴 점퍼와 바지 등은 뜨거운 반응을 얻었다. 그의 작업은 단순히 명품 브랜드의 모조품이 아니라 명품 브랜드를 스트리트 패션으로 바꾸는 매우 독창적인 작업으로 평가된다.

그림 11-15 힙합 패션스타일의 배기 팬츠

여성들의 힙합 패션은 초기에는 남성과 비슷하게 헐렁한 트랙슈트에 운동화를 신고 캡이나 두건, 화려한 액세서리 등을 착용하는 것이었다. 이후 타

이트한 레깅스에 강렬한 색상의 로고가 새겨진 봄버 재킷bomber jacket을 입고 굵은 체인 등 과도하게 큰 액세서리를 착용한 솔트 앤 페파Salt-N-Pepa와 록산느 샨테Roxanne Shante가 힙합 스타로 떠오르자 그들의 스타일은 여성들의 대표적인 힙합 패션이 되었다.

생각할 문제

1 주위를 둘러보고 리사이클링할 수 있는 패션 아이템을 찾아 디자인을 생각해 보자.

2 최근 본 영화 중 등장인물의 의상이 눈에 띄었던 영화를 다시 찾아보고 의상의 스타일과 특징을 생각해 보자.

3 좋아하는 음악 장르를 대표할만한 스타들의 이미지를 다수 찾아보고 그들의 옷차림 특징을 생각해 보자.

CHAPTER 12

의복과 기술 융·복합에 따른 의복의 새 패러다임

NEW PARADIGM BY CONVERGING CLOTHING AND TECHNPOLOGY

20세기 중·후반부터 기술 발전은 속도와 방식에서 이전 시대와 크게 다르다. 발전 속도는 유례가 없을 만큼 빠르며, 기술 발전이 서로 다른 기술과의 융·복합을 통해 이루어지고 있다. 의복 관련 기술도 첨단기술들과 융·복합하여 새로운 소재를 출현시켰고 정보통신기술이 적용되면서 이전에는 볼 수 없었던 새로운 특수한 기능들을 수행하여 의복의 용도 및 범위를 확장하면서 의복의 새로운 패러다임을 만들어 가고 있다.

의복에 적용되는 기술들은 섬유나 소재로 시작되는 의복 생산과 관련된 분야에만 적용되는 것이 아니고 의복이 생산된 이후 제품의 유통 및 판매와 관련된 마케팅 분야도 크게 변화시켰으며, 소비자들의 구매행동이나 방식에서도 이전과는 다른 양태를 보이게 하였다. 더욱이 새로운 첨단기술과의 융·복합에 의해 생산된 의복들은 우리의 의생활을 변화시키고 있다. 따라서 본 장에서는 기술이 의복의 생산과 유통, 구매, 소비생활에 어떻게 영향을 미치고 그에 따라 나타난 변화들이 어떤 것이 있는지 알아본다.

학습목표

- 의복 소재와 제품 생산에 대한 첨단기술의 영향을 알아본다.
- 디지털 시대의 의류산업과 소비자의 변화를 알아본다.
- 첨단기술에 의해 달라지는 의생활에서의 변화를 살펴본다.

1
첨단기술에 의한 의복 소재와 생산

1.1 첨단 고기능성 의복 소재

1938년 나일론의 개발을 시작으로 새로운 합성섬유들이 개발되면서 이전에 비해 의복의 기능은 크게 향상되었다. 그러던 중 1969년에 개발된 고어텍스는 그 때까지 의복 소재에서 볼 수 없었던 우수한 투습발수성을 나타내어 이를 고기능성이라 부르게 되었고, 이후 의복 소재들은 고기능성에 초점을 맞추어 개발되었다. 최근에는 의복기술에 첨단기술을 융·복합시켜 이전과는 비교가 될 수 없을 만큼 의복의 기능을 크게 향상시키고 의복에 대한 전통 개념마저 변화시키고 있다. 이런 소재들은 크게 세 가지 목적을 갖고 개발되는데, 의복의 유용성serviceability 향상, 친환경성 증가, 스마트 의류 제작을 위한 섬유 개발이다.

의복의 유용성 향상을 위한 소재

의복이 착용자에게 제공해야 할 특성들을 유용성serviceability이라 한다. 유용성에는 심미성, 쾌적성, 내구성, 관리용이성 등이 속하는데 기술개발에 의해 이러한 특성들을 향상시킨 섬유들이 개발되었다(그림 12-1). 심미성 향상을 위해 특별한 광택이나 색상의 발현을 더 좋게 하기 위한 소재들이 개발되었고, 특히 이러한 아이디어를 자연에서 찾

그림 12-1 의복의 유용성 향상을 위한 소재 개발

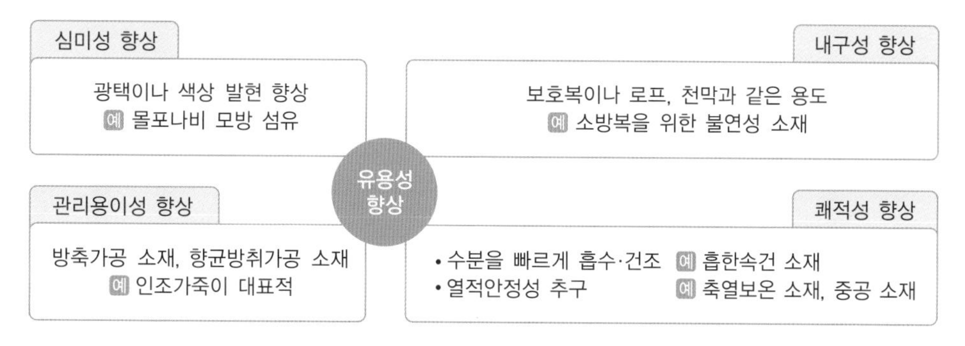

고 있다. 그중 대표적인 예가 몰포나비를 모방한 섬유이다. 몰포나비의 날개에는 색소가 없지만 내부의 광결정 구조가 푸른색 파장의 빛만 반사시키고 나머지는 통과시키기 때문에 아름다운 푸른색을 낸다(이영완, 2011).

내구성 향상의 경우에는 일상복보다는 보호복이나 로프, 천막과 같은 특별한 산업 용도를 위한 섬유들이 개발되고 있다. 대표적인 것이 소방관을 위해 고안된 불연성 소재로 내열성이 크고 견고하여 보호복뿐만 아니라 자동차, 비행기 등에도 활용할 수 있다.

관리용이성 향상을 위해서도 방축가공 소재, 항균방취 소재 등 다양한 소재들이 개발되었으며 그중에서도 가죽의 느낌을 갖지만 관리의 어려움을 해결한 인조가죽 소재가 대표적이라고 할 수 있다. 유용성 향상을 목적으로 가장 많이 개발된 새로운 소재는 쾌적성 향상을 위한 것이었다. 수분을 빠르게 흡수 및 건조시키는 흡한속건 소재, 착의자의 열적 안정성을 추구하는 축열보온 소재, 중공 소재 등이 있다.

친환경성 소재

친환경성은 모든 산업에서 최근 들어 가장 중요하게 다루어지고 있는 특성 중 하나이다. 섬유의류산업에서도 친환경성을 향상시키기 위해 노력하고 있으며 이러한 노력들은 섬유원료, 생산과정, 소비생활에서의 친환경성 향상을 목표로 이루어지고 있다.

① 섬유원료

섬유 자체가 친환경성을 갖는다는 것은 섬유가 생분해되어 환경에 폐쓰레기를 거의 남기지 않거나, 폐쓰레기를 활용하여 다시 재사용한다는 의미이다. 이러한 개념에서 개발된 것 중의 하나가 옥수수섬유와 폐폴리에스테르를 이용한 재활용폴리에스테르이다.

옥수수섬유는 옥수수 전분을 발효시켜, 포도당^Glucose^을 거쳐 젖산^Lactic Acid^으로 만들고, 이것을 축합반응으로 하여 PLA^Polylactic Acid^로 만들어 섬유를 뽑아낸 것으로 옥수수의 풍부함, 폴리에스테르와 비슷한 물성, 우수한 성형성 등으로 인해 차세대 섬유로 주목받고 있는 생분해성 천연섬유이다.

폐자원을 활용하여 섬유를 재생하는 경우도 있다. 해양환경보호단체 팔리 포 더 오션^Parley for the Oceans^은 몰디브에서 정화 작업을 하여 해양 플라스틱 오염 폐기물을 수거하였다. 아디다스가 이를 업사이클(upgrade+recycle : 못 쓰게 된 폐기물을 다시 쓸 수 있도록 만드는 것)하여 오션 플라스틱 TM을 만들었고 이를 사용해서 러닝화와 레알 마드리드의 홈 유니폼을 제작하기도 하였다(윤중현, 2016).

② 생산과정 : 물 없는 염색

섬유산업은 세척, 표백, 염색, 가공 등에서 대량의 물이 필요하다. 평균 1kg의 섬유원료를 가공하는 데 약 100~150L의 물이 필요하고, 염색산업만으로도 매년 2~3조 L의 물이 필요하다(전상열, 2012).

염색산업에서 대량의 물 사용을 줄이기 위해 고안된 방법이 디지털 프린팅과 최근에 개발된 이산화탄소 염색법이다. 디지털 프린팅은 정확하게 디지털 텍스타일 프린팅digital textile printing을 말하는데, 이는 컴퓨터로 이미지를 만들고 그 이미지를 천에 인쇄하듯이 옮겨놓는 것을 의미한다. 일반적으로 디지털 텍스타일 프린터라고 하는 장비를 이용해서 천에 바로 프린트하는 직접 분사 방식과 종이에 이미지를 먼저 프린트해서 천에 그 이미지를 옮기는 승화 전사 방식으로 나누어진다.

디지털 프린팅은 날염에서의 물 없는 염색법이고 침염에서의 물 없는 염색 방식으로 이산화탄소를 이용한 염색법이 소개되었다. CO_2가 31℃ 이상에서 74bar 이상의 압력이 가해지면 초임계 상태, 즉 팽창된 액체 또는 고압가스 상태가 되어 액체와 기체 모두의 성질을 갖는다. 이 상태의 CO_2는 액체의 밀도를 가져 쉽게 소수성 염료를 용해시키며, 기체와 같이 낮은 점성과 확산의 성질을 가져 물에 비해 더 짧은 시간 안에 염색할 수 있다. 따라서 염색 시 물과 화학물질을 사용하지 않으며 건조절차도 없어 시간이 단축되고 물뿐만 아니라 화석연료도 절약되어 크게 주목받고 있다(전상열, 2012).

③ 소비생활 : 세탁이 필요 없는 소재

친환경성은 산업에서도 중요하지만 소비자들이 실제 제품/서비스를 사용 또는 경험할 때도 실천할 수 있으며, 대표적인 것이 세탁이다. 만약 세탁 시 물이 적게 들거나 아예 세탁이 필요 없는 제품을 사용한다면 친환경적인 의생활을 하는 것이라고 할 수 있다. 이런 의미에서 세탁이 필요 없는 소재 개발이 꾸준히 이루어지고 있다. 그중 대표적인 것이 연잎 효과lotus effect를 이용한 초소수성 자정능력을 갖는 섬유이다. 연잎 표면은 높이 10~20μm, 폭 10~15μm 크기의 수많은 돌기로 덮여 있고, 이 돌기들은 표피 및 덧

그림 12-2 연잎 위의 물방울 모습과 물방울과 연잎 접촉면의 확대모습

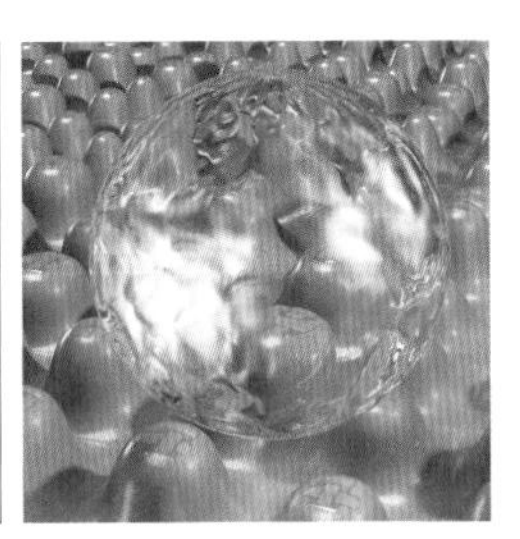

표피 왁스로 덮여 있다(그림 12-2). 이러한 올록볼록한 구조는 물방울을 돌기 위에 떠 있게 하기 때문에 실제로 연잎과 물방울의 접촉 면적은 표면의 2~3%밖에 되지 않아 표면장력이 큰 물방울은 젖지 않고 굴러 떨어지며, 그 과정에서 주변의 먼지나 오물들을 갖고 떨어지므로 자정 능력을 갖게 되는 것이다(McCurry, 2004).

스마트 의류 제작을 위한 소재

스마트 의류를 제작하려면 스마트 소재가 필요하다. 스마트 소재는 외부 자극만을 인지하는 수동적 스마트 소재, 외부 자극을 인지하고 그에 대해 반응하는 능동적 스마트 소재, 외부 자극을 인지하고 반응할 때 전자 또는 전기적 특성을 가져 프로그램화된 반응을 할 수 있는 인텔리전트 소재로 나눌 수 있다.

① 수동적 스마트 소재

외부 자극만을 인지하는 수동적 스마트 소재로는 빛을 인지하는 광섬유, 전자를 인지하는 전기전도성 섬유, 자외선을 인지하여 이를 차단하는 자외선 차단 소재가 대표적이다.

광섬유는 굴절률이 높은 영역^core^을 굴절률이 낮은 영역^clad^으로 막아서 광이 전반사하는 것을 이용한 것으로 주로 외경이 0.1~0.2mm로 플라스틱이나 유리로 만든다(그림 12-3). 광섬유를 통해 광자를 전달하여 광섬유가 전자기기와 의류를 연결하는 전선의 역할을 하고, 빛을 전달할 수 있어 광원과 결합하면 발광 효과를 나타낸다.

전기전도성 섬유는 금속 반도체, 카본블랙 및 금속 산화물 등의 도체 재료를 사용하여 전기저항이 비교적 낮게 만든 섬유를 말한다. 이 소재는 무진작업복, 제전장갑, 도전작업복, 면상 발열체, 스마트 의류 등에 사용된다.

그림 12-3 광섬유와 전기전도성 섬유인 탄소섬유

마지막으로 자외선 차단 소재가 있다. 프레온 가스의 대량 사용에 의해 지구 오존층이 파괴되면서 피부노화, 피부암 등을 유발하는 것으로 알려진 자외선이 지표에 도달되는 양이 많아지게 되자 자외선 차단 가공 소재가 등장하게 되었다. 이 소재는 자외선 차단제를 직물에 처리한 것으로 차단제는 두 가지 타입이 있는데, 자외선을 광학적으로 산란시켜 투과 자외선 양을 감소시키는 자외선 산란제와 가공제가 자외선 에너지를 흡수하여 열 또는 장파장 저에너지로 전환시켜 자외선의 영향을 감소시키는 자외선 흡수제가 그것이다(그림 12-4).

② 능동적 스마트 소재

외부 자극을 감지하고 이에 반응하는 스마트 소재를 말하며 외부 자극으로는 열, pH,

그림 12-4 자외선의 종류와 자외선 차단 가공제의 원리

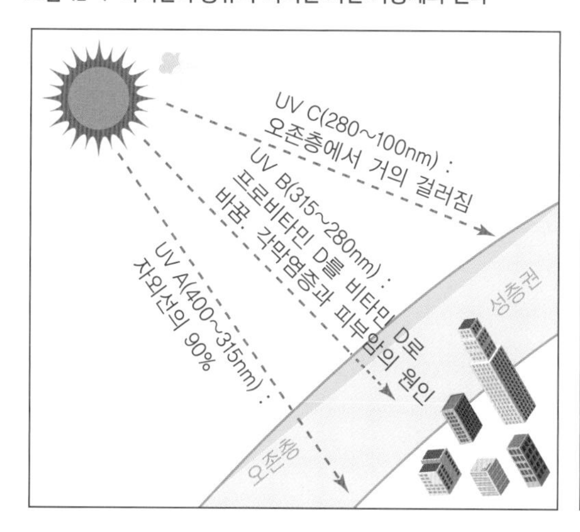

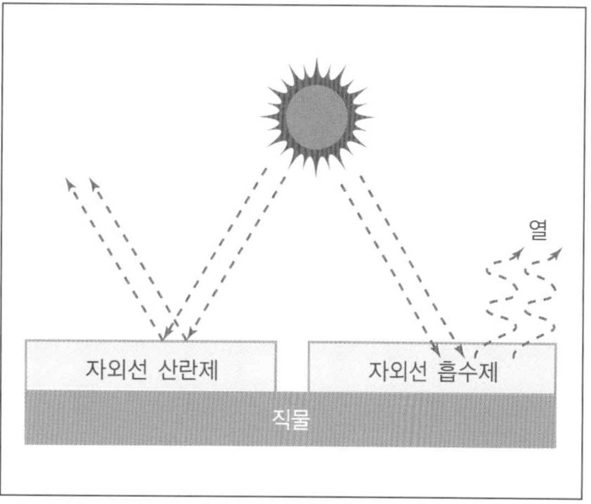

습도, 빛 등이 있으며, 형상기억직물, 카멜레온직물, 축열발열직물 등이 이에 속한다.

형상기억직물은 온도, 빛, pH, 습도 등의 특정 조건에서 일정 모양을 갖도록 만들어 놓고 이 조건(온도, 빛, pH, 습도 등)이 변하면 모양이 변했다가 처음 조건과 동일하게 되면 다시 원래의 모양으로 되돌아가는 성질을 갖는 직물을 말한다. 형상기억직물은 형상기억고분자나 형상기억합금을 이용하여 만드는데, 형상기억고분자는 통기성을 조절하는 직물이나 양말의 수축 가공 등에 사용되고, 형상기억합금(니켈, 티타늄)은 언더와이어 브라와 방염 라미네이팅 제품에 적용되고 있다.

카멜레온직물은 일광, 온도, 습도 등 외부 환경의 변화에 따라 색이 변하는 직물을 말한다. 온도나 빛, 습도에 의해 가역적으로 변색되는 색소 재료를 마이크로 캡슐에 넣은 후 폴리우레탄계 수지에 분산시켜 직물 표면에 코팅하여 제조한다.

축열발열직물은 열을 감지하고 이에 따라 반응하는데, 온도 변화에 따른 물질의 상태 변화를 통해 발생하는 잠열의 흡수와 방열을 이용한다. 이는 상변환물질phase chage material에 의한 축열 보온 특성을 이용한다. 즉, 상변환물질을 처리한 직물로 된 의복을 입은 착용자가 저온에서 고온으로 이동 시에는 이 물질이 고체에서 액체로 변하면서 열을 흡수하여 착용자에게 시원함을 주고, 고온에서 저온으로 이동 시에는 액체에서 고체로 상이 변화하면서 갖고 있던 잠열을 배출하여 의복 내 온도를 높인다.

③ 인텔리전트 스마트 소재

인텔리전트intelligent 스마트 소재는 외부 자극의 감지 또는 반응 시에 소재에 미리 프로그램화된 매뉴얼에 따라 특정 기능을 수행하거나 반응하도록 만든 소재를 의미한다. 따라서 전도성 섬유를 사용하여 섬유제품의 속성을 유지하면서 첨단 디지털 기능이 구비된 소재로 개발되고 있다. 그러므로 최근에 스마트 소재라 할 때는 일반적으로 인텔리전트 스마트 소재를 의미한다.

1.2 하이테크가 적용된 의복 생산

컴퓨터에 의한 생산속도 증가와 품질 관리

의복 생산과 관련되어 하이테크가 적용되면 생산속도가 증가하고 품질이 우수해진다. 생산속도의 증가는 CAD/CAM(Computer Aided Design, 컴퓨터 보조설계/Computer Aided Manufacturing, 컴퓨터 보조생산)의 이용, 무봉재에 의한 생산, 가상피팅을 통해서 이루어지고 있다.

CAD/CAM은 설계에서 제조까지의 전 과정을 컴퓨터를 이용해 진행시키는 기술로 산업 전반에 사용된다. 특히 의류 분야의 CAD 시스템은 제작과정, 즉 상품기획, 디자인, 패턴메이킹, 마킹 등에 따라 다양하게 구성되어 있다(최정욱, 1992).

컴퓨터 시스템은 의류 분야에서 이미 오래전부터 사용해왔는데 최근에는 정보통신기술과 융·복합하여 품질관리 및 생산라인 감독 등을 통합하여 완전자동화를 이루기 위한 노력들이 이루어지고 있다. 즉, 기업 비지니스를 관리하는 제품 라인 및 공급망 관리 솔루션을 통해 패션브랜드부터 유통·제조업체에 이르기까지 상품 설계부터 배송에 이르는 전체 프로세스를 관리·지원할 수 있다. 또한, 고객사의 기존 소프트웨어와 연동하여 고객사가 데이터 추세를 분석하고 그 정보에 입각해 의사결정을 내릴 수 있도록 돕는 솔루션들이 개발되어 트렌드, 판매데이터 변화추이, 재고 변화량 등의 데이터를 기업에 실시간으로 제공해서 이 자료들을 보고 회사가 기획안을 작성한다(김정현, 2017).

소량 맞춤형 제품 생산

지금까지 소량생산은 가능하였으나 소량 맞춤형을 실제로 실시하기는 어려웠다. 그러나 이제 하이테크 기술에 의해 소량 맞춤형 제품 시대가 도래하였다. 영국의 한 스타트업 기업[Knyttan]은 온라인 마켓에 디자이너들이 의류브랜드 가이드만을 올려놓으면 고객이 원하는 스타일의 옷을 조합해 주문한다. 그러면 이를 매장의 의류 3D 프린터로 제조하여 고객에게 제공한다. 3D 프린팅 기술은 기존의 니트 제작시간을 평균 90일에서 90시간으로 단축하였으며 O2O(온라인과 오프라인 결합한 상태) 서비스를 제공하면서 C2B2C 형태의 온디맨드형 소량생산 구조를 기대할 수 있게 하였다(김혜숙, 2017).

재고 없는 생산

패션상품은 예측생산을 하므로 대체로 재고가 발생하고 이는 기업에게 큰 고민거리이다. 이를 디지털 테크놀로지를 이용하면 해결할 수 있는데, 소비자와 공급자를 바로 연결하는 온디맨드형 생산을 하는 것이다. 최근의 한 스타트업 기업[nineteenth amendment]은 소비자가 특정 디자인에 대해 피드백을 주고 구매의사를 표시하면 그 의사를 바탕으로 디자이너들이 제품을 수정한 후 해당 상품을 주문받은 만큼만 생산한다. 들어온 주문량만큼만 생산하므로 재고도 없고 고객은 자신의 의견이 반영된 제품을 구매할 수 있다(그림 12-5).

또 다른 재고 없는 생산을 위한 방법은 의류대량맞춤[mass customization] 서비스를 하는 것이다. 리바이스의 경우 고객이 선택한 디자인, 길이의 청바지를 제작하는 대량맞춤생산을 적용해 왔으며, 랜즈앤드[LANDS' END], 나이키의 경우도 고객이 원하는 사이즈, 색깔, 문자 등을 반영한 대량맞춤제품을 받아볼 수 있다. 또 다른 스타트업 기업[stitch fix]은 고객이 신체 사이즈, 스타일 선호, 라이프스타일, 스타일샘플 선호를 체크하면 기업에서 인공지능과 스타일리스트가 협력하여 다섯 벌의 옷 및 잡화를 스타일링하여 소비자에게 보낸다. 그중 마음에 드는 옷만 구매하고 나머지는 반품하면 된다. 기업은 고객의 취사선택 여부를 인공지능에 추가 학습시킨다. 인공지능 기반 추천 알고리즘을 통해 스타일링의 개인비용이 절감되고 개인맞춤 서비스를 과학적으로 개선함과 동시에 보편화한 것이다(이해진, 2017).

그림 12-5 한 스타트업 기업의 재고 없는 생산 진행 과정 요약

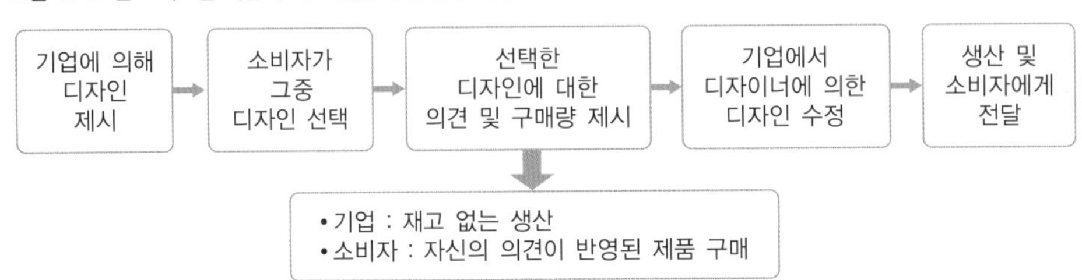

2
디지털 시대의 의류산업과 소비자

지금의 시대를 규정할 때 ICT Information & Communication Technology(정보통신기술) 시대라 한다. ICT가 모든 산업과 기업의 인프라로서 상품과 서비스를 고도화하고, 새로운 상품과 서비스, 새로운 문화, 새로운 라이프 스타일을 만들어 내고 있다.

ICT 분야에서도 빅데이터 big data, 모바일 mobile, 웨어러블 wearable은 의류학과 관련이 깊어 보이며 이 기술들이 의류산업과 융·복합되면서 큰 효과를 나타내고, 그로 인해 소비자의 구매 및 소비패턴도 달라지고 의생활도 크게 변화될 것이다.

2.1. 의류시장의 변화

온라인 시장의 특성

이제 시장은 오프라인과 온라인으로 나누어지며 ICT 기술 발전에 힘입어 온라인 시장의 성장이 더욱 빨라지고 있다(그림 12–6). 온라인 시장의 특성을 보면, 첫째, 온라인 시장에서 쇼핑을 하고 있다는 실재감이 증가하고 있다는 것이다. 온라인에서 쇼핑 시에도 오프라인 매장에서 쇼핑할 때와 같은 느낌을 가질 수 있도록, 즉 실재감이 들도

그림 12-6 온라인 상거래

록 시각, 촉각, 청각, 후각 등 감각을 자극하는 기술들을 사용하고, 가상현실과 증강현실 기술들이 사용되고 있어 온라인에서의 실재감이 증가하고 있다.

둘째, 초기에 온라인 시장에 접근하기 위해서는 컴퓨터가 필요했으나 2021년에는 모바일 사용자가 전 인구의 71%에 이를 것으로 예측될 만큼(이유미, 2017) 모바일 사용자가 많아 온라인 시장은 이제 시간, 공간의 제약이 없다.

셋째, 온라인 시장에서 구매자는 원하는 정보에 쉽게 접근할 수 있고, 동시에 여러 매장에 들어가 제품들을 비교하고 증강현실 기술을 이용해 아무데서나 착의하여 소비자의 구매 위험도가 크게 낮아졌다.

넷째, 온라인 쇼핑몰의 경우 고객 개개인 간 또는 개인과 기업 간에도 상품평이나 고객후기 등을 통해 서로에게 영향을 미칠 수 있으며, 최근의 빅데이터 기술 등에 의해 기업이 소비자에게 맞춤형 상품/서비스를 권유하는 등 상호 영향이 더욱 증가하고 있다.

매장(로드숍)의 위기와 변화

지금까지 소비자들이 갖고 있던 시장개념이 시간적·공간적 측면에서 와해되고 있는 것으로 보인다. 기존의 시장은 물리적으로 일정 공간을 점유하고 실재감이 있으며 열리는 시간과 닫히는 시간이 있었다. 그러나 온라인상에 숍shop이 만들어지고 시장기능을 하면서 패션 시장의 개념과 범위가 확장되고 있으며 이는 기존의 오프라인 시장을 크게 위협하고 있다.

그러나 쇼핑경험 제공은 리테일에서 매우 중요하여 오프라인 스토어 기능은 옴니채널 시대에도 여전히 중요하다. 직접 스토어를 방문하여 상품을 착용해 보고 직접 느끼는 것은 가장 강력한 쇼핑경험이기 때문이다(안성호, 2015).

이러한 위협과 소비자 변화에 대응하여 최근에는 매장이 변화하고 있으며, 이를 요약하면 다음과 같다.

첫째, 편집매장이 늘어나고 있다(그림 12-7). 다 함께 유행을 좇던 시대에서 1인 10색의 시대로 접어들어 트렌드도 메가트렌드가 아닌 마이크로트렌드, 스몰트렌드로 세분화되었으며 이제 소비자들은 유명 브랜드보다 독특하고 특별한 상품에 관심을 갖기

그림 12-7 편집매장

때문에 편집매장이 주목받고 있다(박석일, 2017).

둘째, 복합통합매장, 온·오프라인 통합몰, 라이프 제품과의 협업매장이 증가하고 있다. 복합매장의 경우, 취급품목이 다른 몇 개의 매장을 통합하거나(제화 매장과 핸드백, 의류, 액세서리 매장을 통합) 하나의 건물에 하나의 기업에서 나오는 패션브랜드 몇 개를 모아 입점시켜 SPA 복합관으로 꾸미기도 하였다(정정욱, 2017). 온·오프라인 통합몰은 온라인몰 영업 스타일을 그대로 오프라인 매장에 적용한 매장을 오픈하여 온라인몰의 상품과 혜택, 이벤트를 오프라인에서도 동일하게 누리도록 하였다. 라이프 제품과의 협업은 매장을 라이프 스타일 체험형 공간으로 격상시키거나, 의류를 넘어 라이프 스타일을 추구하며 특정 콘셉트를 잡아 매장을 구성하기도 하였다.

셋째, 체험형 공간으로의 변화다. 체험은 상품(의류) 사용 체험과 첨단기술을 이용한 쇼핑서비스 체험으로 대별된다. 먼저 상품 경험들을 제공한 예는 나이키와 아디다스를 들 수 있다. 나이키는 2016년 뉴욕 매장에 천장 높이 7m가 넘는 농구 코트와 첨단 피팅룸 등 직접 체험할 수 있는 시설을 설치했다. 아디다스도 뉴욕 매장에 축구공을 차볼 수 있도록 골대와 인조잔디를 들여놨다(박현영, 2017).

또한, 첨단기술을 이용한 쇼핑 서비스 체험은 최근의 매장에서 실시되고 있는 체험 중의 하나로 지능형 쇼핑 매장이라는 콘셉트 아래 사물인터넷(IoT)과 가상현실(VR), 증강현실(AR) 등 첨단기술을 이용한 쇼핑 서비스를 제공하는 것이다(그림 12-8). 고객들이 매장 내외부에 설치된 스마트 디바이스를 통해 실시간으로 상품 정보나 맞춤형 추천 상품을 확인하고, 가상 매장 체험과 가상 의류 피팅 체험으로 구성된 체험존이 있다(김정훈, 2017).

그림 12-8 아디다스의 VR 스토어 입장 후 2층으로 가서 원하는 신발을 확인한 장면

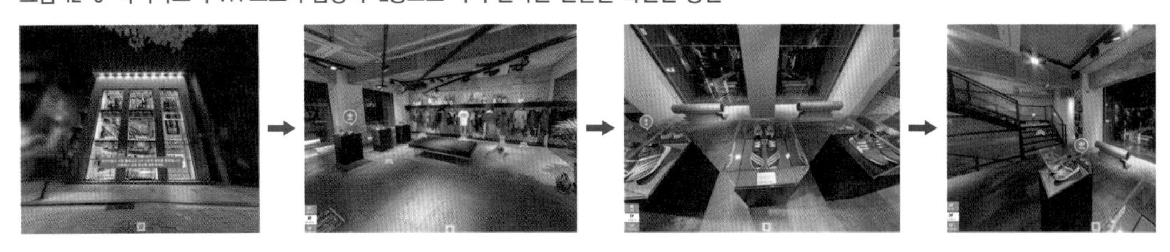

온라인과 오프라인의 결합 : 옴니채널 마케팅의 등장

옴니채널omnichannel은 온라인, 오프라인, 모바일 등 다양한 쇼핑채널을 유기적으로 연결해 고객이 어떤 채널을 사용하든 동일한 매장을 이용하는 것처럼 느끼도록 한 매장 쇼핑환경을 말한다. 최근에 소비자들은 오프라인에서 제품을 착용해 본 뒤 온라인에서 가격을 비교해 구매하고 있어 기업이 이를 해결하기 위해 모든 채널이 하나로 통합되고, 어느 채널에서나 동일한 구매환경을 조성하는 옴니채널이 등장한 것이다(안성호, 2015).

2.2 정보통신기술을 활용한 패션 마케팅

이전에는 기업들이 메시지를 일방적으로 소비자에게 전달하였으나 이제는 쌍방향 대화가 중요해졌고, 전통적 매체보다 온라인 매체의 영향력이 증가하고 있다. 또한 온라인 시장의 성장과 정보통신기술의 결합으로 다양한 마케팅 활동이 나타나고 있다.

그중에서 휴대폰, 태플릿 PC 등과 같은 이동 중 사용이 가능한 전자기기를 대상으로 하는 모바일 마케팅은 개인 맞춤 마케팅을 할 수 있고 시간 및 위치기반 마케팅이 가능하여 개인의 활동 지역과 상권을 연결할 수 있고 쌍방향 커뮤니케이션이 가능하다는 장점이 있다. 또한, 트위터, 페이스북 등 소셜 미디어를 사용해 마케팅 활동을 전개하는 브랜드들이 증가하고 있어 소셜미디어 마케팅도 활발하게 진행 중이다(최민재, 2009). 더욱이 소셜 미디어는 마케팅 활동을 넘어 전자상거래를 할 수 있는 장으로 변하기도 하였다. 소셜 네트워크 서비스SNS를 활용하는 전자상거래를 소셜 커머스social commerce라고 한다. 대표적인 분야는 소셜 쇼핑으로 참가자 수가 많으면 가격이 할인되는 모델로 국내에서는 2010년 티켓몬스터, 쿠팡, 위메이크프라이스(위메프) 등을 주축으로 소셜 커머스가 등장하였다. 오프라인 대형마트에 비해 온라인 업체는 상품개발 능력이 부족하여 최저가 전략을 취해 단기간에 고객을 유인하고 규모는 커졌으나 수익성은 좋지 않았다. 결국 2017년 티몬과 쿠팡이 오픈마켓 진출을 선언하였고 위메프도 기존 소셜 커머스 기반에 오픈마켓을 접목한 사업 모델을 도입한다고 발표하였다(신미진, 2017; 최선윤, 2017).

첨단기술을 활용한 쇼핑을 돕는 도구 및 방법들

① 아바타

아바타는 가상현실 기술과 증강현실 기술을 사용해서 의복 구매 시에 나를 대신해 의복을 입혀보기도 하고, 온라인 쇼핑몰에서 나 대신 줄을 서거나 상품평가를 하거나 브랜드를 체험하게 할 수도 있다.

② 가상현실 체험 이벤트

가상현실 체험을 통해 브랜드 이미지를 강화하거나 상품/서비스를 체험하게 하여 의류 구매자들의 선택에 큰 영향을 미치게 할 수 있다.

③ 첨단기술을 활용한 패션쇼

패션쇼는 짧은 시간 동안 진행되지만 많은 인력, 시간과 비용이 소요된다. 최근에는 첨단기술을 이용해 이러한 것을 투입하지 않으면서도 재미와 화제를 모으는 쇼들이 진행되고 있다. 가장 먼저 사용된 방법은 홀로그램을 이용한 쇼이다. 2006년 알렉산더 맥퀸Alexander McQueen의 파리 패션쇼에서 모델이 3D 홀로그램으로 등장하였고 2011년에는 독일 스테판 에케르트Stefan Eckert 브랜드, 버버리와 Forever 21도 3D 홀로그래픽 패션쇼를 선보였다.

또한 2016년 9월 뉴욕 패션위크에서 린제이 프리모트Lindsay Frimodt, 2016년 9월 런던 패션위크의 마틴 자를가드Martine Jarlgaard, 2016년 SS 컬렉션을 발표한 뉴욕디자이너 레베카 밍코프Rebecca Mrnkoff, 영국 신진 브랜드 '릭소 런던RIXO London', 2017년 10월 서울 패션위크 '더 스튜디오 케이' 등은 첨단기술을 활용하는 새로운 시도로 패션쇼의 고정관념을 깬 쇼를 선보였다(이도은, 2017).

④ 모바일 애플리케이션

패션브랜드의 모바일 애플리케이션(샤넬앱, 구찌의 컬렉션 동영상, 팬디가 제공하는 My Fendi, 갭이 제공하는 'style mixer')이나 패션 잡지, 패션블로그나 웹사이트들도 애플리케이션을 내놓고 이를 통해 많은 정보를 쏟아내고 있다. 이때 애플리케이션에서는 패션 관련 정보만 제공하는 것이 아니고 기업이 고객의 라이프 스타일을 공유하고 있다는 느낌이 들도록 컨텐츠를 만드는 것이 중요하다(김선민, 2010).

⑤ 가상백화점

미국의 오픈마켓인 이베이는 호주 백화점 마이어Myer와 제휴를 통해 호주에 세계 최초로 가상백화점을 만들었는데, 헤드셋을 착용한 후 가상백화점 체험을 할 수 있다. 이는 옴니채널의 확장뿐만 아니라 새로운 형식의 혁신적 리테일 모델을 제시한 것이다.

더현대닷컴도 VR 백화점을 선보였다. 국내 온라인 쇼핑몰에 VR 기술을 도입한 첫 사례로, VR 스토어는 백화점 매장에 VR 기술을 적용해 실제 오프라인 매장을 그대로 옮겨와 쇼핑을 체험할 수 있다(문병훈, 2017).

⑥ 스마트스토어

지능형 쇼핑매장이라는 콘셉트하에 스마트 디바이스를 통해 상품 정보나 맞춤형 상품 추천을 받을 수 있으며 사물인터넷, 가상현실 등의 기술을 이용한 다양한 쇼핑 서비스를 제공받을 수 있다(그림 12−9).

⑦ 인공지능을 활용한 고객 맞춤형 서비스

국내 백화점들은 자체 개발한 인공지능 고객 분석 프로그램을 이용해 고객 개인의 취향을 분석해 선호브랜드를 파악하고 그에 맞는 쇼핑정보를 전달하는 개인화된 맞춤형 서비스를 제공하려 하고 있다(그림 12−9). 또한, 지능형 쇼핑 어드바이저를 챗봇 기반의 애플리케이션으로 고객이 챗봇과 대화해 상품을 추천받고 주문하며, 매장 설명을 듣도록 할 계획이라고 한다(문병훈, 2017). 이미 아마존의 에코룩은 기존 에코제품에 카메라를 장착하여 업그레이드된 제품으로, 에코룩 스피커에 장착된 카메라 앞에서 옷

그림 12-9 AI와 AR 기술을 이용한 쇼핑

을 입고 사진을 찍으면 에코룩의 AI 알렉사가 최적스타일을 조언해준다. 버버리, 토미 힐피거, 루이비통 등의 패션브랜드 및 GS 홈쇼핑, 롯데쇼핑도 챗봇을 운영하고 있다.

2.3. 소비자의 특성과 소비 및 구매패턴 변화

디지털 시대의 소비자 특성

디지털에 의해 변화된 새로운 환경을 겪으면서 소비자들은 이전과는 다른 특성을 보인다.

첫째, 소비자는 더 이상 군집segment이 아닌 각자의 취향을 가진 개인으로 다루어야 한다. 그러므로 이제 시장을 세분화하여 전략을 세우는 것은 어려울 것이다.

둘째, 현대 소비자는 모순 된 것을 원한다. 최근의 소비자는 공존하기 힘든 속성을 원한다. 유행은 따르지만 자신만의 독특한 개성을 나타내고 싶어 하며 트위터, 블로그 등을 통해 자신의 생활을 보여주면서도 프라이버시는 지키고 싶어 한다. 과거와 달리 현재 소비자의 정체성은 유동적이어서 하나로 규정하기 어렵다.

셋째, 소비자들이 갈수록 생산자의 역할도 수행하여 이중 역할자로서 변화되고 있으며 그로 인해 그들의 영향력이 더 강해지고 있다. 생산적 소비자라 하여 프로슈머라는 개념이 있기는 하지만 실제로 소비자들이 생산을 하지는 않았었다. 그러나 최근의 소비자는 자신에게 필요한 제품과 서비스를 첨단기술을 활용하여 직접 제작하여 '크리수머cresumer'라는 신조어가 나올 정도이다. 또한, 소비자는 그동안 정보 수용자 역할만을 하였으나 최근에는 수용자면서 동시에 생산자이고 전파자로 되어가고 있다. 기업들도 이러한 현상을 파악하여 유명한 패션블로거와 포로모션을 진행하기도 한다(박정현, 2007).

넷째, 합리적 소비를 추구하고 자신에 대한 투자를 최우선으로 삼으며 개인 취향이 뚜렷하다. 어릴 때부터 디지털 기기를 사용하면서 자란 그들은 모바일과 온라인으로 원하는 정보를 손쉽게 찾아낸다. 그로 인해 소비자 니즈는 더 세분화되고 다양해졌으며, 다양한 MD 전략에도 큰 영향을 받지 않는 것으로 보인다(프롬에이, 2017).

구매 및 소비 패턴 변화

소비자들은 이제 디지털 환경이 주는 편리함에 익숙하다. 진보기술에 쉽게 적응하고 활용하며 기업이 만든 제품을 원하는 방향으로 바꾸고 이를 다른 소비자와 공유한다. 이전 소비자들과는 달라 디지털 시대 소비자들은 구매 및 소비 패턴도 다르다.

첫째, 물건 구매 시 판매자에게 물어보던 정보를 이제는 인터넷에서 찾는다. 2006년도 한국인터넷진흥원 조사에 따르면 조사대상의 79.3%가 상품 및 서비스 구매 시 인터넷상에서 상품평과 댓글을 읽는다고 하였고 그들 중 94.3%는 타인 의견이나 경험이 구매 결정에 영향을 미친다고 하였다(한국인터넷진흥원, 2006). 즉, 소비자들은 온라인에서 정보를 적극적으로 수집하고 이를 신뢰하며 실제 구매에 영향을 받는다.

둘째, 맞춤 지향적 소비를 한다. 자신에게 최적화된 제품과 서비스를 원해 나이키에서는 자신이 원하는 신발과 색상을 고르고 이니셜까지 넣는 Nike iD를 제공하며, 아디다스는 캔버스화 리폼 캠페인을 통해 맞춤형 운동화를 제작하였다.

셋째, 탈인구통계학적 소비행동을 보인다. 지금까지 마케팅은 인구통계학적 특성을 바탕으로 고객을 세분화하고 STP 전략을 써왔다. 그러나 디지털 시대에는 인구통계학적 특성에 의해 소비자를 세분화할 수 없고 디지털상에서 수집되는 정보가 더 중요한 단서가 될 것이다(오성수, 2015).

넷째, 글로벌 브랜드를 많이 사용한다. 디지털 기술로 인해 전 세계인이 동일한 정보에 접근하여 의식이나 경험을 공유하여 글로벌 메가 브랜드를 생겨나게 한다. 글로벌 메가 브랜드들은 본연의 가치를 충족시켜주면서 제품과 서비스가 전 세계에서 이용될 수 있도록 글로벌 스탠더드를 갖추고 있어 보편성을 갖게 되고 이는 결국 보편적 가치가 되어 점점 더 많은 소비자들이 글로벌 브랜드(예 애플, 페이스북, 이케아 등)를 사용하게 된다(오성수, 2015).

다섯째, 다양하고 모순된 니즈를 갖고 이를 해결하기 위해 소비한다. 다양한 아이러니가 존재하는 소비자의 니즈를 해결할 수 있는 기업만 살아남게 될 것이다(김난도, 2010).

여섯째, 구매 시 재미를 동반하고 보다 효율적 구매를 하려 한다. 디지털 컨버전스와 패션산업이 만나 새로운 소비자 경험을 선사하고 있다. 예를 들어, 스크린에 손을 대면 제품 이미지들이 나타나 움직인다거나, 최첨단 태그 카드를 스크린에 갖다 대면 가격, 소재 등의 제품 정보가 3차원 홀로그램 이미지로 제공된다(도안구, 2009). 또한, 가상 피팅 시스템이나 아바타 등의 다양한 구매조력자가 있어 시간, 노력, 비용, 구매실패율이 감소하고 있다.

3
하이테크에 의해 달라진 의생활

기술 발전은 인간의 삶과 사회 전 분야에 영향을 끼치는데, 이러한 기술은 이미 의복 생산 시에도 무봉제, CAD/CAM 시스템을 도입하여 생산성을 향상시켰으며 유통에도 영향을 미쳐 RFID를 이용한 물류 비용 및 이동시간 감소, 온라인시장 확대, 정보통신 기술을 활용한 새로운 패션마케팅 기법 등이 도입되고 있다.

특히 의복 생산 시 첨단기술의 도입은 이전에는 가져보지 못한 완전히 새로운 의복들을 만들어내고 있으며 이는 크게 두 부류로 나눌 수 있다. 하나는 스마트 의류이다.

초기에 첨단기술 도입은 특정 목적을 위한 용도였고, 이러한 기능을 수행하기 위해 의복 스스로 외부 자극을 인지하거나 그에 반응한다 하여 '스마트smart'하다는 의미로 스마트 의류라 부르게 되었다. 즉, 스마트 의류는 스마트 소재를 사용하고 ICT 기술과 융합된 최첨단 의복으로 이는 의복의 기능을 크게 향상시켰을 뿐만 아니라 의생활에서 이전에 경험해 보지 못한 새로운 경험들을 갖게 하고 있다. 또 하나는 패션디자이너들이 하이테크를 이용해 새롭고 독창적인 작품들을 보여주고 있다는 점이다. 이전에는 표현할 수 없었던 것들을 첨단기술을 이용해, 새로운 의복에서 보여주고 있는 것이다. 이러한 내용을 자세히 살펴보자.

3.1 스마트 의류

스마트 의류를 용도별로 나누면 스포츠 레저용, 건강의료용, 생활편리용, 감정과 기분 표현용, 교육용 등으로 나눌 수 있다.

등장배경

스마트 의류를 논할 때 웨어러블 컴퓨터wearable computer를 이야기하지 않을 수 없다. 웨어러블 컴퓨터는 사용자가 인체에 '착용하는' 컴퓨터라는 의미로 최종적으로는 사용자가 신체 일부처럼 착용하고 사용해야 하므로 액세서리형에서 시작해서 직물/의류 일체형, 신체 부착형, 생체 인식형으로 발전해 나갈 전망이다(위키디피아, 2018).

웨어러블 컴퓨터는 1960년대에 MIT 미디어 랩에서 연구가 시작되어 휴렛팩커드Hewlett-Packard Company의 손목시계, 계산기 등 착용형 단말기들이 개발되다가, 1980년대에 보다 웨어러블 컴퓨터에 근접한 제품들이 나왔고 그중 의류형 웨어러블 디바이스가 1989년에 미국 군복으로 채택되었다. 이후 기기의 경량화·소량화가 시작되었고 2000년대에 들어 딱딱한 컴퓨터 형태의 하드웨어를 의복과 유사한 형태로 개선하기 시작하면서 의류학에서도 관심을 보이게 되었다. 2000년 리바이스Levi's와 필립스Philips가 최초의 상업용 의류형 웨어러블 재킷인 ICD+를 발표하였다. 이는 리바이스 재킷에 필립스의 휴대전화와 MP3 기술을 결합시킨 것으로 마이크와 이어폰은 재킷의 후드나 옷깃에 내재되어 있으며, 주머니 속의 숨겨진 키패드를 통해 조작하도록 되어 있다(위키디피아, 2018).

스마트 의류는 사용자의 몸에 직접 착용을 하는 것이기 때문에 무겁거나 거추장스러울 경우 아무리 기능이 뛰어나도 사용자에게 거부감을 줄 수 있다. 따라서 사용자의 경험을 저해하지 않는 자연스러움과 라이프 스타일에 부합하는 착용감이 중요한 문제로 대두되고 있다.

스마트 의류의 종류

① 스포츠 레저용

스포츠 레저용으로 대중적인 호응도가 높은 것 중의 하나는 스포츠 브라이다(그림 12−10). 이는 운동할 때 심장 박동 수, 호흡과 소모된 칼로리를 측정하고 애플리케이션과 연동하여 훈련 프로그램을 이용할 수 있어 개인화된 코칭 경험을 준다. 또한 심장박동 센서, 가속도계, 자이로스코프 등의 센서를 탑재하여 착용자의 심박 수, 호흡 수, 이동 거리, 칼로리 소모량, 인체 기울기 등 생체 데이터를 측정하는 피트니스 기능을 중점으로 특화된 셔츠도 있다. 이렇게 측정한 내용을 스마트폰 애플리케이션을 통해 확인할 수 있다(DESIGNMAP, 2017).

그림 12−10 스마트 브라에 붙어 있는 센서로부터 측정된 데이터를 받는 기기들

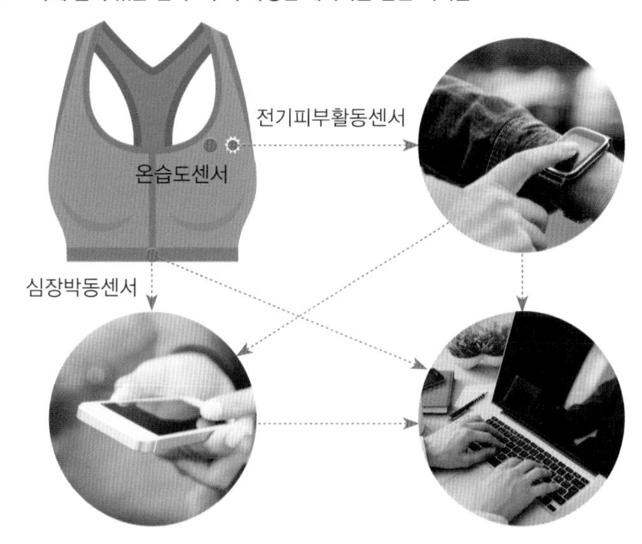

② 건강의료용

착용자의 건강 유지 및 의료용도로도 다양한 스마트 의류가 개발 중인데, 최근에 출시된 것으로는 심전도 측정기와 유사한 정도의 정밀성을 갖는 섬유로, 일본의 NTT 도코모NTT Docomo와 토레이Toray가 전도성 고분자 수지를 특수 코팅 기술로 장착한 폴리에스테르 섬유를 개발했다. 이는 전극을 전용 내의에 탑재해 혈압과 심박 수 등을 측정할 수 있으며, 24시간 심전도 측정 및 부정맥 검사를 할 수 있다고 한다. 또한, 에어백 원리를 이용한 마사지 재킷(에어라웨어airawear)도 개발되었는데, 이는 6개의 지압 모듈을 통해 기능하며 스마트폰의 애플리케이션을 이용해 휴식relax, 수면sleep 등 네 가지 마사지 프로그램을 실행할 수 있다고 한다. 언더아머는 원적외선 패턴을 생성해 숙면을 도와주는 스마트 잠옷도 출시했다(DESIGNMAP, 2017).

③ 생활 편리용

일상복의 고기능화를 통해 생활을 편리하게 하는 스마트 의류가 개발되었는데, 2017년 구글과 리바이스가 협력하여 만든 자카드재킷이 그중 하나이다. 스마트 센서를 이용해 만든 재킷으로 소매 부분이 스마트폰 터치 컨트롤러 기능을 하고 스마트폰 없이도 음악 재생, 전화연결 등을 할 수 있다.

또 다른 예로는 라일앤스코트의 비접촉식 결제 가능 재킷이 있다. 이 스마트 재킷은 소매에 비접촉식 결제 시스템인 비페이bPay 칩을 넣은 작은 크기의 포켓이 탑재되어 있다.

한국에서도 비즈니스맨을 위한 삼성 로가디스의 스마트 수트 2.0이 그것에 해당된다. NFCNear Field Communication 무선통신 칩을 상의의 커프스 버튼에 탑재했고 상의 안주머니에 스마트폰을 넣으면 자동 무음 및 전화수신 차단의 에티켓 모드, NFC를 이용해 이메일, 명함 전송 등의 서비스를 제공한다.

④ 감정과 기분 표현용

착용자의 감정과 기분을 표현할 수 있는 스마트 의류도 있다. 사람의 동작과 체온을 감지할 수 있는 인텔 큐리 모듈Intel curie module을 탑재한 아드레날린 드레스는 디자인 하우스 크로맷Chromat의 베카 맥카렌Becca McCharen이 착용자가 겪는 감정의 변화에 따라 옷도 변화할 수 있어야 한다고 생각해서 만든 것으로, 착용자의 아드레날린을 감지하면 등 부분의 탄소섬유 프레임이 화려하게 펼쳐진다. 전광판이 된 옷, 브로드캐스트 웨어도 있다. 이는 스마트폰을 이용해 LED로 원하는 슬로건이나 이미지를 표시해주는 디지털 티셔츠다. 스마트폰 애플리케이션으로 티셔츠 전면부에 이미지를 변환할 수 있고, 상의 왼쪽에는 터치 센서가 있다(DESIGNMAP, 2017).

또한, 이태리 디자이너 알렉산드라 페데Alexandra Fede는 조이 드레스joy dress 또는 비브라드레스vibradress라고 하는 스마트 의류를 발표하였다. 소형 제어장치, 진동프로그램, 진동패드 등을 의복에 통합시켜 조그만 와이어가 진동패드를 연결해서 하나의 유닛을 만든 것으로 착용자가 원할 때 진동마사지 기능을 동작시켜 기분을 좋게 할 수 있다고 하였다(중소기업청, 2013). 이 외에도 타임지 선정 '2006 발명품'에도 올랐던 포옹을 전달하는 '허그 셔츠'가 있다.

⑤ 교육용과 외부 위험 신호 감지용

최근 스마트 의류는 더 다양한 분야들로 활동영역을 넓히고 있다. 그중 교육용으로 골프 자세를 코치하는 의복이 있다. 한국전자통신연구원ETRI은 인체동작을 웨어러블 기기로 정밀 수집·분석해서 부정확한 자세를 진동으로 알려주는 '실시간 모션 학습 시

그림 12-11 한국전자통신연구원의 실시간 모션 학습 시스템

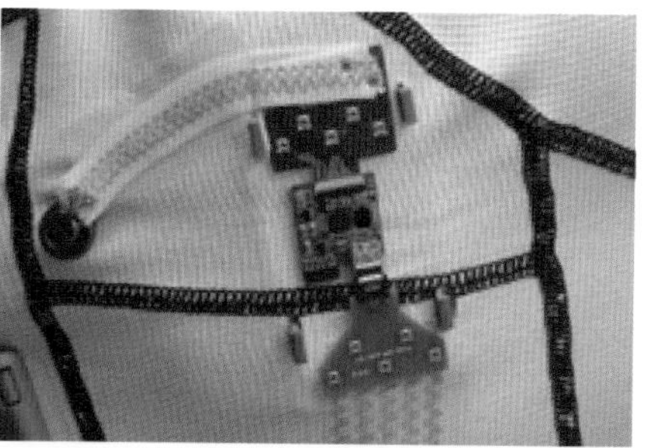
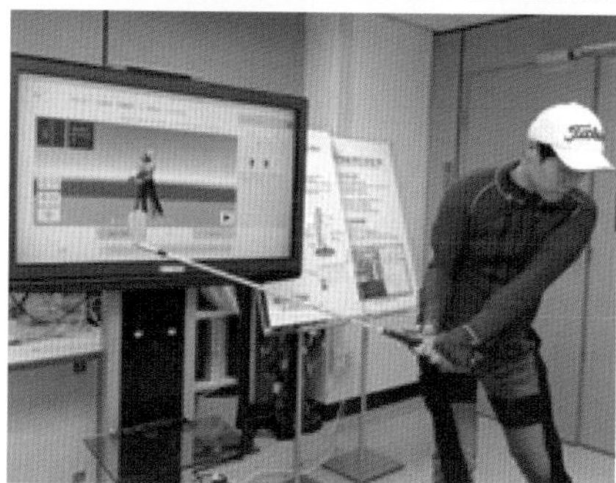

스템'을 개발했다. 연구팀은 옷과 밴드의 주요 관절부에 고성능 '관성 센서'를 탑재, 동작을 정확하게 인식할 수 있도록 했다(그림 12-11).

또한 외부 위험 신호 감지용 스마트 의류도 있는데 소방대원 화재 진압용 가스 감지 티셔츠, 황사 감지 티셔츠, 발광다이오드LED를 이용해 유해가스가 인지되면 불빛이 자체적으로 반짝여 위험을 인식하게 해주는 스마트 의류도 있다(신주경, 2017).

현재 스마트 의류는 의복에 IT 기기가 부착된 형태가 주를 이루고 있다. 그러나 IT 기기라고 하기에는 정확도나 기능성이 떨어지고, 배터리가 커 이를 작게 해야 할 필요가 있으며, 의복이라고 하기에는 세탁성, 촉감, 무게 등에서 여전히 문제점을 갖고 있다. 또한, 성능 대비 가격이 높아 아직은 소비자들에게 매력적이지 않으며, 전자기기에서 나오는 전자파 안전성에 대한 확증된 자료가 없어 소비자들이 안심하지 못하고 있는 상황이다. 궁극적으로는 의복과 IT 기기가 융·복합되어 하나의 제품으로 인식되겠지만 이는 많은 시간과 노력이 필요해 보인다.

3.2 첨단기술을 이용한 패션 디자인에서의 새로운 시도

2017년 뉴욕 패션위크에서는 첨단기술이 적용된 많은 패션 디자인 작품들이 소개되었다. 몇 가지를 예로 들자면, 빛으로 새긴 메시지를 전달하기 위해 캘빈루오Calvin Luo는 레노보Lenovo 사와의 합작으로 검은 PVC 캡슐 컬렉션을 선보였는데, 스마트 의류에 내장된 LED가 스마트폰의 애플리케이션과 연동되어 메시지를 보여주었다(Halio, 2017).

뉴욕 브랜드 DYNE는 삼성과 손잡고 모든 의상에 NFC 기술을 적용하여 참관객들이 NFC를 갖는 스마트폰을 사용하면 디자인과 디자이너의 정보를 직접 알아볼 수 있게 하였다.

구글과 H&M의 데이터드레스도 있다. 이는 의복 자체가 착용자와 연결된 것은 아니나 디자인 과정은 착용자와 연결되어 착용자를 고려하여 진행되는 것이라고 할 수 있다. H&M의 디지털패션 자회사 아이비레벨Ivyrevel은 구글의 새로운 인식 APIApplication Programming Interface를 사용해 모니터되는 고객의 라이프 스타일 데이터 일주일 치를 받을 수 있다. 이 드레스는 고객이 사는 지역에서 고객이 움직인 동선을 나타내고, 고객이 사는 지역 날씨에 맞춰 재료를 고르며 고객의 움직이는 정도에 맞추어 피팅성을 고려해 드레스를 맞추는 것이다.

터치할 수 있는 홀로그램 재킷도 있다. AB[screen wear]는 착용자가 의복을 통해 스마트폰 터치스크린과 상호작용할 수 있도록 해주는 얇고 가벼운 반응성 홀로그래픽 판넬을 갖는 무지갯빛 재킷을 발표하였다(Charara Sophie, 2017). 갈수록 패션 디자인업계에서는 새로운 기술을 적용하기 위한 다양한 시도들이 이루어지고 있으며, 지금까지 섬유의류산업계에서는 존재하지 않은 새 장르를 개척하고 있는 것으로 보인다.

3.3 전통적인 의복 개념의 변화

지금까지 의복이라 함은 섬유를 원료로 하여 인체를 덮고 있는 것으로 시각적·촉각적 감각을 통해 의복을 인지하고 환경과 인간의 중간에 있으면서 이들 간의 상호작용에 영향을 미치는 것으로 인식되어 왔다. 그러나 기술이 혁신적으로 발전하면서 최근 의복에 적용되는 기술들은 의복 고유의 기능성이나 특성을 강화시키는 방향보다는 의복의 형태를 빌어 의복이 갖지 않았던 기능을 수행하도록 만들어지고 있다.

앞에서 본 바와 같이 의복을 입고 있는 착용자의 마음과 행동을 전달할 수 있는 전달매체로서의 의복, 보호 및 영양공급/의료장비의 기능을 갖춘 의복이 등장하고 있으며 심지어 교육 기능을 갖춰 의복이 교육자로서의 역할도 수행하고 있는 것이다. 또한, 패션 디자인적 측면에서도 시각을 중심으로 이루어지던 디자인이 가상현실 기술의 도입으로 시각, 청각, 촉각 등 오감을 최대한 활용하는 멀티감각 디자인으로 발전하고 있어 앞으로 우리는 의복을 통해 오감을 모두 자극받아 보다 풍성한 감성을 느낄 수 있을 것이다.

의복과 기술의 융합은 의복 소재 및 의복 생산뿐만 아니라 의복 소비생활에도 영향을 미쳐 이제 거스를 수 없는 대세가 되어 가는 듯하다. 새로운 것에 관심이 많고 이미 생활 속에서 다양한 하이테크 기술을 경험하면서 자란 세대가 주도해나갈 미래 패션에서 이는 필연적인 결과로 생각된다. 현재 많은 소비자들은 인터넷으로 옷을 보고 사며, 가상현실과 증강현실 기술의 도움으로 착용까지 해보고 있다. 이런 상황에서 섬유의류산업이 첨단기술과의 융합을 통해 변화하는 것은 당연한 것으로 생각된다.

또한, 경험과 체험이 소비를 결정하는 중요 기준이 된 요즘, 기업들은 소비자들에게 그들이 추구하는 가치 또는 목표와 부합되는 경험과 체험을 갖도록 해주는 것이 중요하게 되어, 소비자들의 의복 구매 시뿐만 아니라 일상생활 속에서 소비자들이 기업의 브랜드 또는 제품을 경험하게 하려 하고 있다. 여기에 럭셔리 브랜드마다 점차 더 비중을 늘려가는 '씨 나우 바이 나우See Now Buy Now' 시스템(컬렉션과 동시에 매장에서 바로 옷을 판매하는 전략)이 첨단기술을 통해 보다 강화될 가능성도 커 보인다.

장기적으로 첨단기술과 의복의 융·복합은 비용 면에서도 유리하다. 예를 들어, 패션쇼를 첨단기술을 활용해서 가상패션쇼를 한다고 하면 표현 방식에 맞는 하드웨어를 한 번 개발하면 콘텐츠를 다양하게 바꿔 계속 적용시킬 수 있으며, 가상 패션쇼 무대처럼 카메라가 모델의 움직임을 감지해 움직이도록 만들거나 영상을 3D로 전환하는 작업만 하면 영상 자체는 얼마든지 변화시킬 수 있어 기존의 패션쇼에 비해 현저하게 비용을 줄일 수 있다.

다만, 앞으로 이 같은 방식이 얼마나 확대될 것인가는 소비자의 반응에 달려 있다. 2016년 하버드 비즈니스 리뷰HBR는 이러한 첨단 패션쇼에 대해 "새 기술이 나온다고 사람들이 다 좋아할 것이라고 볼 수는 없다."고 했다. 2010년 전후 QR 코드를 이용한 패션 지면 광고가 쏟아져 나왔지만 사실상 큰 호응이 없었던 것이 대표적인 사례라 할 수 있다(이도은, 2017).

이제 의복은 더 이상 전통적인 의미에서 설명될 수 없다. 의복은 환경과 인간의 중간에 있으면서 이들 간의 상호작용에 영향을 미치는 요인이 아니고 환경, 인간과 거의 같은 비중을 갖고 환경과 인간의 상호작용을 크게 변화시키는 주체자로 바뀌고 있다. 그러므로 전통적 의미에서 생활에 유용한 필수품으로서의 의복의 개념은 약화되고 생활의 변화를 주도적으로 이끌어 가는 주체로서의 의복의 역할이 강조될 것으로 추측되며, 이러한 예측을 통해서 볼 때 이제 의복은 새로운 패러다임을 구축해가고 있는 것으로 보인다.

생각할 문제

1 의복 브랜드가 제공하는 스마트앱을 사용해 본 적이 있는가? 어떤 점이 만족스럽고 어떤 점은 불만족스러웠는지 토론해 보자.

2 의복 브랜드가 제공하는 홈페이지, 블로그, 모바일 앱 중 자주 방문하거나 사용하는 곳이 있는가? 있다면 그 이유가 무엇인지 말해보자.

3 오프라인 매장과 온라인 매장의 장단점을 비교 설명해 보자.

부록

번호	측정 항목	측정 위치	치수
1	화장(남)	오른쪽 뒤	cm
2	소매길이	오른쪽 옆	cm
3	바지길이	오른쪽 옆	cm
4	목둘레(남)	앞	cm
5	가슴둘레	앞	cm
6	밑가슴둘레(여)	앞	cm
7	허리둘레	앞	cm
8	엉덩이둘레	앞	cm

남녀 성인 아바타

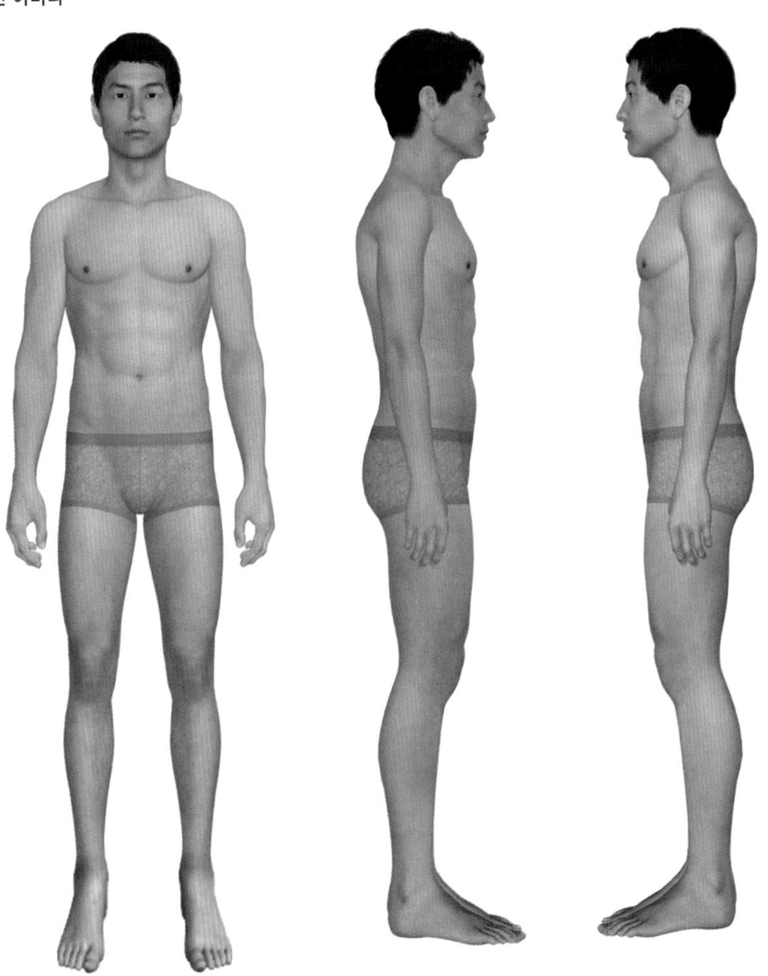

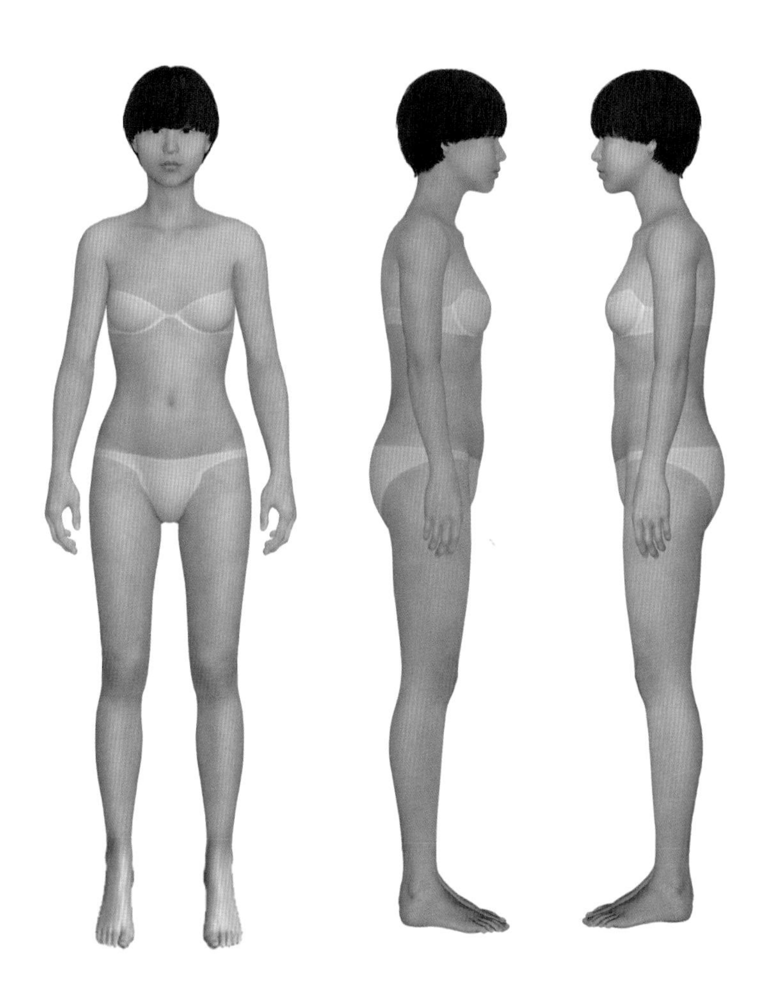

REFERENCE

참고문헌 및 그림 출처

본문에 사용된 사진은 모두 재사용 가능한 사진이거나 퍼블릭 도메인으로, 아래에 밝힌 웹사이트와 저자 이름은 권한을 밝히기 위한 것입니다. 또한 이러한 출처가 따로 표기되지 않은 그림 및 사진은 퍼블릭 도메인이거나 저작권이 출판사와 저자에게 있습니다.

CHAPTER 1

브리태니커 비주얼 사전.

한국학중앙연구원. 한국민족문화대백과 사전.

그림 출처

개요 © Christian Bertrand / Shutterstock.com

그림 1-3 © Tofudevil / shutterstock.com

그림 1-4 © Djomas / shutterstock.com

그림 1-5 (좌) Leech44(wikimedia 🅭 🅯)

(중) Frog17(wikimedia 🅭 🅯 🄎)

(우) http://www.mon.gov.pl/pl/artykul/11414

그림 1-6 저자 사진

CHAPTER 2

그림 출처

그림 2-1 저자 사진

그림 2-5 © bigyuthana / Shutterstock.com

그림 2-12, 2-13, 2-14 https://sizekorea.kr

CHAPTER 3

기상청(2018). 기후자료.

김은애·김혜경·나영주·신윤숙·오경화·임은혁·전양진(2013). **패션텍스타일**. 교문사.

김희숙·유화숙·최종명(2008). **어패럴 품질 평가**. 교학연구사.

송혜민(2016. 3. 18). 생활쓰레기 분해 기간 정리... 200만 년 걸리는 것도. **서울신문**.

Li Y. & Wong A.S.W.(2006). *Clothing biosensory engineering, Cambridge : Woodhead Publishing Limited.*

그림 출처

그림 3-2 (a) © FashionStock.com / Shutterstock.com
(b) © andersphoto / Shutterstock.com
(c) © pcruciatti / Shutterstock.com
(d) © Kobby Dagan / Shutterstock.com

그림 3-18 김순자·유화숙·이미영·전은경(2005). 의복의 이해. 교문사.

그림 3-19 기상청(2018). 기후자료.

CHAPTER 4

강예원·이금실·고애란·정미실·남미우·김양진(2012). **의상사회심리학**. 교문사.

김미나(2017. 9. 8). 너무 마른 모델은 루이뷔통 쇼에 설 수 없다. **한겨레**.

매튜 리들리 저. 김한영 역(2004). **본성과 양육**. 김영사.

박선영(2015. 8. 28). 얼굴에서 몸으로... 미인의 기준이 달라졌다. **한국일보**.

임숙자·황선진·이종남·이승희(2006). **현대의상사회 심리학**. 수학사.

정우교(2018. 3. 13). 외모가 채용평가에 미치는 영향... 기업 57.4% "영향 있다". **일간투데이**.

파이런 스와미, 애드리언 펀햄 저. 김재홍 역(2010). **이끌림의 과학**. 알마.

Bell, E. L.(1991). Adult's perception of male garment styles. *Clothing and Textiles Research Journal, 10*(1), 8-12.

Butler S. and Roesel, K.(1989). The influence of dress on student's perceptions of teacher characteristics. *Clothing and Textiles Research Journal, 7*(3), 57-59.

Castellow, K. S., Wuensch, K. L., & Moore, C. H.(1990). Effects of physical attractiveness of plaintiff and defendant in sexual harassment judgements. *Journal of Social Behaviour and Personality, 16*, 39-50.

Eicher, J. B., & Everson, S. L.(2014). The Visible Self: *Global Perspectives on Dress, Culture and Society.* New York: Fairchild books

Hamermesh, D. S.(2013). *Beauty pays: Why attractive people are more successful. Princeton.* New Jersey: Princeton University Press

Hart, M.(2015. 1. 15). See how much the "perfect female body has changed in 100 years(It's crazy?)".

Horn, M. J., Gurel, L. M.(1981). *The second skin: an interdisciplinary study of clothing.* Houghton Mifflin Company.

Kaiser, S. B.(1996). *The Social Psychology of Clothing: Symbolic Appearances in Context.* Fairchild books.

Mazella, R., & Feingold, A.(1994). The effect of physical attractiveness, race, socio-economic status, and gender of defendants and victims on judgements of mock jurors: A meta-analysis. *Journal of Applied Social Psychology, 24*, 1315-1344.

Richeson, J. A., & Shelton, J. N.(2005). Brief report: Thin slices of racial bias. *Journal of Nonverbal Behavior, 29*(1), 75-86.

Stewart, J. E.(1984). Appearance and punishment: The attraction-leniency effect in the courtroom. *Journal of Social Psychology, 125*, 373-378.

Toups, M. A., Kitchen, A., Light, J. E., & Reed, D. L.(2011). Origin of clothing lice indicates early clothing use by anatomically modern humans in Africa. *Molecular Biology and Evolution, 28*(1), 29-32.

Tunell, A.(2015). The 2015 body ideal is more unattainable than ever-Cute face slim waist with a big behind.

그림 출처

그림 4-1 UW Digital Collections(wikimedia ⓒⓘⓞ)

그림 4-2 William Henry Flower(wikimedia ⓒⓘⓞ)

그림 4-3 John Atherton(flicker ⓒⓘⓞ)

그림 4-5 Steve Evans(flicker ⓒⓘ)

그림 4-6 kate gabrielle(flicker ⓒⓘ)

그림 4-7 Kristine(flicker ⓒⓘ)

그림 4-8 Lloyd Klein(flicker ⓒⓘ)

그림 4-9 Nicholas Andrew(flicker ⓒⓘⓞ)

그림 4-12 © Leondard zhukovsky / Shutterstock.com

그림 4-15 김순자 · 유화숙 · 이미영 · 전은경(2005). 의복의 이해. 교문사.

그림 4-16 OSX(wikimedia ⓒⓘⓞ)

CHAPTER 5

간문자(2007). **패션과 디자인**. 신정.

김민경(2017). **색채활용**. 예림.

김순자 · 유화숙 · 이미영 · 전은경(2005). **의복의 이해**. 교문사.

김재영 · 서혜경 · 정연자 · 장소진(2014). **이미지메이킹**. 예림.

김혜경(2007). **패션트렌드와 이미지**. 교문사.

박연선(2007). **Color 색채용어사전**. 예림.

박영순 · 이현주 · 이명은(2011). **색채디자인프로젝트 14**. 교문사.

빅터 파파넥 저, 현용순 역(2009). **인간을 위한 디자인**. 미진사.

서영숙 · 유영선 외(1998). **현대인과 패션**. 경북대학교 출판부.

유명환 · 배윤선(2007). **디자인으로 문화 읽기**. 한국학술정보.

이은영(2010). **복식디자인론**. 교문사.

이호정 · 정송향(2010). **패션디자인 & 콜렉션**. 교학연구사.

조연진(2010). **All that styling**. 아이엠북.

I.R.I. 색채연구소(2003). **유행색과 컬러마케팅**. 영진팝.

그림 출처

그림 5-2 Christopher Macsurak(wikimedia ⓒⓘ)

그림 5-3, 5-6, 5-12, 5-13, 5-14, 5-15 저자 제작

그림 5-7, 5-8 김순자 · 유화숙 · 이미영 · 전은경(2005). 의복의 이해. 교문사.

그림 5-11 Beautiful Planning Marketing & PR(flicker ⓒⓘⓞ)
그림 5-16 플라운스 : GoToVan(flicker ⓒⓘ)
스캘럽 곡선 : Thomas Bresson(wikimedia ⓒⓘⓞ)
바인딩 : sewing chanel(flicker ⓒⓘ)
패치워크 : CHRISTOPHER MACSURA(wikimedia ⓒⓘ)

CHAPTER 6

박광희·김정원·유화숙(2000). **섬유·패션산업**. 교학연구사.

박훈(2016. 8). **국내 섬유산업의 가치사슬 구조변화와 발전전략**. 산업연구원.

한국섬유산업연합회(2017). **2017 섬유산업통계(2017. 5. 11)**. 한국섬유산업연합회.

한국섬유산업연합회(2018. 4). **2017 섬유패션산업통계(2018. 4)**. 한국섬유산업연합회.

손병문·강한기(2018). **호모 케미쿠스**. RHK.

한국마케팅연구원(2001). **마케팅 실천 성공사례집** II. 한국마케팅연구원.

그림 출처

그림 6-3 © Jordan Tan / Shutterstock.com
그림 6-5 © MikeDotta / Shutterstock.com

CHAPTER 7

기획재정부(2017). **시사경제용어사전**.

김지은·박서정·이진화(2016). 국내 패션 기업과 글로벌 럭셔리 패션기업의 사회적 책임활동 비교·분석-기업 웹사이트를 중심으로-. **한국패션디자인학회지**, 16(4). 53-69.

김진우(2017). **중소기업의 수출장벽으로 부상하는 사회적 책임**. IBK 경제연구소.

신혜영(2010). 패션 산업의 메가트렌드로 나타난 지속가능성에 대한 연구. **홍익대학교 박사학위논문**.

유태순·조은정(2013). **패션과 윤리**. 신정.

이유리·김선우·신주영·윤창상·이성지·장세윤·정선영·최윤정(2009). **패션산업 윤리의 이해**. 교문사.

한국의류산업협회(2014). **의류기업이 알아두면 유용한 상표·디자인·형태 분쟁 사례**. 한국의류산업협회 지식재산권 보호센터.

법제처 홈페이지(www.moleg.go.kr) : 「디자인보호법」(2018), 「지식재산 기본법」(2011), 「상표법」(2017)

Child Labor.(n.d.). Retrieved April 15, 2018.(http://www.ilo.org/global/topics/child-labour/lang-en/index.htm)

ETI base code.(n.d.). Retrieved April 15, 2018.(https://ethicaltrade.org/eti-base-code)

Future-led execution(n.d.). Retrieved April 15, 2018.(http://www.levistrauss.com/unzipped-blog/tag/future-led-execution)

ISO(2010). Social responsibility - Discovering ISO 26000. Retrieved June 17, 2018.(https://www.iso.org/files/live/sites/isoorg/files/archive/pdf/en/discovering_iso_26000.pdf)

Leubker, M.(2014. 11). Minimum wages in the global garment industry. Bangkok: ILO Regional Office for

Asia and the Pacific.

KnowTheChain(2016). Apparel & Footwear Benchmark Findings Report-How are 20 of the largest companies addressing forced labor in their supply chains?

O'Connor, M. C.(2014. 10. 27). Inside the lonely fight against the biggest environmental problem you've never heard of. *The Guardian*.

Paddison, L.(2016. 9. 27). Single clothes wash may release 700,000 microplastic fibres, study finds. *The Guardian*.

WWF(1999). The impact of cotton on fresh water resources and ecosystems.

그림 출처

그림 7-1 NASA(wikimedia ⓒⓘⓢ)

그림 7-2 RyanHuling at en.wikipedia(wikimedia ⓒⓘⓢ)

그림 7-6 © Yavuz Sariyildiz / Shutterstock.com

그림 7-8 U.S. Customs and Border Protection(wikimedia ⓒⓘⓢ)

그림 7-9 저자 사진

CHAPTER 8

산업통상자원부(2017). **주요 유통업체 매출동향.**

안광호·황선진·정찬진(2010). **패션마케팅(제3판).** 수학사.

최재홍(2018. 3. 15). 아마존고, 아직 '미래형 상점' 쯤으로 보이세요?. **삼성뉴스룸.**

한국인터넷진흥원(2015). 모바일인터넷 이용 실태조사.

Mitchell, N.(2013. 8. 13). Defining the difference between a multi-channel and omnichannel customer experience. Retrieved March 15, from https://www.mycustomer.com

그림 출처

그림 8-1 Own work(wikimedia ⓒⓘⓢ)

그림 8-4, 8-5, 8-7, 8-10, 8-11, 8-15, 8-16 저자 사진

그림 8-6 © TY Lim / Shutterstock.com

그림 8-8 Gryffindor(wikimedia ⓒⓘⓢ)

그림 8-18 (좌) Rocky Grimes/shutter stock.com
(우) Enica.com/shutter stock.com

그림 8-19 OyundariZorigtbaatar(wikimedia ⓒⓘⓢ)

CHAPTER 9

김순자·유화숙·이미영·전은경(2005). **의복의 이해.** 교문사.

김자·정연희(2016). 국내 테크니컬 디자이너의 현재와 미래. **패션정보와 기술**, Vol. 13.

김은영(2018. 4. 26). 55, S, 90… 의복 치수 제각각 "소비자는 답답해". **조선닷컴.**

김제관(2008. 9. 26). 우주복은 '작은 우주선' 한벌에 200억 원 넘기도. **매일경제.**

김희리(2018. 4. 16). 쇼윈도에 스마트폰 대면 가상피팅… 패션업계에 증강현실 바람 분다. **서울신문.**

뉴스속보부(2010. 12. 21). 20년 만에 '확' 바뀐 군 전투복… "군대갈 맛 나겠네". **매일경제.**

박찬호(2016). 해외의류생산 품질관리. **패션정보와 기술.** Vol. 13.

서정희·김영주·김정근·박수경·박혜원·박희진·송혜림·양세화·유복희·유화숙·이은숙·이지혜·전용옥·전은경·정민자·허은정·홍순명(2015). **생활과학과 진로.** UUP.

이고은(2006. 7. 9). '44사이즈' 여성심리 파고든 교묘한 상술. **경향신문.**

임병선(2017. 6. 6). 인간 한계, 과학으로 넘는다?… 스포츠 파고드는 기술도핑. **서울신문.**

조은혜(2018. 4. 23). 가상 피팅 기술 어디까지 왔나. **어패럴 뉴스.**

주경식·정연희(2016). CLO 3D 가상착의 프로그램의 개발실 및 학계 사용현황. **패션정보와 기술.** Vol. 13.

하지태·최영림(2016). 동대문 패션 클러스터 활성화를 위한 원데이 샘플 시스템 플랫폼 개발. **패션정보와 기술.** Vol. 13.

그림 출처

(주)기화하이텍, (주)클로버추얼패션, (주)파크랜드, (주)영원무역에서 촬영을 허락함.

그림 9-1, 9-3, 9-4, 9-5, 9-6, 9-7, 9-8, 9-9, 9-10, 9-11, 9-12, 9-13, 9-16 저자 사진

그림 9-15 사이즈코리아 홈페이지

그림 9-18 국방부 홈페이지

그림 9-21, 9-23 하지태·최영림(2016). 동대문 패션 클러스터 활성화를 위한 원데이 샘플 시스템 플랫폼 개발. 패션정보와 기술. Vol. 13.

그림 9-33 주경식·정연희(2016). CLO 3D 가상착의 프로그램의 개발실 및 학계 사용현황. 패션정보와 기술. Vol. 13.

CHAPTER 10

고애란(2017). **서양패션문화와 역사.** 교문사.

김민자·이예영(2011). **패션디자인아이디어, 문화에서 찾기.** 에피스테메.

김민자·최현숙·김윤희·하지수·최수현·고현진(2010). **서양패션멀티콘텐츠.** 교문사.

김순자·유화숙·이미영·전은경(2005). **의복의 이해.** 교문사.

김영인·김신우·김정신·김희연·송금옥(2011). **룩, 패션을 보는 아홉 가지 시선.** 교문사

신혜순(2016). **서양 패션의 변천사.** 교문사.

패션전문자료사전(1997). 한국사전연구사.

그림 출처

그림 10-1 브라운대학 도서관(wikimedia ⓒⓘⓞ)

그림 10-3 Paul Poiret(wikimedia ⓒⓘⓞ)

그림 10-4 Paul Iribe(wikimedia ⓒⓘⓞ)

그림 10-6 Unknown(wikimedia ⓒⓘⓞ)

그림 10-7, 10-9, 10-12, 10-17, 10-21, 10-24 김순자·유화숙·이미영·전은경(2005). 의복의 이해. 교문사.

그림 10-8 Unknown(wikimedia)
그림 10-10 Mabalu(wikimedia)
그림 10-11 Manuelarosi(wikimedia)
그림 10-13 저자 사진
그림 10-15 Harry Pot(wikimedia)
그림 10-16 tockholm Transport Museum(flicker)
그림 10-18 The U.S. National Archives(flicker)
그림 10-22 scosciuto(wikimedia)
그림 10-23 Eugen Nosko(wikimedia)
그림 10-28 régine debatty(flicker)

CHAPTER 11

김민자·최현숙 외(2010). **서양패션멀티콘텐츠**. 교문사.
양숙희(1997). **복식과 예술**. 교학연구사.
이재정·박은경(2006). **라이프스타일과 트렌드**. 예경.
이재정·박신미(2011). **패션, 문화를 말하다**. 예경.
진경옥(2015). **패션, 영화를 디자인하다**. 산지니.
해리엇 워슬리 저, 김지윤 역(2012). **패션을 뒤바꾼 아이디어 100**. 시드포스트.
Martin, R.(1989). *fashion and Surrealism*, London: Thams and Hudson.
Valerie, de G.(1998). *At & Mode*. Paris: Regard.

그림 출처
그림 11-2 김순자·유화숙·이미영·전은경(2005). 의복의 이해. 교문사.
그림 11-3 Tiina L(flicker)
그림 11-4 Emmi(wikimedia)
그림 11-5 Eguanakla(wikimedia)
그림 11-6 Peloponnesian Folklore Foundation(wikimedia)
그림 11-7 Bruna Carvalho(flicker)
그림 11-8 Marco Raaphorst(flicker)
그림 11-15 Erich Ferdinand(flicker)

CHAPTER 12

김난도(2010. 10. 23). 소비자의 모순된 욕구를 충족시켜라. **조선비즈닷컴**.
김선민(2010. 3. 12.). 디지털 패션마케팅의 시대. **엘르닷컴**.
김정현(2017. 3. 23). 패션업계, '데이터' 바람 분다. Chief Logistics Officer Magazine.
김정훈(2017. 3. 28). '더릿지 354' 평창점, 첨단기술 도입한 스마트스토어 첫 선. FASHION SEOUL.

김혜숙(2017. 3. 15). 격동의 O2O 시장, 2017년 주목해야 할 2가지 관전포인트. Hello T 첨단뉴스.
도안구(2009. 3. 2). 패션매장도 터치바람. Bloter.
문병훈(2017. 4. 12). 인공지능(AI) 쇼핑 시대 열리나?. FASHION SEOUL.
박석일(2017. 7. 4). 매장의 진화, 매장 편집화로 다양한 라이프스타일의 니즈 반영. TexHerald.
박정현(2007. 7. 2). New 소비코드 5. LG경제연구원.
박현영(2017. 7. 5). 문 닫는 백화점·명품의류점… 문 여는 체험형 매장. 중앙일보.
송화정(2014. 9. 30). GS샵, '2014 윈터컬렉션' 개최. 아시아경제.
신미진(2017. 12.1 8). 오픈마켓 옷입는 소셜커머스. 한국금융.
신주경(2017. 7. 18). 스마트시대 옷도 스마트하게 입자. 스마트 웨어 3.2.1. SK careers Journal.
안성호(2015. 1. 5). 옴니채널 & 고객집중이 Key. Fashionbiz.
오성수(2015). 디지털시대의 새로운 소비자행동론. 광고계동향. Vol. 292(7), 45-47. 한국광고총연합회.
위키피디아(2018. 5. 1). 착용컴퓨터.
윤중현(2016. 11. 16). 아디다스, 해양 플라스틱 폐기물로 만든 러닝화 및 축구 유니폼 한정 출시. 이뉴스투데이.
이도은(2017. 10. 22). 풀장이 테니스장으로? 마법은 바로…. 중앙일보.
이영완(2011. 5. 1). 몰포나비 광결정 구조 모방해 위폐 방지기술 개발. 조선일보.
이유미(2017. 3. 30) 2021년 전 세계 인구 71%가 모바일 사용한다. Edaily.
이해진(2017. 2. 2). 옷사진 하나 없이 연매출 3천억 원 옷 쇼핑몰. TTimes.
전상열(2012. 8. 7). 물 안 쓰는 염색시대. 코리아 패션뉴스 닷컴.
정정욱(2017. 9. 25). "변해야 산다" 가구도 파는 패션매장의 변신. 스포츠동아.
조수현(2012. 2. 13). 물 사용 않는 섬유 염색시대 열린다. 국제섬유신문.
중소기업청(2013. 6. 5). 2013 중소기업 기술로드맵_기능성 섬유산업. 중소기업청.
최민재(2009). 소셜 미디어 확산과 미디어 콘텐츠에 대한 수용자 인식 연구. 한국언론정보학회 학술대회. Vol. 12, 5-31.
최선윤(2017. 12. 14). 위메프, 셀러마켓 오픈… 소셜커머스 강점 이어간다. Newsis.
최정욱(1992). 국내 어패럴 CAD 시스템 사용현황에 관한 분석적 연구. 이화여자대학교 의류직물학과 석사학위 논문.
프롬에이(2017. 7. 14). 주류의 최고와 비주류의 최고가 만나 서브컬처에 열광하다. from A.
한국인터넷진흥원(2006). 웹 2.0시대의 네티즌 인터넷 이용현황(참여와 공유의 인터넷). 한국인터넷진흥원.
Charara Sophie(2017. 2. 14). Wearable tech at NYFW 2017: Data dresses, LEDs, NFC and VR fashion shows. Wearable.
DESIGNMAP(2017. 1. 16). 혁신을 거듭해가는 스마트의류. 디자인맵.
Halio, Grace(2017. 2. 13). Calvin Luo F/W 2017. *Washington Square News*.
McCurry John W.(2004. 4. 13). Protective fabrics take centre stage at TTNA. *just-style com.*

그림 출처

그림 12-8 http://shop.adidas.co.kr
그림 12-11 https://www.etri.re.kr

INDEX

찾아보기

저자 소개

우주형
인하대학교 예술체육학부 의류디자인학과 교수
jhwoo@inha.ac.kr

유화숙
울산대학교 생활과학대학 의류학전공 교수
uhwas@ulsan.ac.kr

이미영
인하대학교 예술체육학부 의류디자인학과 교수
mylee@inha.ac.kr

전은경
울산대학교 생활과학대학 의류학전공 교수
ekjeon@ulsan.ac.kr

의류학의 이해

2018년 8월 30일 초판 인쇄 | 2018년 9월 7일 초판 발행

지은이 우주형 외 | **펴낸이** 류원식 | **펴낸곳** **교문사**

편집부장 모은영 | **책임진행** 성혜진 | **디자인** 신나리 | **본문편집** 디자인이투이
제작 김선형 | **홍보** 이솔아 | **영업** 이진석·정용섭·진경민 | **출력** 동화인쇄 | **인쇄** 동화인쇄 | **제본** 한진제본

주소 (10881)경기도 파주시 문발로 116 | **전화** 031-955-6111 | **팩스** 031-955-0955
홈페이지 www.gyomoon.com | **E-mail** genie@gyomoon.com
등록 1960. 10. 28. 제406-2006-000035호
ISBN 978-89-363-1761-4(93590) | 값 21,500원

* 저자와의 협의하에 인지를 생략합니다.
* 잘못된 책은 바꿔 드립니다.